新时代海上工程创新技术与实践丛书

编委会主任　邱大洪
编委会副主任　练继建

软弱地基加固理论与工艺技术创新应用

吕卫清　董志良　王　婧　刘志军　鲍树峰
著

上海科学技术出版社

图书在版编目（ＣＩＰ）数据

软弱地基加固理论与工艺技术创新应用 / 吕卫清等
著. -- 上海 ：上海科学技术出版社，2022.1
（新时代海上工程创新技术与实践丛书）
ISBN 978-7-5478-5582-9

Ⅰ．①软… Ⅱ．①吕… Ⅲ．①软土地基－地基处理－
研究 Ⅳ．①TU471

中国版本图书馆CIP数据核字(2021)第249452号

软弱地基加固理论与工艺技术创新应用
吕卫清 董志良 王 婧 刘志军 鲍树峰 著

上海世纪出版(集团)有限公司
上 海 科 学 技 术 出 版 社   出版、发行
（上海市闵行区号景路 159 弄 A 座 9F - 10F）
邮政编码 201101   www.sstp.cn
上海盛通时代印刷有限公司印刷
开本 787×1092 1/16 印张 19.25
字数 320 千字
2022 年 1 月第 1 版 2022 年 1 月第 1 次印刷
ISBN 978 - 7 - 5478 - 5582 - 9 /P・47
定价：175.00 元

本书如有缺页、错装或坏损等严重质量问题，请向印刷厂联系调换

内容提要

新时代海上工程创新技术与实践丛书
软弱地基加固理论与工艺技术创新应用

本书较为全面、系统地介绍了软弱地基的工程特性、加固难点及当前的技术发展现状。全书由中交第四航务工程局有限公司(简称"四航局")岩土技术研究团队总结多年的研究成果,在已完成的科研报告、学术论文的基础上,依托四航局完成的重大工程项目,将核心研究成果提炼编写而成,集中体现了四航局在软土地基加固理论及工艺技术方面的研究成果、工程应用经验及技术水平。

本书按陆域与水下软基加固分为两大篇,第一篇为软基排水固结理论及工艺技术,内容包括考虑负压衰减的软基真空预压固结理论、真空联合堆载预压下软弱地基强度增长计算方法、超软弱土地基沉降估算方法、排水固结法加固超软弱地基效果主要影响因素、塑料排水板弯曲对软基固结沉降的影响、软基处理创新工艺技术、软弱地基排水固结理论发展展望;第二篇为海上软弱地基深层水泥搅拌法(DCM)加固理论与数字化工艺技术,内容包括海上DCM法加固软基技术发展历程、DCM法软基加固机理及水泥土强度发展规律、海上DCM法软基加固工程设计、海上DCM法软基加固施工关键装备、海上DCM法软基加固数字化施工工艺技术、海上DCM法加固软基施工质量评价、海上DCM法软基加固工程应用、海上DCM法软基加固技术发展展望。

本书可供土木工程、地下结构、软基处理等领域的科研、设计及施工的人员参考。

重大工程建设关键技术研究 编委会

新时代海上工程创新技术与实践丛书 编委会

主　任

邱大洪

副主任

练继建

编　委

（以姓氏笔画为序）

吕卫清　刘　勇　孙林云　吴　澎　张华庆

罗先启　季则舟　郑金海　董国海　程泽坤

近年来，我国各项基础设施建设的发展如火如荼，"一带一路"建设持续推进，许多重大工程项目如雨后春笋般蓬勃兴建，诸如三峡工程、青藏铁路、南水北调、三纵四横高铁网、港珠澳大桥、上海中心大厦，以及由我国援建的雅万高铁、中老铁路、中泰铁路、瓜达尔港、比雷埃夫斯港，等等，不一而足。毋庸置疑，我国已成为世界上建设重大工程最多的国家之一。这些重大工程项目就其建设规模、技术难度和资金投入等而言，不仅在国内，即使在全球范围也都位居前茅，甚至名列世界第一。在这些工程的建设过程中涌现的一系列重大关键性技术难题，通过分析探索创新，很多都得到了很好的优化和解决，有的甚至在原来的理论、技术基础上创造出了新的技术手段和方法，申请了大量的技术专利。例如，632 m 的上海中心大厦，作为世界最高的绿色建筑，其建设在超高层设计、绿色施工、施工监理、建筑信息化模型（BIM）技术等多方面取得了多项科研成果，申请到 8 项发明专利、授权 12 项实用新型技术。仅在结构工程方面，就应用到了超深基坑支护技术、超高泵送混凝土技术、复杂钢结构安装技术及结构裂缝控制技术等许多创新性的技术革新成果，有的达到了世界先进水平。这些优化、突破和创新，对我国工程技术人员将是非常宝贵的参考和借鉴。

在 2016 年 3 月初召开的全国人大全体会议期间，很多代表谈到，极大量的技术创新与发展是"十三五"时期我国宏观经济实现战略性调整的一项关键性驱动因素，是实现国家总体布局下全面发展的根本支撑和关键动力。

同时，在新一轮科技革命的机遇面前，也只有在关键核心技术上一个个地进行创新突破，才能实现社会生产力的全面跃升，使我国的科研成果和工程技术掌控两者的水平和能力尽早、尽快地全面进入发达国家行列，从而在国际上不断提升技术竞争力，而国力将更加强大！当前，许多工程技术创新得到了广泛的认可，但在创新成果的推广应用中却还存在不少问题。在重大工程建设领域，关键工程技术难题在实践中得到突破和解决后，需要把新的理论或方法进一步梳理总结，再一次次地广泛应用于生产实践，反过来又将再次推动技术的更进一步的创新和发展,是为技术的可持续发展之巨大推动力。将创新成果进行系统总结,出版一套有分量的技术专著是最有成效的一个方法。这也是出版"重大工程建设关键技术研究"丛书的意义之所在。以推广学术上的创新为主要目标,"重大工程建设关键技术研究"丛书主要具有以下几方面的特色:

1. 聚焦重大工程和关键项目。目前,我国基础设施建设在各个领域蓬勃开展,各类工程项目不断上马,从项目体量和技术难度的角度,我们选择了若干重大工程和关键项目,以此为基础,总结其中的专业理论和专业技术使之编纂成书。由于各类工程涉及领域和专业门类众多,专业学科之间又有相互交叉和融合,难以单用某个专业来设定系列丛书,所以仍然以工程大类为基本主线,初步拟定了隧道与地下工程、桥梁工程、铁道工程、公路工程、超高层与大型公共建筑、水利工程、港口工程、城市规划与建筑共八个领域撰写成系列丛书,基本涵盖了我国工程建设的主要领域,以期为未来的重大工程建设提供专业技术参考指导。由于涉及领域和专业多,技术相互之间既有相通之处,也存在各自的不同,在交叉技术领域又根据具体情况做了处理,以避免内容上的重复和脱节。

2. 突出共性技术和创新成果,侧重应用技术理论化。系列丛书围绕近年来重大工程中出现的一系列关键技术难题,以项目取得的创新成果和技术突破为基础,有针对性地梳理各个系列中的共性、关键或有重大推广价值的技术经验和科研成果,从技术方法和工程实践经验的角度进行深入、系统而又详尽的分析和阐述,为同类难题的解决和技术的提高提供切实的理论依据和应用参考。在"复杂地质与环境条件下隧道建设关键技术丛书"(钱七虎院士任编委会主任)中,对当前隧道与地下工程施工建设中出现的关键问题进行了系统阐述并形成相应的专业技术理论体系,包括深长隧道重大突涌水灾害预测预警与风险控制、盾构工程遇地层软硬不均与极软地层的处理、类矩形盾构法、水下盾构隧道、地面出入式盾构法隧道、特长公路隧道、隧道地质三维探测、盾构隧道病害快速检测、隧道及地下工程数字化、软岩大变形隧道新型锚固材料等,使得关键问题在研究中得到了不同程度的解决和在后续工程中的有效实施。

3. 注重工程实用价值。系列丛书涉及的技术成果要求在国内已多次采用，实践证明是可靠的、有效的，有的还获得了技术专利。系列丛书强调以理论为引领，以应用为重点，以案例为说明，所有技术成果均要求以工程项目为背景，以生产实践为依托，使丛书既富有学术内涵，又具有重要的工程应用价值。如"长大桥梁建养关键技术丛书"（郑皆连院士任编委会主任、陈政清院士任副主任），围绕特大跨度悬索桥、跨海长大桥梁、多塔斜拉桥、特大跨径钢管混凝土拱桥、大跨度人行桥、大比例变宽度空间索面悬索桥等重大桥梁工程，聚焦长大桥梁的设计创新理论、施工创新技术、建设难点的技术突破、桥梁结构健康监测与状态评估、运营期维修养护等，主要内容包括大型钢管混凝土结构真空辅助灌注技术、大比例变宽度空间索面悬索桥体系、新型电涡流阻尼减振技术、长大桥梁的缆索吊装和斜拉扣挂施工、超大型深水基础超高组合桥塔、变形智能监测、基于BIM的建养一体化等。这些技术的提出以重大工程建设项目为依托，包括合江长江一桥、合江长江二桥、巫山长江大桥、桂广铁路南盘江大桥、张家界大峡谷桥、西堠门大桥、嘉绍大桥、港珠澳大桥、虎门二桥等，书中对涉及具体工程案例的相关内容进行了详尽分析，具有很好的应用参考价值。

4. 聚焦热点，关注风险分析、防灾减灾、健康检测、工程数字化等近年来出现的新兴分支学科。在绿色、可持续发展原则指导下，近年来基础建设领域的技术创新在节能减排、低碳环保、绿色土木、风险分析、防灾减灾、健康检测（远程无线视频监控）、工程使用全寿命周期内的安全与经济、可靠性和耐久性、施工技术组织与管理、数字化等方面均有较多成果和实例说明，系列丛书在这些方面也都有一定体现，以求尽可能地发挥丛书对推动重大工程建设的长期、绿色、可持续发展的作用。

5. 设立开放式框架。由于上述的一些特性，使系列丛书各分册的进展快慢不一，所以采用了开放式框架，并在后续系列丛书各分册的设定上，采用灵活的分阶段付梓出版的方式。

6. 主编作者具备一流学术水平,从而为丛书内容的学术质量打下了坚实的基础。各个系列丛书的主编均是该领域的学术权威,在该领域具有重要的学术地位和影响力。如陈政清教授,中国工程院院士,"985"工程首席科学家,桥梁结构与风工程专家;郑皆连教授,中国工程院院士,路桥工程专家;钱七虎教授,中国工程院院士,防护与地下工程专家;吴志强教授,中国工程院院士,城市规划与建设专家;等等。而参与写作的主要作者都是活跃在我国基础设施建设科研、教育和工程的一线人员,承担过重大工程建设项目或国家级重大科研项目,他们主要来自中铁隧道局集团有限公司、中交隧道工程局有限公司、中铁十四局集团有限公司、中交第一公路工程局有限公司、青岛地铁集团有限公司、上海城建集团、中交公路规划设计院有限公司、陆军研究院工程设计研究所、招商局重庆交通科研设计院有限公司、天津城建集团有限公司、浙江省交通规划设计研究院、江苏交通科学研究院有限公司、同济大学、河海大学、西南交通大学、湖南大学、山东大学等。各位专家在承担繁重的工程建设和科研教学任务之余,奉献了自己的智慧、学识和汗水,为我国的工程技术进步做出了贡献,在此谨代表丛书总编委对各位的辛劳表示衷心的感谢和敬意。

当前,不仅国内的各项基础建设事业方兴未艾,在"一带一路"倡议下,我国在海外的重大工程项目建设也正蓬勃发展,对高水平工程科技的需求日益迫切。相信系列丛书的出版能为我国重大工程建设的开展和创新科技的进步提供一定的助力。

孙 钧

2017 年 12 月,于上海

孙钧先生,同济大学一级荣誉教授,中国科学院资深院士,岩土力学与工程国内外知名专家。"重大工程建设关键技术研究"系列丛书总主编。

基础设施互联互通，包括口岸基础设施建设、陆水联运通道等是"一带一路"建设的优先领域。开发建设港口、建设临海产业带、实现海洋农牧化、加强海洋资源开发等是建设海洋经济强国的基本任务。我国海上重大基础设施起步相对较晚，进入21世纪后，在建设海洋强国战略和《交通强国建设纲要》的指引下，经过多年发展，我国海洋事业总体进入了历史上最好的发展时期，海上工程建设快速发展，在基础研究、核心技术、创新实践方面取得了明显进步和发展，这些成就为我们建设海洋强国打下了坚实基础。

为进一步提高我国海上基础工程的建设水平，配合、支持海洋强国建设和创新驱动发展战略，以这些大型海上工程项目的创新成果为基础，上海科学技术出版社与丛书编委会一起策划了本丛书，旨在以学术专著的形式，系统总结近年来我国在护岸、港口与航道、海洋能源开发、滩涂和海上养殖、围海等海上重大基础建设领域具有自主知识产权、反映最新基础研究成果和关键共性技术、推动科技创新和经济发展深度融合的重要成果。

本丛书内容基于"十一五""十二五""十三五"国家科技重大专项、国家"863"项目、国家自然科学基金等30余项课题（相关成果获国家科学技术进步一、二等奖，省部级科技进步特等奖、一等奖，中国水运建设科技进步特等奖等），编写团队涵盖我国海上工程建设领域核心研究院所、高校和骨干企业，如中交水运规划设计院有限公司、中交第一航务工程勘察设计院有限公司、中交第三航务工程勘察设计院有限公司、中交第三航务工程局有限公司、中交第四航务工程局有限公司、交通运输部天津水运工程科学研究院、南京水利科学研究院、中国海洋大学、河海大学、天津大学、上海交通大学、大连理工大学等。优秀的作者团队和支撑课题确保了本丛书具有理论的前沿性、内容的原创性、成果的创新性、技术的引领性。

例如，丛书之一《粉沙质海岸泥沙运动理论与港口航道工程设计》由中交第一航务工程勘察设计院有限公司编写，在粉沙质海岸港口航道等水域设计理论的研究中，该书创新性地提出了粉沙质海岸航道骤淤重现期的概念，系统提出了粉沙质海岸港口水域总体布置的设计原则和方法,科学提出了航道两侧防沙堤合理间距、长度和堤顶高程的确定原则和方法,为粉沙质海岸港口建设奠定了基础。研究成果在河北省黄骅港、唐山港京唐港区,山东省潍坊港、滨州港、东营港,江苏省滨海港区,以及巴基斯坦瓜达尔港、印度尼西亚AWAR电厂码头等10多个港口工程中成功转化应用,取得了显著的社会和经济效益。作者主持承担的"粉砂质海岸泥沙运动规律及工程应用"项目也荣获国家科学技术进步二等奖。

在软弱地基排水固结理论中,中交第四航务工程局有限公司首次建立了软基固结理论模型、强度增长和沉降计算方法,创新性提出了排水固结法加固软弱地基效果主要影响因素;在深层水泥搅拌法(DCM)加固水下软基创新技术中,成功自主研发了综合性能优于国内外同类型施工船舶的国内首艘三处理机水下DCM船及新一代水下DCM高效施工成套核心技术,并提出了综合考虑基础整体服役性能的施工质量评价方法,多项成果达到国际先进水平,并在珠海神华、南沙三期、香港国际机场第三跑道、深圳至中山跨江通道工程等多个工程中得到了成功应用。研究成果总结整理成为《软弱地基加固理论与工艺技术创新应用》一书。

海上工程中的大量科技创新也带来了显著的经济效益,如《水运工程新型桶式基础结构技术与实践》一书的作者单位中交第三航务工程勘察设计院有限公司和连云港港30万吨级航道建设指挥部提出的直立堤采用单桶多隔仓新型桶式基础结构为国内外首创,与斜坡堤相比节省砂石料80%,降低工程造价15%,缩短建设工期30%,创造了月施工进尺651 m的最好成绩。项目成果之一《水运工程桶式基础结构应用技术规程》(JTS/T167-16—2020)已被交通运输部作为水运工程推荐性行业标准。

其他如总投资15亿元、采用全球最大的海上风电复合筒型基础结构和一步式安装的如东海上风电基地工程项目,荣获省部级科技进步奖的"新型深水防波堤结构形式与消浪块体稳定性研究",以及获得多项省部级科技进步奖的"长寿命海工混凝土结构耐久性保障相关技术"等,均标志着我国在海上工程建设领域已经达到了一个新的技术高度。

丛书的出版将有助于系统总结这些创新成果和推动新技术的普及应用,对填补国内相关领域创新理论和技术资料的空白有积极意义。丛书在研讨、策划、组织、编写和审稿的过程中得到了相关大型企业、高校、研究机构和学会、协会的大力支持,许多专家在百忙之中给丛书提出了很多非常好的建议和想法,在此一并表示感谢。

邱大洪

2020 年 10 月

邱大洪先生,大连理工大学教授,中国科学院资深院士,海岸和近海工程专家。"新时代海上工程创新技术与实践丛书"编委会主任。

　　排水固结法和深层水泥搅拌法(DCM)是两种最常用的软弱地基加固手段。排水固结法尤其是真空预压技术,近30年来在国内外得到了广泛的应用和飞速的发展,被大量应用于不同领域、不同行业建筑物的软土地基处理中,加固技术不断更新,加固深度越来越深,效果越来越好。21世纪以来,水下DCM开始在我国水上工程地基处理中大规模推广应用。近10年来,伴随着大量跨海工程的兴建,我国加强了水下DCM加固机理及其施工工艺的研究,自主研发了新型水下DCM施工设备,积累了工程经验,施工技术日趋完善。中交第四航务工程局有限公司(简称"四航局")多年来以"科技创造价值"为契机,结合重大工程,开展软弱地基处理加固理论、工艺技术的研究和实践,取得了较为丰硕的成果。

　　本书是四航局岩土技术研究团队多年的研究成果总结,在已完成的科研报告、学术论文基础上,依托四航局完成的重大工程项目,将核心研究成果提炼出来编写而成。适逢国家"一带一路"建设如火如荼地进行,本书作为"新时代海上工程创新技术与实践丛书"之一,将向同仁介绍在软弱地基加固技术领域方面的研究成果。

　　本书把陆域与水下软基加固分为两大篇:第一篇软基排水固结理论及工艺技术分7章,主要介绍了软弱地基的工程特性、加固难点及当前的技术发展现状,阐述了软弱地基在固结理论、强度增长、沉降估算及竖向排水通道对加固效果影响等方面的研究成果。第二篇海上软弱地基深层水泥搅拌法(DCM)加固理论与数字化工艺技术从加固机理、工程设计、施工装备及技术、质量评价等方面,全面阐述了研究团队在DCM法加固水下软基方面取得的技术创新成果。

　　本书包括了四航局重大研发项目和四航研究院自筹科研项目"新吹填超软土地基真空预压加固""深厚复杂超软弱地基处理关键技术研究""DCM法加固水下软基自主核心技术及自动化装备研发"等的主要研究成果,并吸纳了陈平山博士的学术论文观点。在编写过程中,得到了滕超工程师、周红星博士、邱青长博士、周睿博高工、王新高工、张克浩高工、卢普伟高工等人的大力支持,在此表示衷心的感谢!

　　本书所介绍的研究成果已经在珠海神华高栏港煤炭码头储运中心一期、南沙三期软基处理、香港国际机场第三跑道等多个工程项目中得到了成功应用，并获得了相关知识产权，有力促进了我国地基处理行业的技术水平发展。在当前创新驱动发展战略的背景下，本书凝聚了四航局科研团队多年的心血成果，可供从事软弱地基加固领域研究、设计、施工和管理的科研及工程技术人员参考。

　　由于笔者水平有限，书中难免有错误和不当之处，敬请读者批评指正。

作　者

2021 年 12 月

第 3 章 真空联合堆载预压下软弱地基强度增长计算
方法 ·· 29

第 12 章　海上 DCM 法软基加固施工关键装备 ················· 191

第 15 章　海上 DCM 法软基加固工程应用

第 16 章　海上 DCM 法软基加固技术发展展望

第 1 章

绪 论

1.1 软土工程特性

软土一般是指天然孔隙比≥1.0,且天然含水率大于液限的细颗粒土。软土是一类土的总称,并非指某一种特定的土,工程上常将软土细分为软黏性土、淤泥质土、淤泥、泥炭质土和泥炭等。其具有天然含水率高、天然孔隙比大、压缩系数大、抗剪强度低、固结系数小、固结时间长、灵敏度高、扰动性大、透水性差、土层层状分布复杂、各层之间物理力学性质相差较大等工程特性[1]。

现阶段我国对超软土和软土的划分还未形成统一意见,也没有明确的超软土定义。本书经过文献和资料调研[2-4],参照《港口工程地基规范》(JTS 147—1—2010)、《疏浚与吹填工程设计规范》(JTS 181—5—2012)的岩土分类、日本软基与超软基划分定义,结合实际工程情况,建议将超软土定义为含水率 $\omega \geqslant 85\%$、孔隙比 $e \geqslant 2.4$、液限 $IL > 1.4$ 的淤泥类土,包括流泥和浮泥。超软土的工程性质极差,加固处理难度高,存在许多问题需要研究解决。

1.2 软土地基加固难点

无论是陆域还是水下软基,由于软土工程性质较差,从已有的工程案例及现行的技术标准、工艺技术分析,软土地基加固难点主要表现在下面几个方面。

1.2.1 计算理论方面

根据软基加固中固结度、强度、沉降等的理论计算,设计人员可以对软基加固的情况做出预测,从而有助于合理地设计加固方案,达到节约成本、提升加固效果的目的。因此,正确计算软土地基加固工程中土体的固结度、强度、沉降对软土地基加固工程起着至关重要的作用。但在超软土地基加固工程中,土体固结度、强度、沉降等计算理论仍然存在着一些缺陷,需要结合实际工程情况对原有的计算理论进行修正改进。

1) 固结度计算

从1925年太沙基提出一维固结理论以来,软土固结的计算理论研究已经经历了约百年的发展,目前工程上多采用经典砂井地基固结理论计算真空预压所能达到的固结度。在一般软基真空预压加固过程中,竖向排水体中的真空压力沿深度方向是逐渐衰减的,但是在新近吹填淤泥地基真空预压加固过程中,竖向排水井中和水平排水垫层中的负压都是非均匀分布的[5]。如果仍然采用经典砂井地基固结理论进行计算会产生较大的误差,需要对该计算方法进行修正。

2) 强度计算

对于真空预压地基,土体强度关系到土体稳定性和地基承载力。因此,准确计算预测地基强度是工程中重点关注的问题。现在常用的强度计算方法有有效应力法[6]和应力路径法等。但由于真空预压过程中,土体的有效应力增量受真空荷载、外加荷载、地下水位等因素的影响,地下水位线以上土体的强度增长机理与地下水位线以下土体的强度增长机理并不相同,不同深度土体的有效应力增量也不相同,采用一般情况下的有效应力法计算地基土强度增长会有较大偏差,需要全面考虑真空荷载及其沿深度方向的衰减程度、外加荷载、地下水位等因素对土体有效应力增量的影响,进而推导出土体强度增长计算方法。

3) 沉降计算

单向压缩分层总和法是计算软土地基总沉降量的常用方法。但是对于超软土地基来说,采用现行规范中的方法单向压缩分层总和法来计算其总沉降量是不合理的[7],近几年的超软土处理工程实践也证实了这点。超软土经水力重塑和颗粒重新分选后,土颗粒自重沉积尚未完成、颗粒结构极松散、含水率极高。因此,需要结合超软土地基的物理力学性质、沉积和固结特性寻求一种适用于超软土地基的总沉降量计算方法。

4) 其他影响因素计算

影响超软土地基加固效果的因素是多方面的,既有待加固土体本身固有的因素,也有人为设计的因素。因此,计算各影响因素对最终加固效果的影响程度可以起到帮助设计人员决策的作用。在这些影响因素中,塑料排水板对最终加固情况的影响较大[8],但是目前的理论大多基于室内排水板通水量试验,与实际工程中的情况存在偏差,需要进一步考虑土压力、弯曲、淤积堵塞等实际工程情况对排水板的影响。

1.2.2 工艺技术方面

(1) 软土地基压缩系数大,采用排水固结法加固,排水通道易弯曲且产生淤堵现象,降低了加固效果,现行固结计算理论是按照理想的固结模型推导得到,计算固结度往往偏高。

(2) 陆域新近吹填所形成的超软土地基表层承载力低,传统加固技术无法直接实施,只能通过自然晾晒或铺设工作垫层的方式,但工期较长,也难以确保加固效果。

(3) 超软土地基浅表层加固时,常出现"土桩"现象,即近似以排水板为中心轴、自上而下直径不等的不规则柱状体,"桩体"范围内土体强度高于周围土体,排水板之间的土体呈现松软下陷的特征,加固效果较差。

（4）采用换填法或化学加固方法等,对于大面积的软基而言,并不现实。化学固化方法一方面易造成环境污染;另一方面,固化材料与软土的充分结合需要专用施工设备,同样面临着在超软土地基中无法施工的困境。

（5）水下软基处理技术有爆破挤淤、抛石挤淤或是开挖回填等,这些方法一方面不利于环保,另一方面也容易造成回淤。复合地基方法如挤密砂桩或深层水泥搅拌桩可有效加固水下软基,但需要大型的海上施工装备,过去一直被日韩等发达国家垄断了核心关键技术,直到进入21世纪,中交集团相继自主研发了大型海上挤密砂桩、深层水泥搅拌桩施工船舶,并成功应用于上海洋山港、港珠澳大桥、香港国际机场第三跑道扩建等工程中。

1.3 本书主要研究内容

本书主要介绍作者所在团队近5年来关于软基加固的理论研究成果及DCM加固水下软基技术,陆域软基的排水固结法工艺技术可参阅作者的另一部专著《排水固结渗流理论及工程技术创新实践》。

本书按陆域与水下软基加固分为两篇:

第1章为绪论,主要介绍软土工程、软土地基加固的重难点。

第一篇为软基排水固结理论及工艺技术,包括第2~8章,主要介绍排水固结法下软基固结理论模型、强度增长计算、超软土地基沉降计算等方面的研究成果。其中,第2章介绍考虑负压衰减的软基真空预压固结理论,第3章介绍真空联合堆载预压下软弱地基强度增长计算方法,第4章介绍超软弱土地基沉降估算方法,第5章阐述排水固结法加固超软弱地基效果的主要影响因素,第6章主要分析塑料排水板弯曲对软基固结沉降的影响,第7章介绍软基处理创新工艺技术,第8章为软弱地基排水固结理论发展展望。

第二篇为海上软弱地基深层水泥搅拌法（DCM）加固理论与数字化工艺技术,包括第9~16章,主要从发展历程、加固机理、施工装备与技术、质量评价等方面介绍我国采用海上DCM软基加固的最新成果,以及在国内大型工程项目的应用成效。其中,第9章介绍海上DCM法加固软基技术发展历程,第10章阐述DCM法软基加固机理及水泥土强度发展规律,第11章介绍海上DCM法软基加固工程设计方法,第12章介绍海上DCM法软基加固施工关键装备,第13章介绍海上DCM法软基加固数字化施工工艺技术,第14章介绍海上DCM法加固软基施工质量评价体系,第15章介绍海上DCM法加固软基工程应用,第16章为海上DCM法软基加固技术发展展望。

参 考 文 献

[1] 沈珠江.软土工程特性和软土地基设计[J].岩土工程学报,1998(1):3-5.

[2] 叶国良,郭述军,朱耀庭.超软土的工程性质分析[J].中国港湾建设,2010(5):1-9.

[3] 孙立强,闫澍旺,李伟,等.超软土真空预压室内模型试验研究[J].岩土力学,2011,32(4):984-990.

[4] 董志良,张功新,周琦,等.天津滨海新区吹填造陆浅层超软土加固技术研发及应用[J].岩石力学与工程学报,2011,30(5):1073-1080.

[5] 鲍树峰,董志良,莫海鸿,等.高黏粒含量新吹填淤泥加固新技术室内研发[J].岩土力学,2015(1):61-67.

[6] 涂园,王奎华,周建,等.有效应力法和有效固结压力法在预压地基强度计算中的应用[J].岩土力学,2020,41(2):645-654.

[7] 刘景锦.超软吹填土地基真空预压加固改进机理及沉降预测研究[D].天津:天津大学,2017.

[8] 应舒,陈平山.真空预压法中塑料排水板弯曲对固结的影响[J].岩石力学与工程学报,2011(S2):3633-3640.

第一篇

软基排水固结理论及工艺技术

第 2 章

考虑负压衰减的软基真空
预压固结理论

一般软基真空预压加固过程中,竖向排水体中的真空压力(简称"负压")沿深度方向是逐渐衰减的[1-3]。此外,真空预压加固新近吹填淤泥地基过程中,竖向排水井中和水平排水垫层中的负压都是非均匀分布的[4-5]。因此,新近吹填淤泥地基采用真空预压技术加固时,整个排水边界上的负压都是非均匀分布的。本章基于已建立的新近吹填淤泥地基真空预压处理过程中的负压分布模式[6],对经典的砂井地基(指为加固软土地基而设置袋装砂井或塑料排水板等竖向排水通道后,以增大地基渗透性能,该类型地基统称为"砂井地基")固结理论进行修正并相应给出解析解。

2.1 新近吹填淤泥地基的固结变形特点

由于孔隙水是不可压缩的,因此土体体积变化主要表现为孔隙水被排出。新近吹填淤泥中的孔隙水包括自由水和结合水(由强结合水和弱结合水组成)。该类地基真空固结过程中排出的孔隙水主要以自由水为主,部分为弱结合水。随着孔隙水压力逐渐消散,土体中的有效应力逐渐增加,土体产生压缩变形、强度逐渐增长,土体固结逐渐完成。

已有研究成果表明[5]:新近吹填淤泥地基采用浅表层快速加固技术(属于无砂垫层真空预压技术)加固时,整个排水系统内的负压损失程度较严重,最严重的高达 57%,其中,负压从竖井向土体传递过程中的损失程度非常严重,至少为 67%。其宏观表现就是新近吹填淤泥地基真空固结过程中竖向排水体出现严重的"弯折"现象及细土颗粒向竖向排水体周围移动出现严重的"土柱"现象。因此,对于新近吹填淤泥地基这种特殊地基而言,建立相关的固结理论时,必须先了解其固结变形特点和机理,然后通过适当的假设条件,抓住主要因素,略去次要因素,从而达到解决问题和简化计算的目的[7]。鉴于此,将研究重点从"'土柱'现象的径向形成过程和'弯折'现象的竖向形成过程对新近吹填淤泥真空固结变形的影响"转移到"排水边界处负压沿径向的分布模式和负压沿深度方向的分布模式对新近吹填淤泥真空固结变形的影响"。

2.2 新近吹填淤泥地基真空固结的负压分布模式

2.2.1 试验方案

试验区所选的水平排水通道为:

(1) HD1:软式透水波纹滤管,直径为 40 mm,环刚度为 15.6 kN/m²,滤布等效孔径为 0.07~0.2 mm,渗透系数为 7.1×10^{-3} cm/s。

（2）HD2：联塑牌 PVC 给水管，直径为 50 mm，每隔 5 cm 钻一个孔径为 6 mm 的洞，且沿母线方向每隔 80 cm 开一段长为 12 cm、宽为 6～8 mm 的槽口。

（3）HD3：水平整体式排水板，其排水性能指标同竖向整体式排水板，宽度为后者的 2 倍。

试验区所选的竖向排水体为：

（1）VD1：SPB－A 型分体式排水板。

（2）VD2：袋装砂井。

（3）VD3：竖向整体式排水板。

竖向排水体主要排水性能指标详见表 2－1 和表 2－2。

表 2－1　不同竖向排水体相关技术指标

竖向排水体	q_w（cm³/s）	k_{20}（cm/s）	O_{95}（mm）
VD1	30.3	8.50×10^{-3}	＜0.067 5
VD3	98.7	8.65×10^{-3}	0.090
VD2	—	5.29×10^{-3}	0.204

表 2－2　袋装砂井内砂子的颗粒组成

指标	粒径（mm）						
	＞10	5.0～10	2.0～5.0	0.5～2.0	0.25～0.5	0.075～0.25	＜0.075
含量（%）	0.0	0.0	4.5	43.2	29.5	20.0	2.8
不均匀系数	3.98						
渗透系数（cm/s）	5.1×10^{-3}						

水平排水通道与竖向排水体的连接方式：

（1）HV1：绑扎连接，如图 2－1(a)所示，为目前工程上常用的连接方式。

（2）HV2：鸭嘴转换接头连接，如图 2－1(b)所示。

（3）HV3：穿插固定式连接，如图 2－1(c)所示。

（4）HV4：整体板配套接头连接，如图 2－1(d)所示。

（5）HV5：三通连接，如图 2－1(e)所示。

(a) HV1：绑扎连接

(b) HV2：鸭嘴转换接头连接

(c) HV3：穿插固定式连接

(d) HV4：整体板配套接头连接

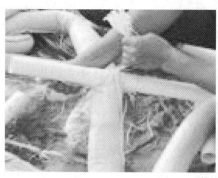

(e) HV5：袋装砂井三通连接

图 2-1　水平排水通道与竖向排水体的连接方式

试验区排水系统设计方案详见表 2-3。

表 2-3　试验区排水系统设计方案

连接方式	HD1		HD2	HD3
VD1	HV1	HV2	HV3	—
VD2	HV5			—
VD3	—			HV4

2.2.2　试验区概况

现场共设置了五个试验区，试验区概况详见表 2-4。

表 2-4　试验区概况

方案(水平排水通道-连接方式-竖向排水体)	尺寸 (m×m)	面积 (m²)	竖井间距 (m)	真空泵数量 (台)	恒载时间 (d)
方案 1(HD1 - HV1 - VD1)	28×16	448	0.8	1	45
方案 2(HD1 - HV2 - VD1)	28×18	504	0.8	1	45
方案 3(HD2 - HV3 - VD1)	28×20	560	0.8	1	45
方案 4(HD3 - HV4 - VD3)	28×18	504	0.8	1	45
方案 5(HD1 - HV5 - VD2)	28×20	560	0.8	1	45

注：各试验区真空泵的功率均为 7.5 kW，竖井长度均为 4.5 m。

2.2.3　试验监测方案

试验监测项目主要包括：

(1) 真空度测试：包括水平管路中(简称"管中")、膜下位于两排水平管路中间的土工合成材料水平排水垫层中(简称"膜下")及竖向排水通道(简称"竖井")内 1 m、2 m、3 m、4 m 深处的真空压力测试。

（2）负超静孔压消散测试：包括土体中不同深度（1 m、2 m、3 m、4 m）与竖井不同水平距离（0.1 m、0.2 m、0.4 m）处的负超静孔压消散测试。

2.2.4　试验结果

试验主要对排水系统内的真空度传递特性、土体中的真空度传递特性及"管路→土体"路径的真空度传递特性进行分析。

2.2.4.1　排水系统内的真空度传递特性

图 2-2 和表 2-5 为上述 5 个方案中排水系统内的真空度传递情况。

需要说明的是，图 2-2 中各方案排水系统的真空度实测曲线出现突变或不连续现象，主要是由于密封膜破损漏气、现场突然停电等原因致使真空压力急剧降低而造成的。由图可知：竖井内的真空压力值随深度递减，其中方案 4 的真空压力沿程损失程度最小。

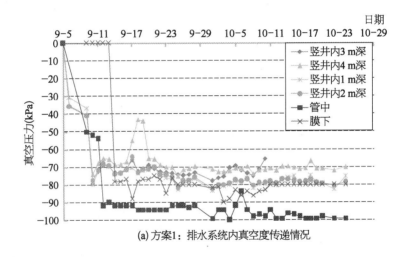

(a) 方案1：排水系统内真空度传递情况

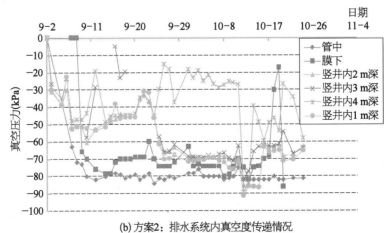

(b) 方案2：排水系统内真空度传递情况

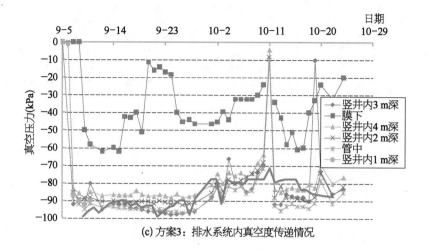

(c) 方案3：排水系统内真空度传递情况

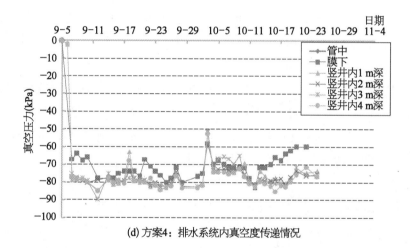

(d) 方案4：排水系统内真空度传递情况

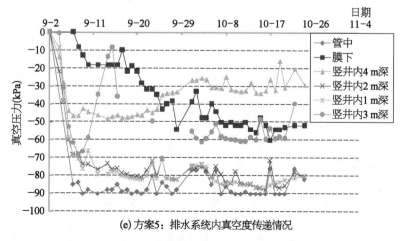

(e) 方案5：排水系统内真空度传递情况

图 2-2　各方案排水系统内真空度传递情况

表 2-5　各方案排水系统内真空度传递情况表

方　案	恒载时真空度平均损失值			
	传递路径① 管中→膜下	传递路径② 管中→竖井顶部 以下1 m	传递路径③ 竖井顶部以下1 m→ 竖井顶部以下4 m	传递路径④ 管中→竖井顶部 以下4 m
1	16%	20%	15%	28%
2	17%	25%	34%	57%
3	55%	2%	10%	8%
4	16%	15%	5%	11%
5	54%	9%	32%	42%

由表 2-5 可知：

（1）对于无砂垫层真空预压技术而言，膜下真空度传递阻力比较大，导致膜下出现较大的真空度沿程损失。

（2）HV3 和 HV5 两种连接方式更有利于水平排水通道中的真空压力传递至竖向排水体中，HV4 次之，而 HV1 和 HV2 最差。在传递路径②中，方案 3 和方案 5 的真空度局部损失最小，方案 4 次之，而方案 1 和方案 2 最大。

（3）竖向整体式排水板更适宜于作为新近吹填淤泥真空预压加固的竖向排水体。在传递路径③中，方案 4 中竖向整体式排水板内的真空度沿程损失值最小，仅为 5%；方案 1、方案 2 和方案 3 中 SPB-A 型分体式排水板内的真空度沿程损失值在 10%～34% 之间；而方案 5 中袋装砂井的真空度沿程损失也较大，高达 32%。

2.2.4.2　土体中的孔压消散情况

图 2-3 显示的是土体中每一深度（即 1 m、2 m、3 m、4 m）与竖井的水平距离为 0.1 m、0.2 m、0.4 m 处的负超静孔压消散值的平均值。

由图 2-3 可知：

（1）各方案土体中不同深度处的负超静孔压消散规律不尽相同，具体表现是：有的方

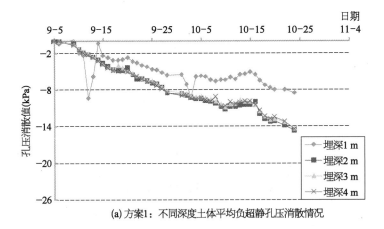

(a) 方案1：不同深度土体平均负超静孔压消散情况

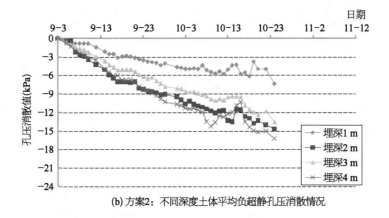

(b) 方案2：不同深度土体平均负超静孔压消散情况

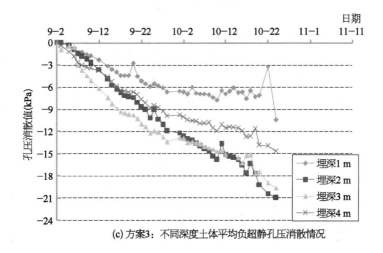

(c) 方案3：不同深度土体平均负超静孔压消散情况

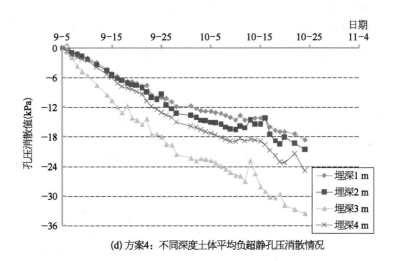

(d) 方案4：不同深度土体平均负超静孔压消散情况

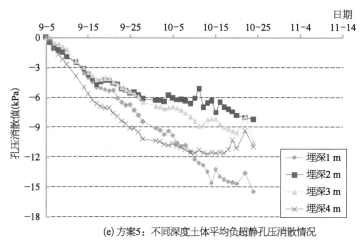

(e)方案5:不同深度土体平均负超静孔压消散情况

图2-3　各方案不同深度土体平均负超静孔压消散情况

案浅层土体的负超静孔压消散程度大、深层土体的小;而有的方案则相反。这一方面是受吹填时的水利条件、沉积形态、沉积时间等多方面因素的影响,新近吹填淤泥空间分布的不均性较显著;另一方面,吹填土本身处于自重固结状态,埋设孔压计后,超孔压急剧升高,其消散需要一段过程,尤其是深层土体。所有方案孔压消散总的趋势相同,即随着抽真空的持续,土体孔压继续降低。

(2) 方案3和方案4土体中的负超静孔压消散程度相对最高,整个深度范围内的平均负超静孔压消散值分别为-16.5 kPa和-24.5 kPa;而方案5和方案2相对较低,平均值分别为-11.3 kPa和-13.0 kPa,这主要由于两方案排水系统内的真空度损失大(分别为42%和57%)所致。

2.2.4.3　路径"管路→土体"的真空度沿程损失情况

表2-6为各方案在"管路→土体"路径中的总真空度沿程损失情况,其中"管路→土体"的数值为卸载前整个测试深度范围内土体中负超静孔压值的总平均值与管路中的真空度的比值。

表2-6　各方案"管路→土体"真空度传递情况

方　案	卸载前真空度平均损失值 (管路→土体)
1	88%
2	84%
3	80%
4	72%
5	86%

由表 2-6 可知：各方案在传递路径"管路→土体"中真空度沿程损失程度均很严重，均在 70% 以上。相对而言，方案 4 的真空度沿程损失较小，为 72%，这也可说明整体式竖向排水板方案优于其他方案。

2.2.5　负压分布模式

负压分布模式包括竖向排水井中的负压分布模式和水平排水系统中的负压分布模式两方面，即砂井地基固结问题中仅考虑径向固结时的孔压边界和初始条件及仅考虑竖向固结时的孔压边界和初始条件。

结合上述工程现场试验研究的结果，本书明确给出了该类地基的负压分布模式：水平排水垫层中的负压可考虑为随时间变化的线性衰减模式，而竖向排水井中的负压可考虑为随时间变化的非线性衰减模式。

仅考虑竖向固结时，水平排水垫层中的孔压边界和初始条件分别表示如下[6]：

$$边界条件：\qquad \bar{u}_z\big|_{z=0}=P(t)f(r) \tag{2-1}$$

$$初始条件：\qquad \bar{u}_z\big|_{t=0}=0 \tag{2-2}$$

式中　　$\bar{u}_z$——仅考虑竖向固结时，地基中任一深度的平均孔压，$\bar{u}_z=\bar{u}_z(z,r,t)$；

$\qquad$ $P(t)$——水平排水系统中负压随时间变化的函数，工程实践中可根据水平排水系统中的负压实测曲线进行拟合得到，且 $P(t)\big|_{t=0}=0$；

$\qquad$ $f(r)$——从水平排水系统中向周围线性递减的线性函数，函数的变量为径向距离，直线的斜率可根据工程实践中负压在传递路径由水平排水系统至排水板顶端位置的实测损失程度进行确定。

仅考虑径固结时，竖向排水井中的孔压边界和初始条件分别表示如下[6]：

$$边界条件：\qquad u_w=P(t)f(z) \tag{2-3}$$

$$初始条件：\qquad \bar{u}_r\big|_{t=0}=0 \tag{2-4}$$

式中　　u_w——仅考虑径向固结时，竖井内任一深度的孔压，$u_w=u_w(z,t)$；

$\qquad$ $\bar{u}_r$——仅考虑径向固结时，影响区内土中任一深度的平均孔压，$\bar{u}_r=\bar{u}_r(z,t)$；

$\qquad$ $P(t)$——水平排水系统中负压随时间变化的函数，工程实践中可根据水平排水系统中的负压实测曲线进行拟合得到，且 $P(t)\big|_{t=0}=0$；

$\qquad$ $f(z)$——深度的函数，工程实践中可根据竖向排水井中负压沿深度方向的实测曲线进行拟合得到。

为了便于固结分析，对负压分布函数式(2-1)和式(2-3)进行简化，均按线性衰减分布模式考虑，同时淤泥表面的负压随时间按指数函数递增考虑。

2.3 轴对称固结模型

砂井地基的轴对称固结模型[7]如图 2-4 所示,其计算简图如图 2-5 所示。

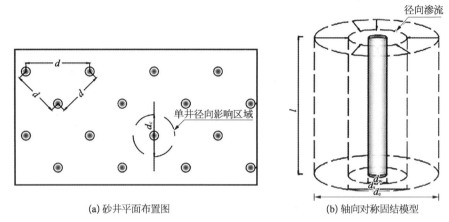

(a) 砂井平面布置图   (b) 轴向对称固结模型

图 2-4　砂井地基轴向对称固结模型

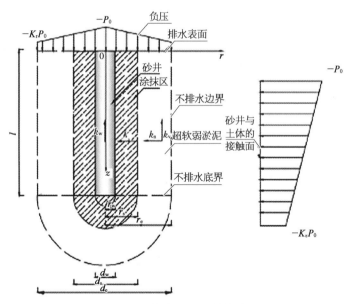

图 2-5　轴对称固结计算简图

图中,l 为砂井计算长度,$l=H$,H 为被加固土层的竖向排水距离,对于新近吹填淤泥地基而言,一般属于单面排水问题,因此 H 即为被加固土层厚度;k_h、k_v 为地基水平向及竖向渗透系数;k_s 为砂井周围涂抹区内的水平相渗透系数,$k_s<k_h$;k_w 为砂井材料渗透系数;r_w、d_w 分别为砂井半径和直径;r_s、d_s 分别为涂抹区半径和直径;r_e、d_e 分别为砂井影响区半径和直径;r、z 分别为径向及竖向坐标;K_r、K_z 分别为负压沿径向和竖向的衰减

系数,其值均小于 1;$-P_0$ 为水平排水系统中($z=0$)的最大负压值。

2.4 基本假定

在太沙基固结理论和 Barron 轴对称固结理论的基础上做以下主要假定:

(1)等应变条件成立,即砂井地基中无侧向变形,同一深度平面上任一点的垂直变形相等,但地面荷载是非均匀分布的。

(2)径向和竖向渗流可分别考虑,考虑竖向渗流时按 Terzaghi 一维固结理论,考虑径向渗流时 $k_v=0$,径竖向组合渗流可按卡里罗(Carrillo)定理考虑;负压条件下土体和砂井中水的渗流符合 Darcy 定律。

(3)砂井内超静孔隙水压力沿径向变化很小,可以忽略不计;任一深度 z 处从土体中流入砂井的水量等于砂井中向上水流量的增量。

(4)除渗透系数外,砂井和涂抹区内土体的其他性质同天然地基。

(5)负压沿砂井竖向和径向均是按线性衰减模式考虑。

2.5 基于 Hansbo 固结理论负压条件下的径向固结基本方程及近似解

2.5.1 径向固结基本方程[2]

涂抹区外影响区内的径向超孔隙水压力 $u_r(r,z,t)$ 为

$$\frac{\partial u_r}{\partial r}=\frac{\gamma_w}{2k_h}\frac{\partial\varepsilon}{\partial t}\left(\frac{r_e^2-r^2}{r}\right)\qquad r_s\leqslant r\leqslant r_e \tag{2-5}$$

涂抹区内的径向超孔隙水压力 $u_{rs}(r,z,t)$ 为

$$\frac{\partial u_{rs}}{\partial r}=\frac{\gamma_w}{2k_s}\frac{\partial\varepsilon}{\partial t}\left(\frac{r_e^2-r^2}{r}\right)\qquad r_w\leqslant r\leqslant r_s \tag{2-6}$$

式中 γ_w——水溶重;

t——时间。

式(2-5)和式(2-6)即为轴对称固结条件下的径向固结基本方程。

2.5.2 边界条件和初始条件

边界条件:

$$① \quad u_w=-P_0\left[1-(1-\overline{K}_z)\frac{z}{l}\right] \tag{2-7}$$

$$② \quad \frac{\partial u_r}{\partial r}\bigg|_{r=r_e}=0 \tag{2-8}$$

$$③ \; u_r \big|_{r=r_w} = u_w \tag{2-9}$$

$$④ \; u_{rs} \big|_{r=r_s} = u_r \big|_{r=r_s} \tag{2-10}$$

初始条件：

$$⑤ \; \bar{u}_r \big|_{t=0} = 0 \tag{2-11}$$

其中，u_w 为仅考虑径向渗流时，砂井内任一深度的孔压，$u_w = u_w(z, t)$；$\bar{u}_r$ 为仅考虑径向渗流时影响区内土中任一深度的平均孔压，$\bar{u}_r = \bar{u}_r(z, t)$；$\bar{K}_z$ 为负压沿竖向的平均衰减系数，其值均小于1。

K_z 实际上是时间 t 的函数，应表示为 $K_z(t)$。为简化推导求解，可选取时间区间 $[0, t_e]$ 内的平均值 $\bar{K}_z$ 代替 K_z（t_e 为真空预压加固时间），如式（2-7），并可由下式求得

$$\bar{K}_z = \frac{1}{t_e} \int_0^{t_e} K_z(t)\,dt \tag{2-12}$$

为了使模型采用的边界条件更符合真空预压现场的实际情况，$\bar{K}_z$ 可根据竖向排水体中负压现场实测结果来确定。

2.5.3 径向固结基本方程的解

径向固结基本方程的解析解为

$$\bar{u}_r = -P_0 \left[1 - (1 - \bar{K}_z) \frac{z}{l} \right] (1 - e^{-8T_h/u}) \tag{2-13}$$

整个土层任意时刻 t 的径向平均孔压 $\bar{u}_{r总}$ 为

$$\bar{u}_{r总} = \frac{\int_0^l \bar{u}_r\,dz}{l} = -\frac{(1+\bar{K}_z)P_0}{2}(1 - e^{-8T_h/\mu}) \tag{2-14}$$

式（2-13）和式（2-14）即为轴对称固结、负压非均匀分布边界条件下考虑井阻影响的径向固结基本方程的近似解。

2.6 负压条件下竖向固结基本方程和求解

2.6.1 竖向固结基本方程

根据图 2-2 竖向固结基本微分方程如下：

$$\frac{\partial \bar{u}_z}{\partial t} = c_v \frac{\partial^2 \bar{u}_z}{\partial z^2} \tag{2-15}$$

2.6.2　边界条件和初始条件

边界条件：在以往的负压竖向固结基本方程的求解时，淤泥表面（$z=0$）的孔压边界条件和初始条件是相互矛盾的，在此进行了如下考虑。

$$\text{i.}\ \bar{u}_z\big|_{z=0} = -P_0[1-\exp(-\alpha t)]\left[1-(1-\bar{K}_r)\frac{r}{r_e}\right] \quad 0 \leqslant r \leqslant r_e \quad (2-16)$$

$$\text{ii.}\ \frac{\partial \bar{u}_z}{\partial z}\bigg|_{z=H} = 0 \quad (2-17)$$

初始条件：

$$\text{iii.}\ \bar{u}_z\big|_{t=0} = 0 \quad (2-18)$$

其中，$\bar{u}_z$ 为仅考虑竖向渗流时地基中任一深度的平均孔压，$\bar{u}_z = \bar{u}_z(z, r, t)$；$c_v$ 为竖向固结系数，$c_v = k_v/\gamma_w m_v$；$\bar{K}_r$ 为负压沿径向的平均衰减系数，其值均小于 1；α 为一小于 1 的常数，可根据现场实测结果进行分析获得；其他符号含义同前。

工程实践表明，K_r 实际上也是时间的函数，可表示为 $K_r(t)$。为简化推导求解，分别选取时间区间 $[0, t_e]$ 内的平均值 $\bar{K}_r$ 代替 $K_r(t_e$ 为真空预压加固时间），并可由下式求得

$$\bar{K}_r = \frac{1}{t_e}\int_0^{t_e} K_r(t)\mathrm{d}t \quad (2-19)$$

为了使模型采用的边界条件更符合真空预压现场的实际情况，$\bar{K}_r$ 可根据水平排水管路中负压现场实测结果来确定。

2.6.3　竖向固结基本方程求解

式（2-15）是一个边界条件非齐次的偏微分方程，为求得 $\bar{u}_z(z, r, t)$，首先将边界条件齐次化[8]，令

$$\bar{u}_z(z, r, t) = w(z, r, t) - P_0[1-\exp(-\alpha t)]\left[1-(1-\bar{K}_r)\frac{r}{r_e}\right] \quad (2-20)$$

$w(z, r, t)$ 满足非齐次方程，边界条件则是齐次的，因此式（3-20）可转化为

$$\frac{\partial w}{\partial t} - c_v\frac{\partial^2 w}{\partial z^2} = \alpha P_0\exp(-\alpha t)\left[1-(1-\bar{K}_r)\frac{r}{r_e}\right] \quad (2-21)$$

将式（2-21）的右边函数 $f(t, r) = \alpha P_0\exp(-\alpha t)\left[1-(1-\bar{K}_r)\dfrac{r}{r_e}\right]$ 视为一系列脉冲函数 $f(\tau)\delta(t-\tau)\mathrm{d}\tau$ 作用从 0 到 t 的叠加。

相应地，边界条件 i 和 ii、初始条件 iii 转变为

$$i'. \ w\mid_{z=0}=0 \qquad 0\leqslant r\leqslant r_e \tag{2-22}$$

$$ii'. \ \frac{\partial w}{\partial z}\bigg|_{z=H}=0 \tag{2-23}$$

初始条件：

$$iii'. \ w\mid_{t=0}=0 \tag{2-24}$$

然后,引入线性微分算子 $L(V)$,在式(2-22)~式(2-24)边界条件与初始条件下,求解方程：

$$L(V)=f(\tau)\delta(t-\tau)\mathrm{d}\tau \tag{2-25}$$

在初始条件 $V\mid_{t=0}=0$ 下的解 $V(z,t;\tau)$。

因此,可转化为求解以下等价的定解问题：

$$L(V)=0 \tag{2-26}$$

边界条件同式(2-22)~式(2-23),初始条件为

$$V\mid_{t-\tau=0}=f(\tau) \tag{2-27}$$

由式(2-26)~式(2-27)即可求得 $V(z,t;\tau)$。 然后,对时间进行积分

$$w(z,r,t)=\int_0^t V(z,t;\tau)\mathrm{d}\tau \tag{2-28}$$

即可求得 $w(z,r,t)$。

因此,先求解关于 $V(z,t;\tau)$ 的方程。

$$L(V)=\frac{\partial V}{\partial t}-c_v\frac{\partial^2 V}{\partial z^2}=0 \tag{2-29}$$

边界条件为

$$\begin{cases} V\mid_{z=0}=0 \\ \dfrac{\partial V}{\partial z}\bigg|_{z=H}=0 \end{cases} \tag{2-30}$$

初始条件为

$$V\mid_{t-\tau=0}=f(\tau)=\alpha P_0\exp(-\alpha t)\left[1-(1-\overline{K}_r)\frac{r}{r_e}\right] \tag{2-31}$$

采用分离变量法可求得

$$V(z,t)=\sum_{m=1}^\infty B_m\sin\frac{(2m-1)\pi}{2H}z\cdot\exp(-c_v\lambda t) \tag{2-32}$$

其中，$\lambda = \left[\dfrac{(2m-1)\pi}{2H} \right]^2$ $(m = 1, 2, 3 \cdots)$。

利用初始条件式(2-24)，可求得

$$\alpha P_0 \exp(-\alpha\tau) \left[1 - (1-\overline{K}_r) \frac{r}{r_e} \right] = \sum_{m=1}^{\infty} B_m \sin \frac{(2m-1)\pi}{2H} z \cdot \exp(-c_v\lambda\tau) \tag{2-33}$$

将上式等号左边展开成傅里叶正弦级数，可得到

$$B_m \exp(-c_v\lambda\tau) = \frac{4\alpha P_0 \exp(-\alpha\tau) \left[1 - (1-\overline{K}_r) \dfrac{r}{r_e} \right]}{(2m-1)\pi} \tag{2-34}$$

因此有

$$B_m = \frac{4\alpha P_0 \exp(c_v\lambda - \alpha)\tau \left[1 - (1-\overline{K}_r) \dfrac{r}{r_e} \right]}{(2m-1)\pi} \tag{2-35}$$

将式(2-35)代入式(2-32)，并将结果代入式(2-28)，然后对 τ 积分，并利用下式

$$\exp(-c_v\lambda t) \cdot \int_0^t \exp(c_v\lambda - \alpha)\tau \mathrm{d}\tau = \frac{1}{c_v\lambda - \alpha} \left[\exp(-\alpha t) - \exp(-c_v\lambda t) \right] \tag{2-36}$$

求得

$$w(z, r, t) = \frac{4\alpha P_0 \left[1 - (1-\overline{K}_r) \dfrac{r}{r_e} \right]}{\pi} \sum_{m=1}^{\infty} \frac{1}{(2m-1)(c_v\lambda - \alpha)} \sin \frac{(2m-1)\pi}{2H} z \cdot$$
$$\left[\exp(-\alpha t) - \exp(c_v\lambda t) \right] \tag{2-37}$$

结合式(2-20)，最终可得到 $u(z, r, t)$ 的表达式为

$$\begin{aligned}
\overline{u}_z(z, r, t) &= \frac{4\alpha P_0 \left[1 - (1-\overline{K}_r) \dfrac{r}{r_e} \right]}{\pi} \sum_{m=1}^{\infty} \frac{E}{M} \sin \frac{(2m-1)\pi}{2H} z \\
&\quad - P_0 [1 - \exp(-\alpha t)] \left[1 - (1-\overline{K}_r) \frac{r}{r_e} \right] \\
&= \frac{4\alpha P_0 \left[1 - (1-\overline{K}_r) \dfrac{r}{r_e} \right]}{\pi} \left\{ \sum_{m=1}^{\infty} \frac{E}{M} \sin \frac{(2m-1)\pi}{2H} z - \frac{\pi}{4\alpha} [1 - \exp(-\alpha t)] \right\}
\end{aligned} \tag{2-38}$$

式中，$E = \exp(-\alpha t) - \exp(-c_v\lambda t)$；$M = (2m-1)(c_v\lambda - \alpha)$。

因此,整个影响区内 $(0 \leqslant r \leqslant r_e)$,任一深度的竖向平均孔压 $\bar{u}'_z(z,t)$ 为

$$\bar{u}'_z(z,t) = \frac{1}{r_e} \int_0^{r_e} \bar{u}_z(z,r,t) \mathrm{d}r$$

$$= \frac{2\alpha P_0 (1+\overline{K}_r)}{\pi} \left\{ \sum_{m=1}^{\infty} \frac{E}{M} \sin\frac{(2m-1)\pi}{2H}z - \frac{\pi}{4\alpha}[1-\exp(-\alpha t)] \right\}$$

$$(2-39)$$

式(2-39)即为轴对称固结、负压非均匀分布边界条件下,整个影响区内任一深度竖向固结基本方程的近似解。

2.7　负压条件下砂井地基固结径向竖向组合解析解

式(2-13)、式(2-14)及式(2-38)分别给出了负压条件下径向及竖向固结解析解。根据前面的假定②,当径向竖向组合双向渗流时可按卡里罗(Carrillo)定理考虑,即负压条件下双向渗流时平均超孔压比应满足下式[9]:

$$\frac{\bar{u}_{rz}+P_0}{P_0} = \left(\frac{\bar{u}_r+P_0}{P_0}\right)\left(\frac{\bar{u}'_z+P_0}{P_0}\right) \qquad (2-40)$$

式中,$\bar{u}_{rz}$ 为双向渗流时地基中任一深度的平均超孔压,$\bar{u}_{rz}=\bar{u}_{rz}(r,z,t)$,其中 $\bar{u}_r$、$\bar{u}_z$ 可分别由式(2-13)、式(2-20)计算得到;其他符号含义同前。

式(2-40)整理后,得

$$\bar{u}_{rz} = \frac{(\bar{u}_r+P_0)(\bar{u}'_z+P_0)}{P_0} - P_0 \qquad (2-41)$$

2.8　负压条件下砂井地基固结度的计算

由式(2-14)可知,整个土层 t 时刻平均径向固结度 $\overline{U}_r$ 表达式如下:

$$\overline{U}_r = 1 - \frac{\bar{u}_{r总}}{-P_0} = 1 - \frac{(1+\overline{K}_z)}{2}(1-e^{-8T_h/\mu}) \qquad (2-42)$$

由式(2-39)可知,整个土层 t 时刻平均竖向固结度 $\overline{U}_z$ 表达式如下:

$$\overline{U}_z = 1 - \frac{\int_0^H \bar{u}'_z(z,t)\mathrm{d}z}{-P_0[1-\exp(-\alpha t)]} = 1 - \frac{4\alpha(1+\overline{K}_r)}{[1-\exp(-\alpha t)]\pi^2} \sum_{m=1}^{\infty} \frac{E}{(2m-1)M}$$

$$(2-43)$$

因此,整个土层 t 时刻平均固结度 $\overline{U}_{rz}$ 表达式如下:

$$\overline{U}_{rz} = 1 - (1 - \overline{U}_r)(1 - \overline{U}_z) = \overline{U}_r + \overline{U}_z - \overline{U}_r \cdot \overline{U}_z \qquad (2-44)$$

2.9 解的特点及局限性

2.9.1 解的特点

轴对称固结、负压非均匀分布的边界条件下,考虑井阻影响的径向固结基本方程近似解的特点已经由周琦、张功新[2]中详细分析过,在此不再赘述。下面主要讨论本书竖向固结基本方程近似解的特点。

刘家豪、董志良[10]在 Terzaghi 固结理论的基础上,建立了负压条件下地基竖向固结模型,并结合符合真空预压现场实际情况的边界条件和初始条件导出如下解析解:

$$\bar{u}_{z总} = \frac{1}{H}\int_0^H u_z \mathrm{d}z = p_0 \sum_{m=0}^{\infty} \frac{2}{M^2} e^{-M^2 T_v} - p_0 \qquad (2-45)$$

陈平山、莫海鸿[11]基于平均固结度等效的概念,考虑井阻效应和涂抹效应,将砂井地基等效为天然地基,并基于真空预压期间地表孔压是随时间变化的考虑,给出其一维固结解析解,如下:

$$\bar{u}_z(z, t) = \frac{4\alpha P_0}{\pi}\left\{\sum_{m=1}^{\infty} \frac{E}{M}\sin\frac{(2m-1)\pi}{2H}z - \frac{\pi}{4\alpha}\left[1 - \exp(-\alpha t)\right]\right\} \qquad (2-46)$$

与董志良解[式(2-45)]相比,解[式(2-39)]考虑了新近吹填淤泥地基真空预压加固过程中负压非均匀匀分布的边界条件,更贴合实际。

与莫海鸿解[式(2-46)]相比,解[式(2-39)]引入了"地表孔压随抽真空时间呈指数函数递增,且沿径向是线性衰减"这一边界条件,更接近实际。

2.9.2 解的局限性

新近吹填淤泥地基在外荷载作用下具有大变形非线性的固结特征,其稳定沉降量甚至可占到吹填厚度的一半以上,固结系数同时也随时间而变,因此式(2-13)、式(2-39)及式(2-41)中的参数 k_h、k_s、k_v、m_v 都随土体孔隙比 e 的减小而变化,且存在明显的非线性关系,也即 σ'、k 与孔隙比 e 之间存在明显的非线性关系,其表达式如下[12-14]:

$$\frac{1+e}{1+e_0} = \left(\frac{\sigma'}{\sigma'_0}\right)^{-\gamma} \qquad (2-47)$$

$$\frac{k_h}{k_{h0}} = \left(\frac{1+e}{1+e_0}\right)^{\kappa_h} \qquad (2-48)$$

$$\frac{k_v}{k_{v0}} = \left(\frac{1+e}{1+e_0}\right)^{\kappa_v} \tag{2-49}$$

式中 γ——非线性压缩系数;

κ_h、κ_v——水平和竖向渗透性变化系数,均由固结渗透试验确定。

另外,参数 $\overline{K}_z$、$\overline{K}_r$ 均与时间有关系。

鉴于此,在用式(2-13)、式(2-39)及式(2-41)进行相关设计计算前,需结合现场试验与室内试验综合确定上述参数,考虑相关参数的变化进行动态设计。

参 考 文 献

[1] 郭彪,韩颖,龚晓南,等.随时间任意变化荷载下砂井地基固结分析[J].中南大学学报(自然科学版),2012(6):2369-2377.

[2] 周琦,张功新,王友元,等.真空预压条件下的砂井地基 Hansbo 固结解[J].岩石力学与工程学报,2010(S2):3994-3999.

[3] Indraratna B. Analytical and numerical solutions for a single vertical drain including the effects of vacuum preloading[J]. Canadian Geotechnical Journal, 2005(42):994-1014.

[4] 鲍树峰,董志良,莫海鸿,等.高黏粒含量新吹填淤泥加固新技术室内研发[J].岩土力学,2015(1):61-67.

[5] 彭涛,武威,黄少康,等.吹填淤泥的工程地质特性研究[J].工程勘察,1999(5):1-5.

[6] 鲍树峰,莫海鸿,董志良,等.新近吹填淤泥地基负压传递特性及分布模式研究[J].岩土力学,2014(12):3569-3576.

[7] 钱家欢,殷宗泽.土工原理与计算[M].北京:水利电力出版社,1994.

[8] 谢鸿政,杨枫林.数学物理方程[M].北京:科学出版社,2001.

[9] 董志良.堆载及真空预压砂井地基固结解析理论[J].水运工程,1992(9):1-7.

[10] 刘家豪,董志良.塑料排水板真空预压法加固软基固结理论解析讨论[A]//塑料板排水固结法加固软基技术研讨会[C].南京,河海大学出版社,1990.

[11] 陈平山,莫海鸿.真空预压加固地基等效固结度的简化计算[J].华南理工大学学报(自然科学版),2008,36(1):139-144.

[12] Butterfield R. A natural compression law for soils (an advance on e-$\log p'$)[J]. Geotechnique, 1979, 29(4):469-480.

[13] Juarez-Badillo E. General compressibility equation for soils[C]//10th International Conference on Soil Mechanics and Foundation Engineering. Sweden:Stockholm, 1981.

[14] Juarez-Badillo E. General permeability change equation for soils[C]//International Conference on Constitutive Laws for Engineering Materials. Arizona:University of Arizona, 1983.

第 3 章

真空联合堆载预压下软弱地基强度增长计算方法

国内外学者对软基强度的增长规律做了许多研究[1-5]，但多数基于摩尔-库伦理论探讨参数取值方面的问题。对于大面积的新吹填土地基，由于软土强度极低，无法承载施工设备，往往先采用真空预压法对地基进行浅表层加固，待软基具备一定承载力后，再对软基进行浅部-深部相结合的整体加固，如此一来，软土的强度增长规律较之采用一次性加固有所不同。本质上，土体强度的变化仍是在有效应力作用下发生的。因此，本章将介绍利用有效应力原理和应力路径法分析真空联合堆载预压下深厚软土地基强度增长规律。

3.1 土体强度的两个"唯一性"原理

地基的破坏表现为土体的滑动。土体滑动时，通常可以找到贯通的滑动面，因此土的强度问题实质上就是土体内一部分土体与另一部分土体之间的相对滑动的抵抗力，实际上就是土体与土体之间的摩擦力，也即抗剪强度。工程实践中，需要解决土的抗剪强度问题一般有两个：确定土的天然强度和土的强度在各种不同条件下随荷载而变化的规律。

土的天然强度是指在原状结构、初始应力条件下的强度，也即土体保持其含水率不变而在不排水条件下剪切破坏时的强度，可以通过现场原位测试方法确定。而确定土的强度变化规律，实质上就是现场原位测定土在各种不同条件下的抗剪强度值或室内获取土在各种不同条件下的抗剪强度指标(黏聚力 c 和内摩擦角 ϕ，或者有效黏聚力 c' 和有效内摩擦角 ϕ')并计算其抗剪强度值。土样扰动对室内抗剪强度试验结果有很大的影响：一是土样围压的变化影响，土样从地基取出时，上覆和周围压力降卸除，体积膨胀，改变了土体应力；二是取土、运输、储存和切土时产生的机械扰动。有学者对此也做了相应研究[6-8]。

3.1.1 有效强度理论

Terzaghi 提出的有效应力原理主要包含下述两点：

(1) 作用于土体的总应力是有效应力和孔隙水压力之和，即

$$\sigma = \sigma' + u \tag{3-1}$$

(2) 土体的强度和变形性质只由作用于其上的有效应力决定，而孔隙水压力对于这些性质并无影响。因此，黏性土的抗剪强度可以用下式表示：

$$\tau = c' + \sigma' \tan \phi' = c' + (\sigma - u) \tan \phi' \tag{3-2}$$

对于正常固结黏土，$c' = 0$。实际上，有效应力是无法直接测得的，只有知道了孔隙压力，才能通过式(3-1)算出有效应力。因此，准确地确定孔隙水压力是有效强度理论的关键所在。

1) Skempton - Bishop 强度理论

1954 年,Skempton 和 Bishop 根据三轴试验中实测的孔隙水压力与应力变化的关系提出孔隙压力系数 A 和 B 以后,有效强度理论才被广泛接受,也即 Skempton - Bishop 强度理论。这一强度理论将孔隙水压力与周围压力、偏应力的变化联系起来,如下式:

$$\Delta u = B[\Delta\sigma_3 + A(\Delta\sigma_1 - \Delta\sigma_3)] \tag{3-3}$$

式中　B——表示单位周围压力增量所引起的孔压增量,反映土体饱和程度的指标,对于完全饱和土,$B=1$,对于干土,$B=0$,对于部分饱和土,B 值介于 0~1;

　　　　A——饱和土体($B=1$)在单位偏差应力增量($\Delta\sigma_1 - \Delta\sigma_3$)作用下产生的孔隙水压力增量,可用来反映土体剪切过程中的胀缩性,是土的一个很重要的力学指标,取决于偏差应力增量所引起的体积变化,其变化范围很大,主要与土的类型、状态、应力历史和状况以及加载过程中所产生的应变量等因素有关,在试验过程中 A 值是变化的。对于理想弹性的土骨架,$A=1/3$。

因此,只要知道了土体中任一点的大小主应力变化,就可以根据在三轴不排水试验中测出的孔压系数 A、B,利用式(3-3)便可计算出相应的初始孔隙水压力。

Skempton 和 Bishop 将正常固结黏土($c'=0$)在常规的固结不排水和不排水三轴压缩试验中得出了三条强度线及其相互关系,如图 3-1 所示。

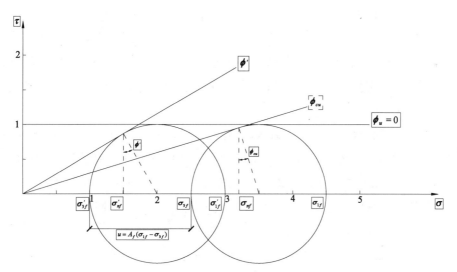

图 3-1　Skempton - Bishop 抗剪强度包络线($B=1$)

由此可知:

$$\frac{\frac{1}{2}(\sigma_1 - \sigma_3)_f}{\sigma_{3f}} = \frac{\sin\phi'}{1 + (2A_f - 1)\sin\phi'} \tag{3-4}$$

若是 K_0 固结的情况,则有

$$\frac{\frac{1}{2}(\sigma_1 - \sigma_3)_f}{\sigma_{1f}} = \frac{[K_0 + (1 - K_0)A_f]\sin\phi'}{1 + (2A_f - 1)\sin\phi'} \tag{3-5}$$

正常固结黏土的排水试验结果可表示为

$$\frac{\frac{1}{2}(\sigma_1 - \sigma_3)_f}{\sigma'_{3f}} = \frac{\sin\phi_d}{1 - \sin\phi_d} \ (\text{其中,}\ \phi_d = \phi') \tag{3-6}$$

2) Rendulic-Henkel 强度理论

1959 年,Henkel 用重塑土试验证实并推广了 Rendulic 早在 1936 年提出的结论:基于三轴试验结果,若不考虑各向异性和主应力偏转的影响,将压缩和伸长、正常固结和具有各种先期固结压力的超压密情况分开考虑时,抗剪强度-有效应力-含水率(或抗剪强度-孔隙压力-体积变化)和荷载路径无关。由于存在这样的唯一关系,不排水剪的应力路径应与排水剪的等含水率线重合。同时,可从不排水试验推求排水试验结果,并可以统一的形式来处理饱和黏土的孔隙水压力、体积变化和抗剪强度特性。

3.1.2 "唯一性"原理

3.1.2.1 密度(含水率、孔隙比)-有效应力-抗剪强度的唯一性[9-10]

影响土的抗剪强度的因素很多,特别是黏土更为复杂,其中最主要的因素是土的组成、土的密度(含水率、孔隙比)、土的结构及所受的应力状态。对于同一种土,组成和结构相同,则抗剪强度取决于密度(含水率、孔隙比)和应力,而这两者之间又是密切相关的。

根据摩尔-库仑理论,抗剪强度包线(τ_f 线)或破坏主应力线(k_f 线)上一点,代表一个破坏时的应力圆,因此,对于每一个有效应力圆,其破坏面上的应力就是土的抗剪强度 τ_f 和正应力 σ'_f,圆的半径为 q_f,平均有效应力为 p'_f。由于每个有效应力圆表示土样在一定的固结应力 σ_3 下固结,在一定的偏差应力 $\Delta\sigma_{1f}$ 剪切至破坏,所以每个圆所对应的土的密度(含水率、孔隙比)也是一定的,也即每一个有效应力圆代表一种固定的 $\tau_f - \sigma'_f - e_f(w_f, \rho_f)$ 或 $q_f - p'_f - e_f(w_f, \rho_f)$ 关系。

$\tau_f - \sigma'_f - e_f(w_f, \rho_f)$ 的唯一关系是与应力路径无关的,这种唯一性关系对于正常固结土恒成立,而对于超固结土,只要应力历史相同,也仍然可以适用。

3.1.2.2 有效应力强度指标唯一性

根据有效应力原理,土的抗剪强度唯一决定于破坏面上的法向有效应力,而与加荷方式、排水条件和应力路径等均无关。理论上,利用排水剪和测定孔隙水压力的固结不排水得出的有效应力强度参数应该是一样的,也即 $\phi' = \phi_d$。另外,实践也证明:用三轴排水试验得到的强度指标与用三轴固结不排水试验测定孔隙水压力按有效应力方法整理得到的指标,两者十分接近,即 $\phi' \approx \phi_d$、$c' \approx c_d$,在工程实践上认为是等效的。

3.2　软基强度增长方法

下面分别采用有效应力法和应力分析法对深厚吹填软土地基加固过程中地基强度的增长机理进行分析[11]。

3.2.1　有效应力法

采用真空预压加固软基过程中,地下水位线以上的土体是等向固结的、总应力没有增加。土体孔隙中形成的孔隙水压力增量为负值,土体有效应力的增长是靠负超静孔隙水压力的消散来实现的。随着负超静孔隙水压力的消散,有效应力也逐渐增大;而地下水位线以下的土体,由于真空预压过程中地下水位下降引起的降水预压作用,是非等向固结的,降水预压过程中土体的有效应力增长同堆载预压法,因此土体有效应力的增长是真空预压和降水预压两者引起的有效应力增量的线性叠加。图 3-2 为浅层真空预压阶段和深层真空预压阶段的土体有效应力增长分析示意图。

真空联合堆载预压法加固过程中,地下水位线以上和以下的土体均是非等向固结的。区别在于,地下水位线以上的土体没有降水预压的作用,而地下水位线以下的土体同时包含降水预压的作用。因此,地下水位线以上的土体有效应力增长为真空预压引起的有效应力增量与堆载预压引起的有效应力增量的线性叠加,而地下水位线以下的土体有效应力增长为真空预压、堆载预压及降水预压三者引起的有效应力增量的线性叠加,如图 3-2(c)所示。

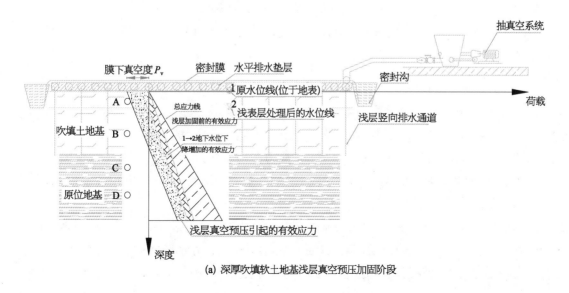

(a) 深厚吹填软土地基浅层真空预压加固阶段

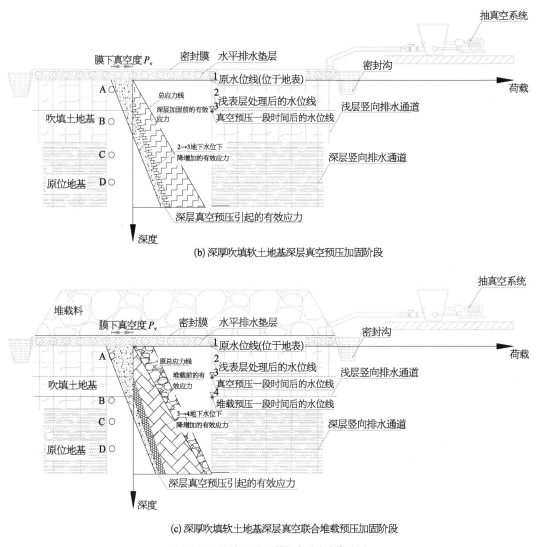

(b) 深厚吹填软土地基深层真空预压加固阶段

(c) 深厚吹填软土地基深层真空联合堆载预压加固阶段

图 3-2　不同加固阶段软基有效应力变化图

3.2.2　应力路径法

应力路径描述了土体受力发生、发展和变化的过程,这一过程实际上就是一条应力变化的轨迹线。应力路径线一般采用与主应力面夹角为 45°面上的应力变化轨迹线。

根据伦杜列克和亨开尔的试验关系,在应力路径变化过程中,只要有排水情况发生,土体的强度就会发生变化,在应力路径图上就可以直接反映出来,故可利用这个关系对软基在不同加固阶段的强度增长过程进行分析。

如图 3-3(a)所示,深厚软土地基浅层预加固前,各深度处土体的初始状态分别为 A_0、B_0、C_0、D_0;真空预压法加固地基浅层时,各深度处土体的状态分别为 A_1、B_1、C_1、D_1;真空预压法加固深层土体时,各深度处土体的状态分别为 A_2、B_2、C_2、D_2;真空联合堆载预压加固软基时,各深度处土体的状态分别为 A_3、B_3、C_3、D_3。

以地基中地下水位线以下的 B 点为研究对象,其应力路径如图 3-3(b) 所示。

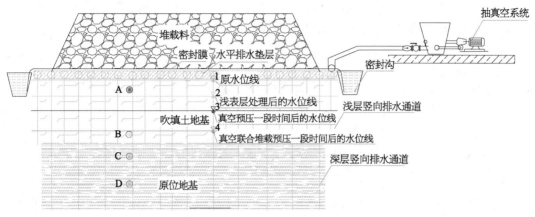

(a) 真空联合加固软基示意图

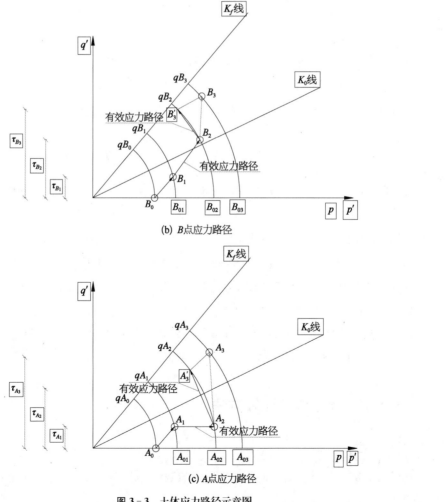

(b) B 点应力路径

(c) A 点应力路径

图 3-3　土体应力路径示意图

1) 浅层真空预压处理阶段

(1) 浅层预处理前,B 点为流态 B_0,不排水条件下的强度设为 qB_0(几乎为 0 kPa)。

(2) 浅层真空预压加固一段时间后卸载前,地基在真空压力和降水预压双重作用下发生排水固结,土体有效应力路径由 B_0 点到达 B_1 点,产生剪应力 τ_{B_1}。根据 $\tau_f - \sigma'_f - e_f(w_f, \rho_f)$ 的唯一关系可知,这相当于土体的初始状态从 B_0 向 B_{01} 变化,土体的强度相应地自 qB_0 增长至 qB_1。

2) 深层真空预压处理阶段

深层真空预压加固一段时间后堆载前,地基在真空压力和降水预压双重作用下排水固结,土体有效应力路径由 B_1 点向 B_2 点移动,产生剪应力 τ_{B_2}。根据 $\tau_f - \sigma'_f - e_f(w_f, \rho_f)$ 的唯一关系可知,这相当于土体的初始状态从 B_{01} 向 B_{02} 变化,土体的强度相应地自 qB_1 增长至 qB_2。

3) 真空联合堆载预压深层处理阶段

在此仅分析一级堆载的情况,多级堆载的情况依此类推。

(1) 堆载加载瞬间,土体处于不排水状态,土体有效应力路径到达 B'_3 点,产生剪应力 τ_{B_3}(大于 τ_{B_2}),此时土体的强度仍为 qB_2。显然,此时的安全系数减小,即

$$F_{B_3} = \frac{q_2}{\tau_{B_3}} < \frac{q_2}{\tau_{B_2}} \qquad (3-7)$$

(2) 真空联合堆载预压加固一段时间后,地基在真空压力、堆载压力和降水预压等三重作用下发生排水固结,有效应力路径由 B'_3 向 B_3 点移动,根据 $\tau_f - \sigma'_f - e_f(w_f, \rho_f)$ 的唯一关系可知,这相当于土体的初始状态从 B_{02} 向 B_{03} 变化,土的强度自 qB_2 增长至 qB_3。

而对于地基中地下水位线以上的 A 点,其强度增长机理应力路径如图 3-3(c)所示,各个加固阶段的强度增长机理分析过程类似于 B 点。由图 3-3(b)和图 3-3(c)可知,在深层真空预压处理阶段,两者的应力路径是不同的,其主要原因是:地下水位线以下的 B 点是在真空预压和降水预压两者共同作用下发生不等向排水固结的,而地下水位线以上的 A 点仅是在真空预压作用下发生等向排水固结的。

3.3 软土强度增长计算方法

3.3.1 土体强度增长计算方法

在正常固结条件下,土的有效抗剪强度参数一般为 $c' = 0$,因此考虑土体破坏面上的强度变化时,根据图 3-4 有

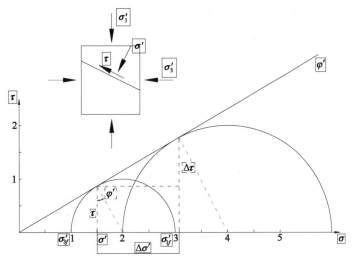

图 3-4　土体应力摩尔圆与抗剪强度

$$\begin{cases} \dfrac{\tau}{\cos \phi'} = \dfrac{\sigma'_1 - \sigma'_3}{2} \\ \sigma'_3 = \sigma'_1 \dfrac{1 - \sin \phi'}{1 + \sin \phi'} \end{cases} \Rightarrow \tau = \sigma'_1 \dfrac{\sin \phi' \cos \phi'}{1 + \sin \phi'} \tag{3-8}$$

因此,土体在附加应力 $\Delta \sigma_1$ 作用下而产生的强度增长量为

$$\Delta \tau = \Delta \sigma'_1 \dfrac{\sin \phi' \cos \phi'}{1 + \sin \phi'} \tag{3-9}$$

另外,从图 3-4 所示的几何关系,可知

$$\tau = \dfrac{\sigma'_1 + \sigma'_3}{2} \sin \phi' \cos \phi' \tag{3-10}$$

因此,土体在附加应力 $\Delta \sigma_1$ 作用下固结一段时间后的抗剪强度为

$$\Delta \tau = \dfrac{\Delta \sigma'_1 + \Delta \sigma'_3}{2} \sin \phi' \cos \phi' \tag{3-11}$$

式(3-9)和式(3-11)均为土体正常固结条件下的计算公式,有效抗剪强度参数(有效黏聚力) $c' = 0$。 其中,式(3-9)为不排水剪强度增长值(即天然强度增长值)的计算公式,是考虑不排水剪的内摩擦角等于 0 的稳定性计算方法,即 $\phi_u = 0$ 法;而式(3-11)为破坏面上的强度增长值的计算公式。

如前所述,深厚吹填软土地基真空联合堆载预压加固过程中,地下水位线以上和以下土体的有效应力增量是不同的,且不同深度土体的有效应力增量也是不同的,因此土体的有效应力增量受真空荷载、外加荷载、地下水位等因素的影响。然而,式(3-9)和式(3-11)中的有效应力增量表达式未能全面地反映这些因素的影响。

因此,下面基于前述的强度增长机理分析结果全面考虑真空荷载及其沿深度方向的衰减程度、外加荷载、地下水位等因素进行土体有效应力增量计算。

3.3.2　土体有效应力增量的理论计算

图3-5为考虑真空联合堆载预压某时刻的情况。

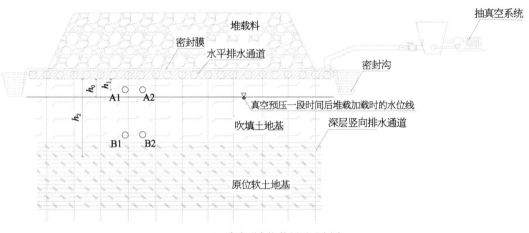

图3-5　真空联合堆载预压示意图

大面积堆载预压加固时,地基的固结可等效于一维压缩基本课题,即均匀土层在连续均布荷载作用下的压缩变形。因此,随着深度的增加,土体中的附加应力可视为不变,为实际堆载荷载。

假设大气压力为P_0、堆载荷载为q、膜下真空度为P_v、孔隙水压力为u、地下水位线以上竖向排水通道中重力水和空气的混合物的容重为γ_M、水的容重为γ_w、竖向排水通道中真空度的衰减系数为η(包括自身井阻及加固过程中地基发生压缩变形引起的排水弯曲等两方面的影响)。

堆载加载瞬间,荷载完全由土体中的孔隙水承担,即土体中的孔隙水压力增量$\Delta u = q$,高于竖向排水通道中的孔压值。当土体中的超静孔压未开始消散时,地下水位线以上竖向排水通道中的A1点和相应深度处土体中的A2点两者之间的孔压差计算如下:

$$u_{A1} = P_0 - \eta P_v + \gamma_M h_1 \tag{3-12}$$

$$u_{A2} = P_0 + q \tag{3-13}$$

$$\Delta u_{A2-A1} = q + \eta P_v - \gamma_M h_1 \tag{3-14}$$

而地下水位线以下竖向排水通道中的B1点和相应深度处土体中的B2点两者之间的孔压差计算如下:

$$u_{B1} = P_0 - \eta P_v + \gamma_M h_0 + \gamma_w (h_2 - h_0) \tag{3-15}$$

$$u_{B2} = P_0 + q + \gamma_w(h_2 - h_0) \tag{3-16}$$

$$\Delta u_{B2-B1} = q + \eta P_v - \gamma_M h_0 \tag{3-17}$$

当土体中 A2 点和 B2 点的超静孔隙水压力完全消散后,地下水位线以上和地下水位线以下土体中 A2 点和 B2 点的有效应力增量分别为

$$\Delta\sigma'_{A2} = \Delta u_{A2-A1} = q + \eta P M_{1V} \tag{3-18}$$

$$\Delta\sigma'_{B2} = \Delta u_{B2-B1} = q + \eta P_v - \gamma_M h_0 \tag{3-19}$$

由式(3-18)和式(3-19)可知,真空联合堆载预压法加固过程中,地下水位线以上和地下水位线以下的土体中有效应力增量的形成机制是有差别的,主要取决于堆载荷载、膜下真空度、竖向排水通道中真空度的衰减程度及地下水位线所处的位置(即 h_0 的大小)。

将式(3-18)和式(3-19)分别代入式(3-9)和式(3-11)中,可相应得到不排水剪强度(即天然强度)增长计算公式和破坏面上强度增长计算公式,分别如下:

$$\Delta S_u = \begin{cases} q + \eta P M \dfrac{\sin\phi'}{1 + \sin\phi'} & h < h_{0V} \\[3mm] q + \eta P M_0 \dfrac{\sin\phi'}{1 + \sin\phi'} & h > h_{0V} \end{cases} \tag{3-20}$$

$$\Delta\tau = \begin{cases} q + \eta P M \dfrac{\sin\phi'\cos\phi'}{1 + \sin\phi'} & h < h_{0V} \\[3mm] q + \eta P M_0 \dfrac{\sin\phi'\cos\phi'}{1 + \sin\phi'} & h > h_{0V} \end{cases} \tag{3-21}$$

式中,当 $q=0$ 时,即为真空预压条件下地基强度增长计算公式。

相对于已有的强度增长公式而言,式(3-20)和式(3-21)具有以下特点:

(1) 全面考虑了真空荷载及其沿深度方向的衰减程度、外加荷载、地下水位等因素的影响。

(2) 给出任意时刻地下水位线以上和地下水位线以下土体的强度增长计算方法。

(3) 无论哪一个工况,当地基固结过程中土体超静孔压消散趋于稳定时,即可对不同深度处土体强度的增长情况进行较准确的计算。

3.4　土体强度增长计算公式的工程应用

以珠海港高栏港区神华煤炭储运中心一期工程软基处理Ⅰ标段真空联合堆载预压试验区 L5 区为依托工程,利用上述土体强度增长计算公式来分析真空联合堆载预压过程中地基的强度增长规律,然后与现场原位十字板试验结果进行对比分析,探讨其可行性。

试验区 L5 区对施工堆载荷载进行了跟踪测试,详见表 3-1。

表 3-1 真空联合堆载预压试验区堆载荷载测试结果

日　　　期	测点 1 测试值 （kPa）	测点 2 测试值 （kPa）	测点 3 测试值 （kPa）	平均值 （kPa）
2012 年 1 月 11 日	3.3	2.4	2.6	2.8
2012 年 1 月 12 日	2.5	2.2	3.4	2.7
2012 年 1 月 13 日	3.2	2.2	3.4	2.9
2012 年 1 月 14 日	3.7	2.2	3.1	3.0
2012 年 1 月 15 日	4.2	2.5	3.7	3.5
2012 年 1 月 30 日	5.0	2.9	4.2	4.0
2012 年 1 月 31 日	5.1	2.9	4.4	4.1
2012 年 2 月 1 日	5.6	4.3	4.6	4.9
2012 年 2 月 2 日	5.4	3.8	4.9	4.7
2012 年 2 月 3 日	5.9	3.7	5.0	4.9
2012 年 2 月 4 日	5.6	3.7	5.0	4.7
2012 年 2 月 5 日	5.6	3.6	5.1	4.8
2012 年 2 月 6 日	5.1	3.7	4.7	4.5
2012 年 2 月 8 日	5.6	3.5	4.8	4.7
2012 年 2 月 9 日	5.8	3.6	5.1	4.8
2012 年 2 月 10 日	5.2	3.4	5.6	4.7
2012 年 2 月 11 日	5.4	3.2	29.8	12.8
2012 年 2 月 12 日	5.2	3.4	49.4	19.4
2012 年 2 月 16 日	5.7	29.5	48.5	27.9
2012 年 2 月 20 日	6.3	29.9	49.9	28.7
2012 年 2 月 23 日	5.4	32.3	47.6	28.4
2012 年 2 月 27 日	5.6	40.1	42.3	29.3
2012 年 3 月 1 日	6.3	33.7	46.3	28.8
2012 年 3 月 5 日	27.6	36.9	47.5	37.3
2012 年 3 月 8 日	34.6	38.9	50.5	41.3
2012 年 3 月 12 日	30.8	36.0	50.6	39.1
2012 年 3 月 15 日	31.0	37.1	51.7	39.9
2012 年 3 月 19 日	32.1	37.9	53.6	41.2
2012 年 3 月 22 日	施工损坏	38.7	53.4	46.0
2012 年 3 月 26 日	施工损坏	50.3	53.8	52.1
2012 年 4 月 5 日	施工损坏	52.2	55.0	53.6
2012 年 4 月 29 日	施工损坏	57.6	50.3	54.0
2012 年 5 月 3 日	施工损坏	57.2	49.7	53.4

日　　期	测点 1 测试值 (kPa)	测点 2 测试值 (kPa)	测点 3 测试值 (kPa)	平均值 (kPa)
2012 年 5 月 4 日	施工损坏	57.0	49.6	53.3
2012 年 5 月 5 日	施工损坏	57.6	50.2	53.9
2012 年 5 月 7 日	施工损坏	57.2	49.8	53.5
2012 年 5 月 8 日	施工损坏	57.1	49.7	53.4
2012 年 5 月 9 日	施工损坏	57.0	49.5	53.3
2012 年 5 月 10 日	施工损坏	56.8	49.4	53.1
2012 年 5 月 11 日	施工损坏	56.7	49.5	53.1
2012 年 5 月 12 日	施工损坏	56.0	47.8	51.9
2012 年 5 月 13 日	施工损坏	57.6	48.9	53.2
2012 年 5 月 14 日	施工损坏	56.8	49.6	53.2
2012 年 5 月 15 日	施工损坏	56.5	49.5	53.0
2012 年 5 月 19 日	施工损坏	56.9	49.9	53.4
2012 年 5 月 24 日	施工损坏	57.0	49.4	53.2
2012 年 5 月 25 日	施工损坏	56.9	49.9	53.4
2012 年 5 月 30 日	施工损坏	145.8	97.2	121.5
2012 年 6 月 1 日	施工损坏	145.0	96.9	120.9
2012 年 6 月 2 日	施工损坏	146.1	98.1	122.1
2012 年 6 月 4 日	施工损坏	145.9	97.4	121.7
2012 年 6 月 6 日	施工损坏	144.1	99.7	121.9
2012 年 6 月 9 日	施工损坏	143.9	100.3	122.1
2012 年 6 月 13 日	施工损坏	145.6	100.7	123.2
2012 年 6 月 16 日	施工损坏	145.7	101.1	123.4
2012 年 7 月 7 日	施工损坏	147.1	98.6	122.8
2012 年 8 月 11 日	施工损坏	83.4	—	83.4
2012 年 8 月 18 日	施工损坏	83.3	—	83.3
2012 年 9 月 3 日	施工损坏	82.8	—	82.8

注：三个测点是沿着加固区域的轴线布置的。

真空联合堆载预压期间(2012 年 6 月 2 日)、卸载前(2012 年 7 月 7 日)和卸载后(2012年 8 月 23 日)分别在有代表性的位置先后进行了原位取土检测和十字板检测,同时室内还对原状土样进行了三轴压缩试验和无侧限压缩试验。真空联合堆载预压期间(2012 年 6月 2 日)、卸载前(2012 年 7 月 7 日)的堆载高度均为 11 m,堆载荷载为 122.1 kPa,地下水位实测值为 2.1 m;卸载后(2012 年 8 月 23 日)堆载高度为 5.5 m,堆载荷载为 82.8 kPa,地下水位实测值为 0.8 m；重力水和空气的混合物的容重均为 9.8 kN/m³。现场原位测试结果、室内相关试验结果及土体强度增长测试值和计算值详见表 3-2～表 3-4。

表 3-2　真空联合堆载预压期间(2012 年 6 月 2 日)地基强度增长计算值和实测值的比较

取土深度 (不含堆载高度)	真空度 实测值 ηP_V (kPa)	土体有效应力 增量 (kPa)	三轴 (CU) 摩擦 角 Φ' (°)	无侧限强度		土体强度增长量			误 差	
				①加固 后 q_u (kPa)	②加固 前 q_u (kPa)	③实测值 (①-②)/ 2 (kPa)	④计算 值 ΔS_u (kPa)	⑤计算 值 $\Delta\tau$ (kPa)	(④-③)/ ③(%)	(⑤-③)/ ③(%)
0.50～2.00 m	60	162.5	26.7	108.6	11.5	48.6	50.4	45.0	3.7	7.3
2.00～2.50 m	55	156.5	27.0	100.4	12.0	44.2	48.9	43.5	10.5	1.5
3.50～4.00 m	52	153.5	30.1	105.2	14.9	45.2	51.3	44.4	13.5	1.8
5.00～5.50 m	48	149.5	28.4	117.6	25.6	46.0	48.2	42.4	4.7	7.9
6.50～7.00 m	47	148.5	25.4	104.3	22.8	40.8	44.6	40.3	9.4	1.2
8.50～9.00 m	20	121.5	22.4	83.2	19.1	32.1	33.5	31.0	4.6	3.3
10.50～11.00 m	17	118.5	22.4	85.3	23.5	30.9	32.7	30.2	5.8	2.2
12.50～13.00 m	16	117.5	23.3	83.8	22.0	30.9	33.3	30.6	7.8	1.0
14.50～15.00 m	14	115.5	22.9	101.5	43.5	29.0	32.3	29.8	11.5	2.8
									8.0	**3.2**

注：1. 堆载荷载为现场土压力测试值的平均值参考表 3-1。

　　2. 由于堆载高度高达 11 m，且多为巨粒土，现场十字板试验操作难度大，因此通过室内无侧限强度进行对比。

表 3-3　真空联合堆载预压卸载前(2012 年 7 月 7 日)地基强度增长计算值和实测值的比较

取土深度 (不含堆载高度)	真空度 实测值 ηP_V (kPa)	土体有效应力 增量 (kPa)	三轴 (CU′) 摩擦 角 Φ' (°)	无侧限强度		土体强度增长量			误 差	
				①加固 后 c_u (kPa)	②加固 前 c_u (kPa)	③实测值 (①-②)/ 2 (kPa)	④计算 值 ΔS_u (kPa)	⑤计算 值 $\Delta\tau$ (kPa)	(④-③)/ ③(%)	(⑤-③)/ ③(%)
0.50～2.00 m	48	150.5	25.0	112.6	11.5	50.6	44.7	40.5	11.6	19.9
2.00～2.50 m	43	140.6	28.5	105.4	12	46.7	45.4	39.9	2.8	14.5
4.00～4.50 m	38	101.5	23.3	93.2	14.9	39.2	28.8	26.4	26.5	32.5
6.00～6.50 m	35	101.5	24.4	97.6	25.6	36.0	29.7	27.0	17.6	24.9
8.00～8.50 m	31	101.5	22.9	94.3	22.8	35.8	28.4	26.2	20.5	26.7
10.00～10.50 m	19	101.5	23.4	85.2	19.1	33.1	28.8	26.5	12.7	19.9
12.00～12.50 m	16	101.5	22.1	86.1	23.5	31.3	27.7	25.7	11.4	17.9
14.00～14.50 m	14	101.5	23.5	84.2	22	31.1	28.9	26.5	7.0	14.7
16.50～17.00 m	12	101.5	22.4	100.5	43.5	28.5	28.0	25.9	1.7	9.2
18.00～18.50 m	9	101.5	24.3	100.1	37.8	31.2	29.6	27.0	5.0	13.4
									12.7	**19.9**

注：1. 堆载荷载为现场土压力测试值的平均值参考表 3-1。

　　2. 由于堆载高度高达 11 m，且多为开山土，现场十字板试验操作难度大，因此通过室内无侧限强度进行对比。

表 3-4　真空联合堆载预压卸载后(2012 年 8 月 23 日)地基强度增长计算值和实测值的比较

取土深度 (不含堆载高度)	真空度 实测值 ηP_v (kPa)	土体有 效应力 增量 (kPa)	三轴 (CU') 摩擦 角 Φ' (°)	无侧限强度		土体强度增长量			误　差	
				①加固 后 c_u (kPa)	②加固 前 c_u (kPa)	③实测值 (①-②)/ 2(kPa)	④计算 值 ΔS_u (kPa)	⑤计算 值 $\Delta \tau$ (kPa)	(④-③)/ ③(%)	(⑤-③)/ ③(%)
0.50~2.00 m	0	75	24.3	33.1	10.2	22.9	21.8	19.9	4.6	13.0
2.00~2.50 m	0	75	30.5	32.1	10.7	21.4	25.2	21.7	17.9	1.6
4.00~4.50 m	0	75	22.3	31.6	8.7	22.9	20.6	19.1	10.0	16.7
6.00~6.50 m	0	75	23.4	42.3	19.4	22.9	21.3	19.6	7.0	14.6
8.00~8.50 m	0	75	22.1	45.8	22.2	23.6	20.5	19.0	13.2	19.6
10.00~10.50 m	0	75	21.8	53.3	31.3	22.0	20.3	18.8	7.8	14.4
12.00~12.50 m	0	75	20.9	68.8	49.8	19.0	19.7	18.4	3.7	3.1
14.00~14.50 m	0	75	21.5	68.3	46.9	21.4	20.1	18.7	6.1	12.6
16.50~17.00 m	0	75	22.6	70.1	47.1	12.0	20.8	19.2	9.6	16.5
18.00~18.50 m	0	75	23.3	60.8	37.8	34.4	21.2	19.5	7.7	15.2

注：堆载荷载为现场土压力测试值的平均值参考表 3-1。

由试验结果可知：

(1) 真空联合堆载预压期间各阶段的土体强度均有明显的增长，不同深度处的土体强度增长值不同，相对而言，浅层土体强度增长幅度较深层的大。土体强度增长量计算值与其室内试验实测值的误差为 3.2%~19.9%。

(2) 真空联合堆载预压期间后期的土体强度增长量计算值与现场原位实测值的误差较大，主要是因为计算值与测试的真空度、地下水位等条件有关，而这些指标恰恰又是真空预压中监测的难点，影响因素众多，需要进一步对监测手段进行分析。

参考文献

[1] 沈珠江.基于有效固结应力理论的黏土土压力公式[J].岩土工程学报,2000(3)：353-356.
[2] 齐永正,赵维炳.排水固结加固软基强度增长理论研究[J].水利水运工程学报,2008(2)：78-83.
[3] 付天宇.真空-堆载联合预压下地基抗剪强度计算的研究[J].水运工程,2007(11)：120-122.
[4] 麦远俭.真空预压加固软黏土不排水剪切强度的增长[J].水运工程,1998(12)：55-59.
[5] 赵明华,向臻锋,曾广洗.真空预压下土体强度增长机理及其计算方法研究[J].勘察科学技术,2006(1)：3-5.
[6] Hvorslev M J. Physical components of the shear strength of saturated clays[C]. Proc. Of Res. Conf. on shear strength of Cohesive Soils ASCE, 1960.
[7] 奥村树郎,寺师昌明,光本司.软弱地基的新加固方法——石灰深层混合处理[J].水利水运科技情报,1976(1)：99-129.
[8] Osterberg J O. State of the art of undisturbed sampling of cohesive soils[C]. Singapore：Proc. Int.

Symp Soil Sampling，1979.

［9］陈仲颐，周景星，王洪瑾.土力学［M］.北京：清华大学出版社,1994.

［10］胡中雄.土力学与环境土工学［M］.上海：同济大学出版社,1997.

［11］娄炎.真空预压加固软基技术［M］.北京：人民交通出版社,2001.

第 4 章
超软弱土地基沉降估算方法

一直以来,软土地基的沉降计算是困扰岩土工程师的难题之一。现有规范的计算方法仍是以分层总和法或是 e-p 曲线法为主,再乘以经验系数,对于正常固结土而言,经验丰富的设计人员可以根据工程场址地区经验得到与沉降实际值较为接近的计算值,但超软弱土是欠固结土,特别是对于新近吹填土而言,其含水率远高于液限,处于流态或浮态,采用现行规范沉降计算方法无法获得较为准确的地基沉降值。因此,本章将从超软弱土的工程特性入手,分析其沉积和固结过程,最后总结归纳出一套关于超软土地基的沉降估算方法,供同行参考。

4.1 超软土定义

文献[1]将超软土定义为:水下表层淤泥或人工吹填淤泥或淤泥质土,此种土结构强度很小,强度极低,一般≤5 kPa,其一般为沉积不久或用以围海造陆所吹填的疏浚淤泥。叶国良等[2]在分析沿海现场软土和超软土物理力学指标统计结果的基础上,参考日本软基与超软基的划分,提出按表4-1定义超软土,与日本关于超软土定义(表4-2)差别不大,只是量值方面有所区别。

表4-1 我国软土与超软土定义

名 称	重度 (kN/m³)	含水率 (%)	液性指数	天然含水率(ω_n)/液限含水率(ω_L)	无侧限抗压强度 (kPa)
软 土	≥16	≤70	≤1.4	≤1.4	≥5
超软土	<16	>70	>1.4	>1.4	<5

表4-2 日本关于软土与超软土定义

名 称	重度 (kN/m³)	含水率 (%)	液性指数	天然含水率(ω_n)/液限含水率(ω_L)	无侧限抗压强度 (kPa)
软 土	≥15	≤70~80	≤1.3	≤1.4	≥5
超软土	<15	>70~80	>1.3	>1.4	<5

《港口工程地基规范》(JTS 147—1—2010)规定:淤泥性土应为在静水或缓慢的流水环境中沉积、天然含水率大于液限、天然孔隙比≥1.0 的黏性土,根据含水率和孔隙率按表4-3划分为淤泥质土、淤泥和流泥。

《疏浚与吹填工程设计规范》(JTS 181—5—2012)根据孔隙比 e、含水率 ω 对淤泥类和淤泥质土类软土进行划分,见表4-4。

表 4 - 3 淤泥性土的分类

土的名称	淤泥质土	淤泥	流泥
孔隙比 e	$1.0 \leqslant e < 1.5$	$1.5 \leqslant e < 2.4$	$e \geqslant 2.4$
含水率 $\omega(\%)$	$36 \leqslant \omega < 55$	$55 \leqslant \omega < 85$	$\omega \geqslant 85$

表 4 - 4 疏浚岩土分类

岩土类别	岩土名称	分类标准
淤泥类	浮泥	$\omega > 150\%$
	流泥	$85\% < \omega \leqslant 150\%$
	淤泥	$55\% < \omega \leqslant 85\%,\ 1.5 \leqslant e < 2.4$
淤泥质土类	淤泥质黏土	$36\% < \omega \leqslant 55\%,\ 1.0 \leqslant e < 1.5,\ I_{\mathrm{P}} > 17$
	淤泥质粉质黏土	$36\% < \omega \leqslant 55\%,\ 1.0 \leqslant e < 1.5,\ 10 < I_{\mathrm{P}} \leqslant 17$

本书参照《港口工程地基规范》(JTS 147—1—2010)、《疏浚与吹填工程设计规范》(JTS 181—5—2012)的岩土分类,参考日本关于软土与超软土的界定,将超软土定义为:含水率 $\omega \geqslant 85\%$、孔隙比 $e \geqslant 2.4$、液限 $I_{\mathrm{L}} > 1.4$ 的淤泥类土,即包括流泥和浮泥。其与文献[1]所定义的水下表层淤泥和人工吹填淤泥或淤泥质土相符。

超软土的成因主要有两种:一是第四纪全新世(Q⁴)文化期以来新近沉积的滨海相和沼泽相欠固结的淤泥性土(水下表层淤泥);二是疏浚吹填造陆过程中,由于一次性吹填区域较大,土体颗粒越细,随水流漂移的距离越远,随着水力分选,颗粒很细的黏粒富集在吹填吹水口区域,形成超软土。前者需回填至地面以上方可作为工程建设用地,因此本章主要针对新近吹填的疏浚淤泥形成的超软弱土进行论述。

4.1.1 超软土的工程特性

4.1.1.1 超软土的成因

根据吹填淤泥造陆工程的特点,疏浚淤泥主要来源于滨海相沉积软土、潟湖相沉积软土、溺谷相沉积软土及三角洲相沉积软土等四方面。以滨海相沉积为主的软土层主要分布在天津、湛江、厦门、温州湾、舟山、宁波、连云港、大连湾、深圳、珠海、惠州、广州等地区;温州、宁波等地区主要分布以潟湖相沉积为主的软土层;福州、泉州一带主要分布以溺谷相沉积为主的软土层;长江下游的上海地区及珠江下游的广州地区主要分布以三角洲相沉积为主的软土层[1-3]。

吹填淤泥造陆的过程是先用挖泥船、泥浆泵等设备把原位淤泥切削、输送到指定位置,再将淤泥与海水以一定比例(通常 1∶4~1∶5)混合成泥浆,然后通过吹填管道将其输送至指定区域;或者,先通过绞吸船在海域内把原状淤泥在海水中搅拌成一定比例浓度的泥浆,再通过吹填管道水力吹填至指定区域。

疏浚淤泥的沉积过程通常可分为以下 4 个阶段[4]：

（1）水流冲蚀阶段。吹填开始时，水与淤泥混合形成的泥浆自吹填管道流出，不断冲蚀吹填区域原位沉积层。

（2）动水沉积阶段（动力扩散阶段）。冲蚀现象在吹填区域内的积水达到一定深度后即消失。疏浚淤泥在动水环境中经水力重塑和颗粒重新分选后逐步沉积下来。其中，较粗颗粒物质一般以微三角洲的形式沉积于吹填管口附近；较细颗粒物质沉积在远离吹填管口、出水口附近的区域；极细颗粒物质沉积在远离吹填管口和出水口的区域，基本属于悬浮质的沉积。而且，疏浚淤泥在吹填过程中由于整体流量较小（管口断面相对于淤泥面），泥浆流出吹填管口后流速迅速减小，粗颗粒物质沉积较快，因此，分选作用主要以横向水平分选为主，垂向分选作用甚微或没有。

（3）静水沉积阶段。吹填施工完成后，吹填区域内的水环境逐渐恢复平静。随着吹填区域内的积水不断蒸发和下渗或被排走，疏浚淤泥中的土颗粒发生自重沉积。

（4）失水固结阶段。当吹填区域内的积水排干后，疏浚淤泥在阳光暴晒和风力吹晾的作用下发生失水固结，最终在表面形成一层硬壳层。随着自然晾晒时间的延长，疏浚淤泥的固结程度不断提高，硬壳层厚度也不断加大。工程实践表明：疏浚淤泥自然晾晒半年即可形成 10～30 cm 的硬壳层，自然晾晒 1 年后即可形成 30～50 cm 的硬壳层。

超软土则是疏浚淤泥处于动水沉积阶段和静水沉积阶段的产物主要为较细颗粒物质和极细颗粒物质。

4.1.1.2　超软土的沉积形态

疏浚淤泥的沉积形态主要包括平面形态和剖面形态两方面。

1）平面形态

疏浚淤泥的平面形态主要受吹填区域内围堤的空间布置形式控制。由较粗颗粒物质组成的微三角洲一般呈扇形分布于吹填管口附近，较细颗粒物质随水漂流富集在出水口附近，极细颗粒物质沉积于远离出水口的区域。

2）剖面形态

疏浚淤泥的剖面形态主要受吹填区域内原始地形及吹填过程的水动力特征控制。除吹填口附近有冲蚀现象外，疏浚淤泥底层基本随原位沉积层表面的起伏而起伏。由较粗颗粒物质组成的微三角洲在剖面上呈锯齿形，并逐步过渡为较细颗粒物质体和极细颗粒物质体，如图 4-1 所示。

超软土则为出水口附近及远离出水口的区域内的沉积物主要由较细颗粒物质和极细颗粒物质组成。

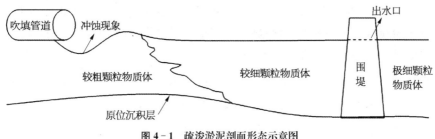

图 4-1　疏浚淤泥剖面形态示意图

4.1.1.3　超软土的物质组成和物理性质

吹填区域内吹填施工刚完成时,超软土为泥浆状态,土颗粒尚未沉积絮凝,泥浆内部结构极为松散,含水率极高。超软土的物质组成(包括粒度组成及黏土矿物成分),是影响其沉积或沉降、固结特性的重要因素。

超软土的扫描电镜分析结果表明,其中的黏土矿物主要为伊利石(水化云母)和少量高岭石。与海相淤泥的矿物组成顺序(高岭石为主,伊利石较少)恰恰相反,这是因为吹填过程中伴随有黏土化(伊利石化)作用所致。

表 4-5 对中国大陆不同地区超软土的粒度组成和矿物成分进行了统计[5-7]。

表 4-5　中国大陆不同区域超软土的粒度组成及矿物成分统计

地　区	粒度组成(%)				矿物组成			
	砂粒 >0.075 mm	粉粒 0.075~ 0.005 mm	黏粒 0.005~ 0.002 mm	胶粒 <0.002 mm	高岭石	伊利石+ 蒙脱石	绿泥石	方解石+ 石英+ 长石
珠海高栏港*	0.6	60.7	16.2	21.9	—	29.6	27.7	42.7
惠州荃州湾*	0.9	39.3	18.4	41.4	—	—	—	—
天津滨海新区	14.2	44.1	18.4	23.3	—	26.0	4.0	70.0
天津临港	8.1	43.6	48.3	48.3	—	—	—	—
温州丁山垦区	0.7	50.3	32.2	16.8	9.4	24.6	21.4	44.6
温州龙湾区	3.3	58.0	38.7	38.7	—	—	—	—
深圳前海湾	0.0	53.0	20.7	26.3	14.2	18.4	2.8	64.6
连云港	14.9	30.2	54.9	54.9	—	—	—	—
大连海港	2.58	57.9	15.6	24.0	26.0	26.0	26.0	74.0
南沙龙穴岛	14.5	42.5	43.0		14.6	—	—	—

注: * 代表吹填期间的测试结果,其他的均为刚吹填完的测试结果。

由表 4-5 可知:

(1)中国大陆不同区域超软土的强亲水矿物(伊利石和蒙脱石)含量也有明显的不同,深圳、大连的稍低,而珠海、天津和温州三个地区基本接近。

(2) 中国大陆不同区域超软土的主要差异是粒度组成成分。惠州和连云港的粗颗粒含量(砂粒＋粉粒)($d > 0.005$ mm)明显低于细土颗粒含量(黏粒＋胶粒)($d \leqslant 0.005$ mm)，而珠海、深圳、温州、天津和大连的正好相反。

然而,总的来说,中国大陆不同区域超软土的强亲水矿物含量和黏粒含量都偏高。

表 4-6 对中国大陆不同区域超软土的物理性质进行了统计[4-6]。

表 4-6 中国大陆不同区域超软土的物理性质统计

地　区	含水率 (%)	密度 (g/cm³)	孔隙比	液限 (%)	塑限 (%)	塑性指数	液性指数
珠海高栏港*	164.2	—	—	45.7	24.8	20.9	6.66
惠州荃州湾*	216.0	1.25	5.927	43.0	20.1	22.9	8.56
天津滨海新区	98.5	1.45	2.755	—	—	20.3	3.70
天津临港	130.0	1.37	3.617	42.1	20.8	21.3	5.13
天津南港	124.0	1.61	3.383	43.0	21.1	21.9	7.70
温州丁山垦区	129.7	1.47	3.580	—	—	—	5.30
温州龙湾区	130.0	1.40	2.320	49.6	23.4	26.2	4.07
深圳湾	95.7	1.48	2.666	51.2	22.5	23.6	3.10
深圳前湾	119.9	1.40	3.197	42.9	25.4	17.5	5.35
深圳大铲湾	109.0	1.51	2.534	—	—	20.4	4.00
深圳南油月亮湾	104.6	1.41	2.820	50.0	17.3	32.7	3.79
连云港	124.0	1.41	3.500	50.9	29.0	21.9	4.30
大连港	118.5	—	—	52.2	28.9	23.3	3.86
黄骅发电厂	117.0	1.42	3.218	49.6	23.0	26.6	2.42
青岛海西湾	103.0	1.45	2.864	44.8	21.6	23.2	3.50
广西东兴市榕树头	100.0	1.59	2.550	55.6	25.6	30.0	2.44
惠州大亚湾	103.2	—	2.784	—	—	26.2	2.61
南沙龙穴岛	140.0	1.302	3.826	56.8	26.8	30.0	1.50

由表 4-6 可知,中国大陆超软土的物理性质概括如下:

(1) 含水率均大于 90%,且均大于 1.5 倍的液限;孔隙比均大于 2.4;塑性指数基本大于 20;液性指数基本大于 2.0。

(2) 含水率和孔隙比受吹填完成时间的长短的影响很大,如天津滨海新区和深圳湾等 2 个区域的相关指标远小于珠海高栏港和惠州荃州湾港。

根据前述疏浚淤泥的沉积过程和沉积形态可知,距吹填管口和出水口不同位置处的沉积物的颗粒分布和矿物组成有着明显的不均匀性。这直接导致距吹填管口和出水口不同位置处的地基真空预压处理时所表现出来的加固效果具有明显的不一致性,且对于超软土来说,尤为明显。已有研究成果表明[4-5]:

（1）超软土中的黏粒（$d \leqslant 0.005$ mm）含量直接影响其自重落淤速度以及固结排水效率。黏粒含量越高，自重落淤越慢，真空预压过程中竖向排水体就越容易出现严重的淤堵现象，致使排水效率显著降低。

（2）超软土中强亲水矿物含量也会直接影响其固结排水速率。强亲水矿物含量越高，土体所吸附的结合水就越多，真空固结排水越难，也会致使排水效率显著降低。

因此，超软土这种极差的工程特性是其真空固结排水效率低的主要原因之一。

4.2　超软土沉积和固结特性

基于广州港南沙港区三期工程疏浚吹填及软基处理工程Ⅱ区工程和惠州港荃湾港区国际集装箱码头工程Ⅰ标段工程等两个典型地区的超软土开展室内试验。首先，按试验设计要求分别配制成Ⅰ组南沙试样和Ⅱ组惠州试样；其次，通过室内土工试验分别获取Ⅰ组南沙试样和Ⅱ组惠州试样的基本物理性质指标，如含水率、湿密度、颗粒组成等；然后，开展室内沉积平行试验，并通过室内土工试验确定超软土达到沉积稳定状态时的判断标准，确定不同沉积时间不同深度位置土样的物理力学指标（如含水率、密度、颗粒组成、十字板抗剪强度等）及自重沉积稳定土样在不同固结荷载下的固结特性。

4.2.1　试验方案

1）配制超软土试样

洪振舜等（1984）、詹良通等（2008）、王亮（2013）等明确指出：① 目前国内的疏浚方式大多采用绞吸船把原位海（湖、江）积淤泥和水体充分混合，然后利用泥浆泵将淤泥抽出，这种抽出的泥浆呈流动状态，质量浓度大致在 10%～20%，也即吹填管口处典型泥浆的密度一般为 1.10～1.20 g/cm³，折算成含水率为 400%～900%；② 采用 3% 食盐水代替海水来稀释淤泥，所得泥浆的土颗粒下沉速度与海水环境下的差别不大。鉴于此，用含 3% 食盐的盐水代替海水作为室内稀释用水，按照预估湿密度 1.10 g/cm³ 和预估含水率 400% 进行配制Ⅰ组南沙试样和Ⅱ组惠州试样，且将试样封存一昼夜使土颗粒充分浸润，并利用机动搅拌器搅拌均匀。

2）试样基本物理性质试验

通过常规土工试验分别获取Ⅰ组南沙试样和Ⅱ组惠州试样的土粒比重、含水率、密度、液塑限、颗粒组成等物理指标。

3）超软土室内沉积平行试验

两种试样均准备 5 个沉积筒，其中 4 个为分段组装式。

（1）把部分Ⅰ组南沙试样和Ⅱ组惠州试样分别装入1个沉积筒中,进行长期静置,时间均为240 d,同时确定剩下4个分段组装式沉积筒中各活套法兰所处截面的高度,并获取各试样达到沉积稳定状态时的相关参数,如沉积时间、平均含水率、平均湿密度、泥面沉降等,以确定超软土达到自重沉积稳定状态时的判断标准。

（2）当确定各试样达到自重沉积稳定状态时的沉积时间后,再将剩余的Ⅰ组南沙试样和Ⅱ组惠州试样分别装入另外4个分段组装式沉积筒中,进行短期静置,测试不同沉积时间不同深度位置土样的物理力学指标,如含水率、密度、颗粒组成、十字板抗剪强度等,以分析超软土的沉积特性。

4）固结试验

自重沉积稳定的土样具有很大的压缩性（远大于常规土样）,因此利用自制的大型泥浆固结仪对上述两种试样中自重沉积稳定的土样进行固结试验,测试固结过程中各土样在当前固结状态下的含水率、密度、孔隙比和十字板抗剪强度,以分析超软土的固结特性。

固结试验方案详见表4-7。表中各级加载时间均参考土工试验规程 SL 237—1999中2 cm高度试样所需的时间,其中1～4级加载是为了保证土样不被压坏。

表4-7 固结试验方案

加荷序列 （kPa）	1～4级固结时间 h（d）	5～7级固结时间 h（d）	8级固结时间 h（d）	固结总时间 h（d）
1,3,7,11,19,35,67,98	16(0.67)	192(8)	384(16)	24.7

4.2.2 试验结果

4.2.2.1 超软土试样物理性质

Ⅰ组南沙试样和Ⅱ组惠州试样的基本物理指标详见表4-8。

表4-8 超软土试样基本物理指标

超软土试样	物理性质		界限含水率			颗粒组成					
	土粒比重 G_s	含水率（%）	液限 W_L（%）	塑限 W_P（%）	塑性指数 I_P	砾石 >2.00 mm（%）	粗砂 2.00～0.50 mm（%）	中砂 0.50～0.25 mm（%）	细砂 0.25～0.075 mm（%）	粉粒 0.075～0.005 mm（%）	黏粒 <0.005 mm（%）
Ⅰ南沙	2.712	380	50.8	24.4	26.4	0.00	0.00	1.45	20.75	37.10	40.70
Ⅱ惠州	2.703	548	56.9	40.6	30.3	0.40	0.25	0.60	0.90	36.95	60.90

由表4-8可知:两种试样的黏粒（$d<0.005$ mm）含量具有明显的差异性,且均高于40%;含水率均远远大于液限,且均为10倍以上。因此,根据前述超软土工程特性方面的分析结果可知,Ⅰ组南沙试样和Ⅱ组惠州试样具有较好的典型性。

4.2.2.2　超软土自重沉积稳定状态评价标准

Ⅰ组南沙试样和Ⅱ组惠州试样静置 240 d 期间的泥面沉降监测结果及土体的平均含水率、平均湿密度、平均孔隙比计算值详见表 4-9 和表 4-10,其泥面沉降值、平均含水率、平均湿密度及平均孔隙比随沉积时间的变化曲线如图 4-2 所示。

表 4-9　Ⅰ组南沙试样相关测试结果

时间 (d)	土柱高度 (cm)	泥面下沉量 (cm)	沉降速率 (mm/d)	平均含水率 ω(%)	平均湿密度 ρ(g/cm³)	平均孔隙比 e	孔隙比累计 变化率(%)
0	120.0	0.0	—	380.0	1.15	10.311	0.0
0.25	106.7	13.3	532.0	333.7	1.17	9.058	12.2
1	68.0	52.0	516.0	199.1	1.26	5.410	47.5
2	63.3	56.7	47.0	182.8	1.28	4.967	51.8
3	60.5	59.5	28.0	173.0	1.30	4.703	54.4
4	58.4	61.6	21.0	165.7	1.31	4.505	56.3
5	56.9	63.1	15.0	160.5	1.32	4.363	57.7
6	55.5	64.5	14.0	155.7	1.32	4.231	59.0
7	54.5	65.5	10.0	152.2	1.33	4.137	59.9
8	53.6	66.4	9.0	149.0	1.34	4.052	60.7
9	52.8	67.2	8.0	146.3	1.34	3.977	61.4
10	52.0	68.0	8.0	143.5	1.35	3.902	62.2
11	51.5	68.5	5.0	141.7	1.35	3.854	62.6
12	50.8	69.2	7.0	139.3	1.35	3.788	63.3
13	50.3	69.7	5.0	137.6	1.36	3.741	63.7
14	49.8	70.2	5.0	135.8	1.36	3.694	64.2
15	49.3	70.7	5.0	134.1	1.37	3.647	64.6
18	48.1	71.9	4.0	129.9	1.37	3.534	65.7
21	47.1	72.9	3.3	126.4	1.38	3.440	66.6
24	46.3	73.7	2.7	123.7	1.39	3.364	67.4
27	45.5	74.5	2.7	120.9	1.40	3.289	68.1
30	44.9	75.1	2.0	118.8	1.40	3.232	68.7
40	43.7	76.3	1.2	114.6	1.41	3.119	69.8
50	42.7	77.3	1.0	111.1	1.42	3.025	70.7
59	42.0	78.0	0.8	108.7	1.43	2.959	71.3
91	40.9	79.1	0.3	104.9	1.44	2.855	72.3
120	40.4	79.6	0.2	103.1	1.45	2.808	72.8
180	39.9	80.1	0.1	101.4	1.45	2.761	73.2
240	39.4	80.6	0.1	99.7	1.46	2.714	73.7

表 4-10　II 组惠州试样相关测试结果

时间 (d)	土柱高度 (cm)	泥面下沉量 (cm)	沉降速率 (mm/d)	平均含水率 ω(%)	平均湿密度 ρ(g/cm³)	平均孔隙比 e	孔隙比累计 变化率(%)
0	119.8	0.0	—	547.0	1.115	14.667	0.0
0.25	118.6	1.2	48.0	541.2	1.12	14.510	1.1
1	115.6	4.2	40.0	526.7	1.12	14.118	3.7
2	112.0	7.8	36.0	509.2	1.12	13.647	7.0
3	109.2	10.6	28.0	495.7	1.13	13.281	9.4
4	106.7	13.1	25.0	483.6	1.13	12.954	11.7
5	104.3	15.5	24.0	471.9	1.13	12.640	13.8
6	102.0	17.8	23.0	460.8	1.14	12.340	15.9
7	100.0	19.8	20.0	451.1	1.14	12.078	17.7
8	98.0	21.8	20.0	441.4	1.14	11.817	19.4
9	96.3	23.5	17.0	433.2	1.14	11.594	21.0
10	94.6	25.2	17.0	425.0	1.15	11.372	22.5
11	93.2	26.6	14.0	418.2	1.15	11.189	23.7
12	91.8	28.0	14.0	411.4	1.15	11.006	25.0
13	90.6	29.2	12.0	405.6	1.15	10.849	26.0
15	88.3	31.5	11.5	394.4	1.16	10.548	28.1
18	84.9	34.9	11.3	378.0	1.16	10.104	31.1
21	81.9	37.9	10.0	363.4	1.17	9.711	33.8
24	79.1	40.7	9.3	349.9	1.17	9.345	36.3
28	75.9	43.9	8.0	334.4	1.18	8.927	39.1
30	74.4	45.4	7.5	327.1	1.19	8.731	40.5
33	72.3	47.5	7.0	317.0	1.19	8.456	42.3
43	66.7	53.1	5.6	289.8	1.21	7.724	47.3
52	62.7	57.1	4.4	270.5	1.22	7.201	50.9
60	60.0	59.8	3.4	257.4	1.23	6.847	53.3
91	52.5	67.3	2.4	221.1	1.26	5.867	60.0
121	50.5	69.3	0.7	211.4	1.27	5.605	61.8
185	48.8	71.0	0.3	203.1	1.28	5.383	63.3
240	48.4	71.4	0.1	201.2	1.28	5.331	63.7

由表 4-9、表 4-10 和图 4-2 可知：I 组南沙试样自重沉积 30 d 后，各项指标(泥面沉降值、平均含水率、平均湿密度、平均孔隙比)均基本趋于稳定，而 II 组惠州试样则需自重沉积 91 d，各项指标才基本趋于稳定。其主要原因是 II 组惠州试样中黏粒含量远大于 I 组南沙试样，这也直接导致前者的自重沉积速度较后者更加缓慢、沉积稳定后的含水率和孔隙

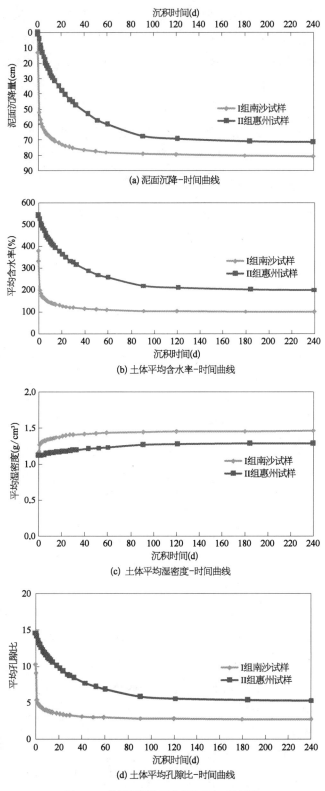

(a) 泥面沉降-时间曲线

(b) 土体平均含水率-时间曲线

(c) 土体平均湿密度-时间曲线

(d) 土体平均孔隙比-时间曲线

图 4 - 2 静置期间主要土体参数与时间曲线

比均高出前者2倍左右。因此,结合前述图4-3和图4-4可知,上述各项指标(包括沉积时间)均不宜直接作为不同地理位置的超软土自重沉积稳定的统一评价标准。

I组南沙试样和II组惠州试样静置240 d期间的泥面沉降值、平均含水率、平均湿密度与孔隙比的关系曲线详如图4-3所示。

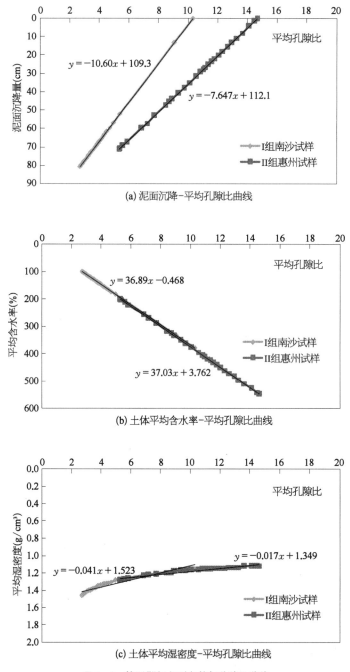

(a) 泥面沉降-平均孔隙比曲线

(b) 土体平均含水率-平均孔隙比曲线

(c) 土体平均湿密度-平均孔隙比曲线

图4-3 静置期间主要参数与孔隙比曲线

由图 4-3 可知：I 组南沙试样和 II 组惠州试样的泥面沉降值、平均含水率、平均湿密度基本上都与孔隙比呈线性关系，同时考虑到孔隙比可用来评价土体结构的密实性。因此，"孔隙比"这项物理指标可以作为不同地理位置的超软土自重沉积稳定的核心评价指标。

然而，不同地理位置的超软土的成因可能存在较大的差异，这往往导致其孔隙比值悬殊较大，如前述表 4-9 和表 4-10。鉴于此，引入"孔隙比累计变化率"作为评价不同地理位置的超软土自重沉积稳定状态的无量纲指标。

由于超软土的自重沉积稳定状态受多方面因素影响，如沉积环境（海水和淡水）、沉积空间尺寸（室内沉积筒直径和高度）、初始泥浆密度、初始黏粒含量、初始含水率、初始孔隙比等。因此，基于上述表 4-9、表 4-10 及已有研究成果对不同条件下超软土室内静置期间的孔隙比累计变化率进行了统计，统计结果详见图 4-4 和表 4-11。

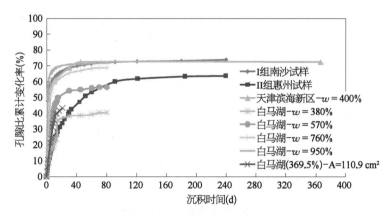

图 4-4　不同条件下孔隙比累计变化率-沉积时间曲线

表 4-11　不同条件下孔隙比累计变化率统计值

试样名称	黏粒含量（%）	沉积环境	沉积筒直径	初始含水率（%）	初始密度（g/cm³）	沉积时间（d）	初始孔隙比	沉积稳定时孔隙比	孔隙比累计变化率（%）
南水北调东线-淮安四站[8]	53.4	淡水+海水	3.1 cm	424.0	1.140	30	11.53	3.51	69.6
	53.4	淡水+海水	3.1 cm	530.0	1.110	30	14.42	3.53	75.5
南水北调东线-白马湖[8]	47.0	海水	3.2 cm	380.0	1.149	80	10.07	5.992	40.5
	47.0	淡水+海水	3.2 cm	570.0	1.102	80	15.105	6.548	56.7
	47.0	淡水+海水	3.2 cm	760.0	1.078	80	20.14	6.599	67.2
	47.0	淡水+海水	3.2 cm	950.0	1.063	80	25.175	6.678	73.5
	47.0	海水	4.3 cm	369.5	1.150	21	10.1	6.1	39.6
	47.0	海水	5.3 cm	369.5	1.150	21	10.1	5.7	43.6
	47.0	海水	6.0 cm	369.5	1.150	21	10.1	5.7	43.6
天津滨海新区[2]	47.0	海水	高 2 m 直径 80 cm	400.0	1.120	366	11.6	3.2	72.4

（续表）

试样名称	黏粒含量（%）	沉积环境	沉积筒直径	初始含水率（%）	初始密度（g/cm³）	沉积时间（d）	初始孔隙比	沉积稳定时孔隙比	孔隙比累计变化率（%）
Ⅰ组南沙试样	40.7	海水	高 1.3 m 直径 25 cm	380.0	1.150	240	10.311	2.714	73.7
Ⅱ组惠州试样	60.9	海水	高 1.3 m 直径 25 cm	547.0	1.115	240	14.667	5.331	63.7

图 4-4 和表 4-11 的统计结果表明：不同地理位置的超软土室内自重沉积稳定后的孔隙比累计变化率为 39.6%～75.5%。然而，已有研究结果表明：沉积筒截面尺寸越大，超软土自重沉积过程中受泥浆和容器内壁之间的黏滞阻力的影响越小。因此，沉积空间尺寸，尤其是截面尺寸（如直径），是影响超软土自重沉积稳定状态的重要因素之一。鉴于此，基于天津滨海新区、Ⅰ组南沙试样、Ⅱ组惠州试样等三个地区的试验结果，本书建议将"孔隙比累计变化率为 60%～70%，黏粒含量小于 50% 时取大值、大于 50% 时取小值"作为不同地理位置的超软土自重沉积稳定的统一评价标准。

4.2.2.3 超软土沉积特性

Ⅰ组南沙试样和Ⅱ组惠州试样分别在 4 个分段组装式沉积筒中短期静置期间，不同沉积时间不同深度位置土样的物理力学指标详见表 4-12。不同沉积时间不同深度位置土样的物理力学指标随沉积时间的变化曲线如图 4-5 所示。

表 4-12　不同沉积时间不同深度位置土样的物理力学指标

土样来源	沉积筒号	沉积时间（d）	土样编号	含水率 ω（%）	湿密度 ρ_0（g/cm³）	干密度 ρ_d（g/cm³）	土粒比重 G_s	孔隙比 e	十字板抗剪强度 q_u（Pa）	黏粒含量 $d<0.005$ mm（%）
Ⅰ组南沙试样	Ⅰ-2	7	Ⅰ-2-上	272.5	1.22	0.33	2.64	7.03	48.20	59.0
		7	Ⅰ-2-中	224.9	1.27	0.39	2.65	5.76	16.18	54.5
		7	Ⅰ-2-下	88.7	1.54	0.82	2.65	2.25	146.99	24.5
	Ⅰ-3	15	Ⅰ-3-上	240.6	1.16	0.34	2.33	5.86	15.80	63.8
		15	Ⅰ-3-中	179.8	1.22	0.43	2.32	4.34	70.07	58.2
		15	Ⅰ-3-下	67.3	1.50	0.89	2.30	1.57	173.32	20.9
	Ⅰ-4	25	Ⅰ-4-上	224.1	1.28	0.39	2.55	5.47	67.64	63.1
		25	Ⅰ-4-中	157.6	1.36	0.53	2.55	3.84	119.24	50.3
		25	Ⅰ-4-下	65.4	1.65	1.00	2.56	1.56	200.66	20.1
	Ⅰ-5	40	Ⅰ-5-上	179.1	1.22	0.44	2.68	5.11	61.37	61.2
		40	Ⅰ-5-中	145.2	1.29	0.52	2.66	4.07	180.08	55.4
		40	Ⅰ-5-下	62.1	1.57	0.97	2.64	1.72	260.20	19.4

（续表）

| 土样来源 | 沉积筒号 | 沉积时间(d) | 土样编号 | 土的物理性质 | | | | | 十字板抗剪强度 q_u(Pa) | 黏粒含量 $d<$ 0.005 mm (%) |
				含水率 ω (%)	湿密度 ρ_0 (g/cm³)	干密度 ρ_d (g/cm³)	土粒比重 G_s	孔隙比 e		
II 组 惠州试样	II-2	10	II-2-上	410.8	1.09	0.21	2.59	11.19	54.07	60.2
		10	II-2-中	404.2	1.09	0.22	2.60	11.08	15.86	63.0
		10	II-2-下	346.3	1.11	0.25	2.59	9.46	15.04	59.3
	II-3	20	II-3-上	351.4	1.18	0.26	2.58	8.85	21.06	56.5
		20	II-3-中	355.1	1.19	0.26	2.57	8.85	57.89	56.8
		20	II-3-下	282.0	1.23	0.32	2.59	7.03	12.67	59.4
	II-4	30	II-4-上	352.5	1.11	0.24	2.58	9.57	38.72	39.8
		30	II-4-中	339.3	1.11	0.25	2.59	9.27	38.34	56.1
		30	II-4-下	259.1	1.15	0.32	2.60	7.13	48.39	58.2
	II-5	50	II-5-上	296.4	1.20	0.30	2.60	7.56	27.24	64.5
		50	II-5-中	269.4	1.23	0.33	2.60	6.80	44.28	62.0
		50	II-5-下	220.9	1.25	0.39	2.62	5.74	129.91	64.4

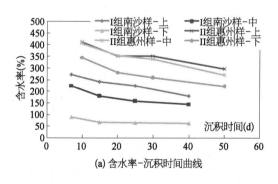

(a) 含水率-沉积时间曲线

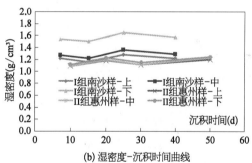

(b) 湿密度-沉积时间曲线

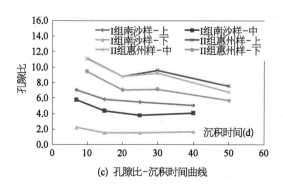

(c) 孔隙比-沉积时间曲线

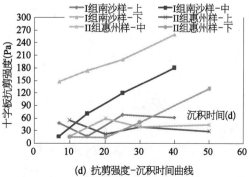

(d) 抗剪强度-沉积时间曲线

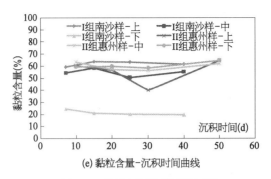

图4-5 物理力学指标随沉积时间

表4-12和图4-5可知：

（1）综合各项物理力学指标并基于上面确定的自重沉积稳定评价标准可知，I组南沙试样静置40 d后自重落淤结束，而II组惠州试样静置50 d后仍未完成自重落淤过程。

（2）两种土样在深度方向上均呈现出一定的颗粒分选规律，具体表现为：沉积筒中土体的含水率和黏粒含量随深度减小，而湿密度随深度增加。但惠州土样由于黏粒含量较大、仍未达到沉积稳定状态，颗粒分选规律暂时还不明显。

（3）两种土样的结构强度随深度增加，具体表现为：沉积筒中土体的孔隙比随深度减小，而抗剪强度随深度增加。同理，惠州土样由于黏粒含量较大、仍未达到沉积稳定状态，随深度方向的结构性暂时还不明显。

因此，结合表4-9、表4-10和图4-2深入分析可知，超软土的自重沉积规律应主要分为两个阶段：

（1）第一阶段为土颗粒自重落淤阶段，也即沉淀阶段或絮凝下沉阶段。宏观表现为水土分界面下降速度很快；各项物理力学指标变化很明显，变化幅度大小具体取决于超软土的黏粒含量和初始含水率。该阶段超软土中的土颗粒仍以团粒的形态悬浮于水体中，未形成土骨架，还不具备传统土的工程性质。

（2）第二阶段为土体自重固结阶段，包括大变形固结阶段和次固结阶段。宏观表现为水土分界面下降速度缓慢，各项物理力学指标变化也相当缓慢。该阶段土颗粒之间逐渐密实、相互之间的孔隙逐渐变小，自重固结随之发生，即在自重压力作用下土颗粒逐渐形成土骨架，逐渐具备传统土的特性，如I组南沙试样的平均抗剪强度在40 d时达到167.22 Pa，II组惠州试样的平均抗剪强度在50 d时达到67.14 Pa，两者差异较大的原因如前分析。此时的土骨架具有很大的压缩性。

4.2.2.4 超软土固结特性

根据上述超软土自重沉积稳定的评价标准，I组南沙试样在孔隙比累计变化率为70%时自重沉积稳定，II组惠州试样在孔隙比累计变化率为60%时自重沉积稳定，由表4-9和表4-10可查得相应的平均孔隙比（即稳定孔隙比）分别为3.025和5.867，相应的含水率分别为 111.1% 和 221.1%,分别与表 4－12 中的土样"I－4－中"和土样"II－5－下"的相近。同时,考虑到由于长期静置(240 d)沉积筒的高度较高而无法顺利获取筒内的原状沉积土样,鉴于此,选取这两个土样有针对性地进行固结特性分析,相应的固结试验结果详见表 4－13～表 4－15,典型的固结压缩曲线如图 4－6 所示。

表 4－13　各土样固结后的物理力学指标

沉积筒编号	土样编号	土的物理性质					室内十字板抗剪强度	
		含水率 ω (%)	湿密度 ρ_0 (g/m³)	干密度 ρ_d (g/m³)	土粒比重 G_s	孔隙比 e	原状 C_u (kPa)	重塑 C_u (kPa)
I－4－中 (沉积时间 25 d)	I－4－中－19	53.7	1.68	1.09	2.55	1.33	19.33	17.58
	I－4－中－35	48.8	1.73	1.16	2.55	1.19	29.28	27.99
	I－4－中－67	45.7	1.75	1.20	2.55	1.12	32.10	27.32
	I－4－中－98	41.5	1.79	1.27	2.55	1.01	31.18	24.76
II－5－下 (沉积时间 50 d)	II－5－下－19	81.6	1.51	0.83	2.62	2.15	10.55	5.41
	II－5－下－35	72.9	1.56	0.90	2.62	1.91	8.59	8.51
	II－5－下－67	64.5	1.61	0.98	2.62	1.68	15.92	11.43
	II－5－下－98	60.2	1.63	1.02	2.62	1.57	13.54	10.85

表 4－14　各土样固结试验结果(a)

沉积筒编号	试样编号	荷载为 0 MPa		荷载为 3 MPa		荷载为 7 MPa		荷载为 11 MPa	
		累计压缩量 (mm)	初始孔隙比	本级压缩量 (mm)	本级压力固结稳定孔隙比	累计压缩量 (mm)	本级压力固结稳定孔隙比	累计压缩量 (mm)	本级压力固结稳定孔隙比
I－4－中 (沉积时间 25 d)	I－4－中－19	0.00	3.82	38.04	1.98	41.89	1.80	44.19	1.69
	I－4－中－35	0.00	3.82	39.19	1.93	42.47	1.77	44.54	1.67
	I－4－中－67	0.00	3.82	29.86	2.38	37.98	1.99	40.03	1.89
	I－4－中－98	0.00	3.82	37.18	2.03	41.08	1.84	43.65	1.71
II－5－下 (沉积时间 50 d)	II－5－下－19	0.00	5.71	43.86	2.76	50.01	2.35	53.13	2.14
	II－5－下－35	0.00	5.71	44.36	2.73	50.22	2.34	53.24	2.14
	II－5－下－67	0.00	5.71	44.92	2.69	50.39	2.33	53.02	2.15
	II－5－下－98	0.00	5.71	43.69	2.78	49.65	2.38	52.86	2.16

表 4－15　各土样固结试验结果(b)

沉积筒编号	试样编号	荷载为 19 MPa		荷载为 35 MPa		荷载为 67 MPa		荷载为 98 MPa	
		累计压缩量 (mm)	本级压力固结稳定孔隙比	累计压缩量 (mm)	本级压力固结稳定孔隙比	累计压缩量 (mm)	本级压力固结稳定孔隙比	累计压缩量 (mm)	本级压力固结稳定孔隙比
I－4－中 (沉积时间 25 d)	I－4－中－19	47.31	1.54						
	I－4－中－35	47.36	1.53	50.50	1.38				

(续表)

沉积筒编号	试样编号	荷载为 19 MPa		荷载为 35 MPa		荷载为 67 MPa		荷载为 98 MPa	
		累计压缩量(mm)	本级压力固结稳定孔隙比	累计压缩量(mm)	本级压力固结稳定孔隙比	累计压缩量(mm)	本级压力固结稳定孔隙比	累计压缩量(mm)	本级压力固结稳定孔隙比
I-4-中（沉积时间25 d）	I-4-中-67	44.83	1.66	48.79	1.47	52.04	1.31		
	I-4-中-98	46.62	1.57	49.84	1.42	52.95	1.27	54.73	1.18
II-5-下（沉积时间50 d）	II-5-下-19	56.35	1.93						
	II-5-下-35	56.17	1.94	59.90	1.69				
	II-5-下-67	56.06	1.95	59.54	1.71	62.90	1.49		
	II-5-下-98	55.83	1.96	59.47	1.72	62.79	1.50	64.60	1.37

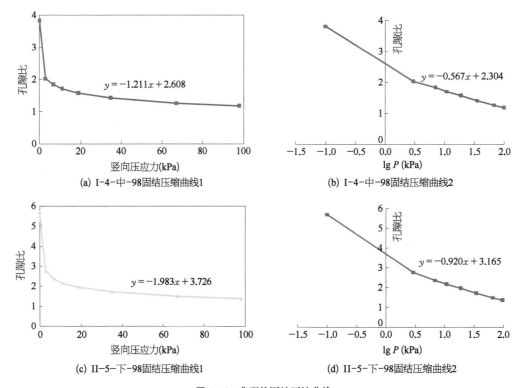

(a) I-4-中-98固结压缩曲线1   (b) I-4-中-98固结压缩曲线2

(c) II-5-下-98固结压缩曲线1   (d) II-5-下-98固结压缩曲线2

图 4-6　典型的固结压缩曲线

由表 4-14、表 4-15、图 4-6 可知：

（1）超软土 e-P 曲线的典型特征主要体现为在较低荷载下（0～100 kPa）就呈现为三个阶段，分别为直线陡降段（斜率较大）、曲线过渡段（曲率较大）及直线渐变段（斜率较小），与常规土体的 e-P 曲线特征差异较大。基于直线陡降段的压缩变形量变化值可知，"I-4-中"土样和"II-5-下"土样在该阶段的压缩变形量就分别占总固结压缩变形量的 67.9% 和 67.6%，在该阶段的孔隙比变化率分别为 46.9% 和 51.3%。

（2）超软土 e-$\lg P$ 曲线的典型特征主要体现为在较低荷载下（0～100 kPa）就呈现两个阶段，分别为直线陡降段（斜率较大）及直线渐变段（斜率相对较小），也即呈现下凹的折线形态，与常规土体的 e-$\lg P$ 曲线特征也存在较大的差异。基于两阶段直线的斜率可知，"I-4-中"土样的明显小于"II-5-下"土样，主要原因是后者的黏粒含量和含水率相对更高。

因此，综合分析可知，超软土自重沉积稳定后所形成的土骨架的压缩系数极大，远远大于一般土体。

另外，由表 4-14 可知：超软土中的黏粒含量是影响其固结特性的重要因素之一。具体体现为：土样"I-4-中-98"和土样"II-5-下-98"的黏粒含量分别为 50.3％ 和 64.4％，经过同样的固结试验后，含水率分别为 41.5％ 和 60.2％，抗剪强度分别为 31.18 kPa 和 13.54 kPa，也即固结后土体的强度与土体的黏粒含量成反比。

4.3 超软弱地基沉降估算方法

超软土是指原位海（河、湖）积淤泥经水力重塑和颗粒重新分选后、土颗粒自重沉积尚未完成、颗粒结构极松散、含水率极高（85％～150％，甚至大于 150％）、处于悬浮状态或流动状态的吹填淤泥。

当超软土处于悬浮状态时即为"浮泥"。《水运技术词典》中明确规定"浮泥"：湿重度在 10.5～12.0 kN/m³，泥颗粒的中值粒径在 0.005 mm 左右，水中的含泥量为 3.0 kN/m³，水与泥的重量比为 1∶0.3，水与泥的体积比约为 1∶0.11，是一种泥、水的混合物，为液体状态或泥浆状态。因此，浮泥，只有液体类强度，并非岩土工程的"土"和土力学的"土"。鉴于此，《港口岩土工程勘察规范》（JTS 133—1—2010）和《水运工程岩土勘察规范》（JTS 133—2013）取消了"浮泥"这一亚类。岩土工程的"土"和土力学的"土"都是固态的土，包括硬土和软土（再软的土，如"流泥"，也是固体状态、能够成型的土），可按工程勘察室内外常规设备进行取样和原位检测，也能通过室内土工试验获取其物理力学指标。

综上可知，对于超软土地基来说，采用现行规范中的方法"单向压缩分层总和法"来计算其总沉降量是不合理的，近几年的超软土处理工程实践也证实了这点。因此，有必要寻求一种适用于超软土地基的合适的总沉降量计算方法。

如前文所述，当超软土自重沉积稳定、土骨架形成后，就具备了一定的结构强度，具有岩土工程的"土"和土力学的"土"的基本性质。因此，超软土地基计算总沉降量时，可将其分为自重沉积阶段和附加荷载下的固结阶段。

4.3.1 自重沉积阶段的总沉降计算

基于一维压缩基本课题的思路，即均匀土在连续均布荷载作用下的压缩变形，超软土自重沉积阶段的总沉降计算公式为

$$S_{沉积} = \frac{e_0 - e_{自稳}}{1 + e_0} H_0 \qquad (4-1)$$

式中　$S_{沉积}$——超软土自重沉积稳定后的总沉降量；

e_0——超软土初始孔隙比；

$e_{自稳}$——超软土自重沉积稳定后的平均孔隙比；

H_0——超软土层初始厚度。

由于超软土是完全饱和的，即饱和度 $S_r = 100\%$，因此只要通过室内试验获取超软土的初始含水率即可通过下式求得 e_0：

$$e_0 = \frac{w_0 G_s}{S_r} = w_0 G_s \qquad (4-2)$$

式中　w_0——超软土初始含水率；

G_s——超软土的土粒比重。

另外，由前文所述的"不同地理位置的超软土自重沉积稳定的统一评价标准为'孔隙比累计变化率 C 为 $60\% \sim 70\%$，黏粒含量 $<50\%$ 时取大值、$>50\%$ 时取小值'"可得

$$C = \frac{e_0 - e_{自稳}}{e_0} = 60\% \sim 70\% \qquad (4-3)$$

式中，当超软土中黏粒含量 $<50\%$ 时，$C = 70\%$；当超软土中黏粒含量 $>50\%$ 时，$C = 60\%$。为了提高取值的准确性，也可通过超软土在大直径沉积筒中进行自重沉积试验获得 C 值。

综合式(4-1)～式(4-3)可得

$$S_{沉积} = \frac{C w_0 G_s}{1 + w_0 G_s} H_0 \qquad (4-4)$$

4.3.2　附加荷载下的总沉降计算

同理，基于一维压缩基本课题的思路，超软土自重沉积稳定后在大面积均布荷载 P 下的总沉降计算方法可分为两种，分别为压缩系数法和压缩指数法。

1）压缩指数法

$$S_{荷} = C_C \frac{H_0 - S_{沉积}}{1 + e_{自稳}} \lg\left(\frac{p_1 + P}{p_1}\right) \qquad (4-5)$$

式中　C_C——超软土自重沉积稳定后，较低固结荷载下($0 \sim 100$ kPa)的压缩指数；

p_1——超软土自重沉积稳定后、施加外荷载 P 前，整个沉积稳定土层中的竖向应力。

$$p_1 = \frac{1}{2}\gamma_{\text{沉积}}(H_0 - S_{\text{沉积}}) \tag{4-6}$$

$$\gamma_{\text{沉积}} = \frac{G_s + s_r e_{\text{自稳}}\rho_w}{1 + e_{\text{自稳}}}g \tag{4-7}$$

式中　g——重力加速度,一般取 10 kg/N。

由式(4-2)～式(4-4)、式(4-7)得

$$p_1 = \frac{1}{2}gH_0 \frac{G_s + (1-C)w_0 G_s \rho_w}{1 + w_0 G_s} \tag{4-8}$$

式中　ρ_w——水的密度(g/cm^3),一般取 1。

由式(4-1)～式(4-5)得

$$S_{\text{荷}} = \frac{C_c H_0}{1 + w_0 G_s}\lg\left(\frac{p_1 + P}{p_1}\right) \tag{4-9}$$

2) 压缩系数法

$$S_{\text{荷}} = \frac{a}{1 + e_{\text{自稳}}}P(H_0 - S_{\text{沉积}}) \tag{4-10}$$

式中　a——超软土自重沉积稳定后,较低固结荷载下(0～100 kPa)的压缩系数。

由式(4-2)～式(4-4)可得

$$S_{\text{荷}} = \frac{a}{1 + w_0 G_s}PH_0 \tag{4-11}$$

4.3.3　超软土地基总沉降计算

根据式(4-4)、式(4-9)和式(4-11)有

$$S = S_{\text{沉积}} + S_{\text{荷}} = \frac{H_0}{1 + w_0 G_s}\left(Cw_0 G_s + C_c\lg\left(\frac{p_1 + P}{p_1}\right)\right) \tag{4-12}$$

$$S = S_{\text{沉积}} + S_{\text{荷}} = \frac{H_0}{1 + w_0 G_s}(Cw_0 G_s + aP) \tag{4-13}$$

基于上述超软土 e-P 曲线和 e-$\lg P$ 曲线的典型特征,压缩系数 a 取荷载 7～11 kPa 范围的数值,而压缩指数 C_c 为两阶段直线的斜率之和。

4.3.4　总沉降计算公式验证

下面基于 I 组南沙试样和 II 组惠州试样在长期静置期间(静置时间为 240 d)的试验结果(即表 4-9 和表 4-10)及自重沉积稳定后的"I-4-中-98"土样和"II-5-下-98"土样

的固结试验结果(即表 4-14)来验证超软土地基基于式(4-12)和式(4-13)进行总沉降计算的合理性。

式(4-12)压缩指数法和式(4-13)压缩系数法总计算结果对比详见表 4-16 和表 4-17。

表 4-16　压缩指数法总沉降计算结果对比

土样	自重沉积阶段					附加荷载阶段					①+② S (m)	①+③ S (m)	误差 (%)
	C	w_0 (%)	G_s	H_0 (m)	① S 沉积 (m)	C_c	p_1 (kPa)	P (kPa)	② S 荷 (m)	③实测值 (m)			
I-4-中-98	0.70	380	2.712	1.20	0.77	1.778	3.08	98	0.29	0.30	1.06	1.07	1.0
II-5-下-98	0.60	547	2.703	1.20	0.67	2.903	3.28	98	0.33	0.42	1.00	1.09	8.3

表 4-17　压缩系数法总沉降计算结果对比

土样	自重沉积阶段					附加荷载阶段					①+② S (m)	①+③ S (m)	误差 (%)
	C	w_0 (%)	G_s	H_0 (m)	① S 沉积 (m)	a (kPa^{-1})		P (kPa)	②S 荷 (m)	③实测值 (m)			
I-4-中-98	0.70	380	2.712	1.20	0.77	0.033		98	0.34	0.30	1.11	1.07	4.0
II-5-下-98	0.60	547	2.703	1.20	0.67	0.055		98	0.41	0.42	1.08	1.09	0.9

根据表 4-16 和表 4-17 可知:压缩指数法计算公式的误差值为 1.0%～8.3%,而压缩系数法计算公式的误差值为 0.9%～4.0%。因此,式(4-12)和式(4-13)的计算精度均能满足工程要求,可用于超软土地基总沉降的估算。

参 考 文 献

[1] 彭涛,葛少亭,武威,等.吹填淤泥填海造陆技术在深圳地区的应用[J].水文地质工程地质,2001(1):68-70.

[2] 叶国良,郭述军,朱耀庭.超软土的工程性质分析[J].中国港湾建设,2010(5):1-9.

[3] 姬凤玲,吕擎峰,马殿光.沿海地区废弃疏浚淤泥的资源化利用技术[J].安徽农业科学,2007(15):4593-4595.

[4] 彭涛,武威,黄少康,等.吹填淤泥的工程地质特性研究[J].工程勘察,1999(5):1-5.

[5] 鲍树峰,董志良,莫海鸿,等.新近吹填淤泥地基真空固结排水系统现场研发[J].岩石力学与工程学报,2014(S2):4218-4226.

[6] 鲍树峰,娄炎,董志良,等.新近吹填淤泥地基真空固结失效原因分析及对策[J].岩土工程学报,2014(7):1350-1359.

[7] 王婧,董志良,莫海鸿,等.南沙吹填土物相结构特性分析研究[J].水运工程,2015(3):36-40.

[8] 洪鹏云,吉锋.高含水率吹填淤泥自重沉积的室内试验研究[J].地基处理理论与技术进展,2010(5):541-544.

第 5 章

排水固结法加固超软弱地基效果主要影响因素

目前,大面积深厚超软弱土地基主要采用排水固结法进行处理,对于含水率极高的超软弱土地基,因其承载力极低,不具备常规排水固结技术施工条件,一般先采用无砂垫层真空预压技术进行浅层预处理,待地表形成一定强度的硬壳层后,再用真空联合堆载预压技术进行深层处理,从而实现深厚超软弱土地基自上而下的整体加固。

工程实践表明,采用上述工艺加固深厚超软弱土地基过程中,效果并不尽如人意。尤其是在浅表层加固时,常出现"土桩"现象,即近似以排水板为中心轴、自上而下直径不等的不规则柱状体,"桩体"范围内土体强度高于周围土体,因此,排水板之间的土体呈现松软下陷的特征。除此之外,土体加固深度有限,往往排水板插设深度达 4 m,抽真空 40~50 d 后,所形成的硬壳层厚度仅有 50 cm,其下淤泥仍呈流动状,给后续施工带来安全隐患。超软弱土浅层处理后进行深层加固(这里仅指排水固结法而非复合地基),尽管目前的工艺技术相对比较成熟,如真空预压法或真空联合堆载预压法,但对于深厚超软弱土地基,尤其是用于大面积堆场的软基,其承载力及工后沉降控制仍是难点,从已有的工程实例分析,在一定深度范围内软基的承载力可以满足设计要求,但是该深度以下,土体强度提高不多,以致在运营过程中沉降仍持续发生,而且远远超过规定值。

综合分析,影响加固效果的因素是多方面的,既有待加固土体本身固有的因素,也有人为设计的因素,归结起来,可分为客观因素与主观因素。本章将从这两方面阐述对深厚超软弱土地基加固效果的影响。

5.1 土体性质的影响

所谓的客观因素主要指待加固土体本身固有的特性,包括初始状态,如含水率、黏粒含量、有机物含量、渗透性等,如砂土与流泥,两者工程特性不同,即便采用相同的处理技术,也将带来截然不同的加固效果。

5.1.1 土体的物理性质

5.1.1.1 物质组成

超软弱土多为流泥或浮泥,土颗粒尚未沉积絮凝,泥浆内部结构极为松散,含水率极高,孔隙比大。其物质组成尤其是粒度组成及黏矿物成分是影响其沉积或沉降、固结特性的重要因素。第 4 章表 4-5 中已对不同地区的超软弱土物质组成进行了详细对比,对其物质组成的分析见下:

（1）超软弱土以粉粒、黏粒及胶粒体为主，细颗粒含量超过 80%，说明土体中细颗粒占主导地位，这直接影响到土体的渗透性，细颗粒含量越高，其渗透性越差，且在真空预压过程中，细颗粒会因真空吸力而吸附在排水板滤膜上，形成土体结构较为致密的"壁垒"，这层"壁垒"削弱了竖向排水体向周围传递真空度的能力，随着抽真空时间的延长，"壁垒"之外的土中水难以进入板芯，"壁垒"之内的排水板真空度难以扩散，进而形成前述的"土桩"，导致软基强度不均匀。

（2）超软弱土多以黏土矿物成分为主，如高岭石、伊利石和蒙脱石等，而在黏土矿物成分中，又以亲水性较强的矿物如蒙脱石为主，颗粒间互相靠近而产生絮凝，从悬浮液中沉淀下来。

5.1.1.2　基本物理指标

超软弱土含水率极高，无法直接进行人工和机械作业，难以进行相关原位检测，一般仅能测定含水率、湿密度等基本物理指标。第 4 章的表 4-6 中归纳了不同地区超软弱淤泥的基本物理指标。从表 4-6 中可知，超软弱土含水率普遍在 100% 以上，大于 2 倍的液限；孔隙比均大于 2.5；塑性指数基本大于 20，液性指数大于 2.0，这种性质的土灵敏度较高，施工过程中极易对其造成扰动，若是插设竖向排水体，所形成的涂抹效应也远高于一般的软黏土。

5.1.2　渗透系数的影响

从太沙基一维固结理论可以看出，固结系数是影响固结度的主要因素，而渗透系数又是决定固结系数的最重要指标。在渗透系数 10^{-4} m/s 数量级土层中，"真空预压单井"的影响范围超过 36.0 m，而在渗透系数 10^{-7} cm/s 数量级的土层中影响范围最多才达 1.1 m。本节以真空预压法为例，通过数值模拟不同渗透系数下土体的孔压消散情况，以分析渗透系数对加固效果的影响。

采用有限元软件对不同渗透系数土层中"单井"周围土体中孔隙压力分布及其影响范围进行数值计算。设均质土层厚度为 30 m、宽度为 60 m，"单井"深度为 20 m。数值计算时取二维土层剖面，按 1 m×1 m 网格划分，采用 4 节点单元计算，将下底板设为 z 向固定面，"单井"孔压瞬时下降 80.0 kPa，并维持恒定，网格划分和"单井负压"分布如图 5-1 所示。计算时取孔隙率 $S_n = 0.75$，流体弹性模量 $E = 2.1 \times 10^8$ Pa。

不同渗透系数（k）的土体在不同时刻（t）"单井"周围土体中孔隙压力分布及其影响范围（R）计算结果如图 5-1 至图 5-6 所示。

从数值计算结果图 5-1～图 5-6 可以看出，负压的传递扩散与土的渗透系数密切相关：渗透系数 $>10^{-4}$ cm/s 的土层中抽真空 5 d 影响范围就可超过 25 m；渗透系数为 10^{-5} cm/s 土层中影响范围 10 d 可达 8.5 m，55 d 可达 30 m；渗透系数为 10^{-6} cm/s 土层中影响范围 85 d 才达 8.0 m；而在渗透系数 $< 10^{-7}$ cm/s 以下土层中抽真空 85 d 仅能影响 2.5 m。"单井"的影响范围数值计算结果见表 5-1，可见孔压消散与土体的渗透性关系密切，也直接影响到土体的加固效果。

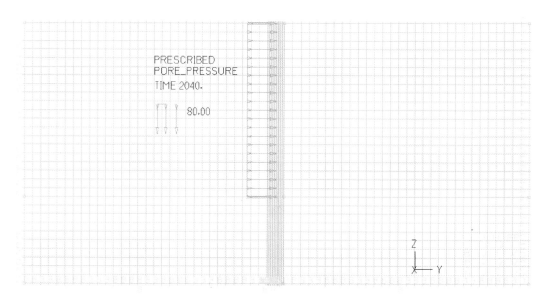

图 5-1　网格划分和"单井"负压分布图

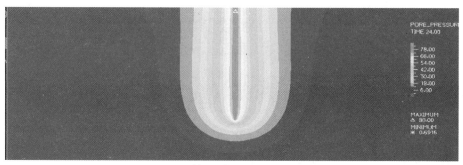

(a) $t = 1$ d，$R = 8.5$ m

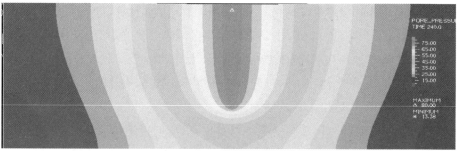

(b) $t = 10$ d，$R > 30$ m

图 5-2　"单井"周围土体中孔隙压力云图（$k = 1 \times 10^{-4}$ cm/s）

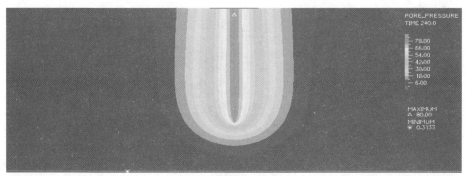

(a) $t = 10$ d, $R = 8.5$ m

(b) $t = 65$ d, $R > 30$ m

图 5 - 3 "单井"周围土体中孔隙压力云图($k = 1 \times 10^{-5}$ cm/s)

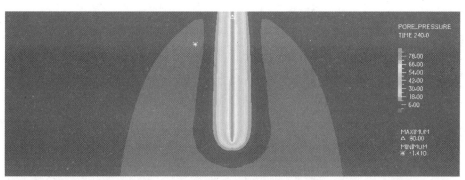

(a) $t = 10$ d, $R = 2.5$ m

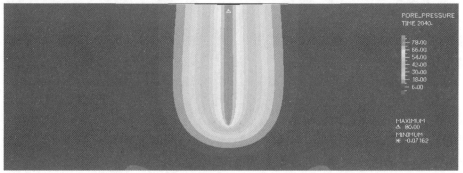

(b) $t = 85$ d, $R = 8.0$ m

图 5 - 4 "单井"周围土体中孔隙压力云图($k = 1 \times 10^{-6}$ cm/s)

(a) $t=10$ d, $R=0.8$ m

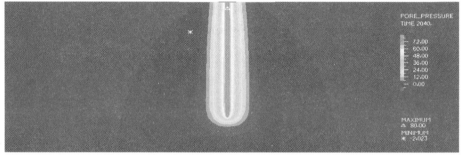

(b) $t=85$ d, $R=2.5$ m

图 5-5 "单井"周围土体中孔隙压力云图($k=1\times10^{-7}$ cm/s)

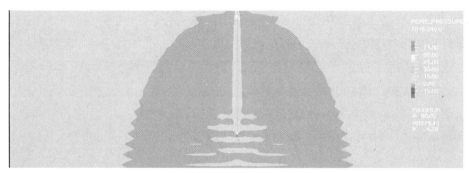

(a) $t=10$ d, $R=0.25$ m

(b) $t=85$ d, $R=0.8$ m

图 5-6 "单井"周围土体中孔隙压力云图($k=1\times10^{-8}$ cm/s)

表 5 - 1　"单井"影响范围数值分析结果

土的渗透系数 k									
1×10^{-4} (cm/s)		1×10^{-5} (cm/s)		1×10^{-6} (cm/s)		1×10^{-7} (cm/s)		1×10^{-8} (cm/s)	
时间 (d)	R (m)	时间 (d)	R (m)	时间 (d)	R (m)	时间 (d)	R (m)	时间 (d)	R (m)
1.0	8.5	1.0	2.5	1.0	0.8	1.0	0.25	1.0	0.075
2.0	12.5	10.0	8.5	10.0	2.5	10.0	0.8	10.0	0.25
3.0	17.0	25.0	14.5	25.0	4.0	25.0	1.5	25.0	0.4
4.0	21.0	55.0	30.0	55.0	6.0	55.0	2.0	55.0	0.6
5.0	26.0	85.0	—	85.0	8.0	85.0	2.5	85.0	0.8

5.2　设计参数的影响

影响排水固结法加固超软土地基效果的设计参数众多,其中排水板间距、预压时间等的影响最为关键。下面将逐一分析这些因素对加固效果的影响。

5.2.1　排水板间距

从砂井地基固结度计算公式可看出,固结时间和塑料排水板间距的平方成正比,即排水间距越大,固结时间越长;反之,排水间距越小,固结时间越短。但对于超软弱土地基而言,排水板间距究竟多少为宜,需要通过数值计算与现场试验确定。

5.2.1.1　数值计算

通过数值计算分析排水板间距对固结度的影响,图 5 - 7 为排水板间距与固结度的关系曲线,对应的固结系数分别为 6×10^{-4} cm^2/s、8×10^{-4} cm^2/s、1×10^{-3} cm^2/s 和 1.2 ×

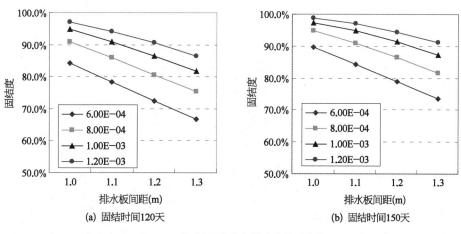

(a) 固结时间120天　　　　　　　　(b) 固结时间150天

图 5 - 7　排水板间距与固结度的关系曲线

10^{-3} cm²/s,图 5-7(a)和图 5-7(b)均为固结时间为 120 d 的计算结果,两图中淤泥层厚度假定为 20 m。从图中曲线可以看出,随着排水板间距的逐渐增大,土体固结度随之降低,可见,排水板间距对固结度也会产生一定的影响。

5.2.1.2 现场试验

1）现场试验概况

现场试验区位于珠海神华集团高栏港一期软基处理工程 I 标的东南侧,试验区新近吹填淤泥厚度为 4.5 m 左右,其相关信息详见表 5-2。其主要施工工艺流程为:① 铺设一层 200 g/m² 编织布;② 铺设一层 300 g/m² 无纺土工布;③ 陆上裁剪排水板短板,排水板为 SPB100-A 型;④ 将排水板板头外裹无纺土工布,并按单排单管形式与软式透水滤管绑扎连接,同时将排水板底端密封;⑤ 插设塑料排水板短板,正方形布置,插设深度为 4.5 m,插设间距为 70 cm,80 cm 和 90 cm 三种;⑥ 铺设一层双向拉伸土工格栅(TGSG2020);⑦ 铺设一层 200 g/m² 无纺土工布;⑧ 铺设两层厚为 0.14 mm 的密封膜;⑨ 抽真空,恒载预压 45 d。

表 5-2　不同排水板间距试验区概况

试验分区	尺寸 (m×m)	面积 (m²)	排水板间距 (m)	排水板插设深度 (m)	恒载预压 (d)
1	28×16	448	0.7	4.5	45
2	28×16	448	0.8	4.5	45
3	28×16	448	0.9	4.5	45

2）试验区超软弱土工程特性

试验区超软弱土的室内土工试验结果详见表 5-3 和表 5-4。

表 5-3　物 质 组 成

成　分	砂粒 >0.075 mm	粉粒 0.075～ 0.005 mm	黏粒 0.005～ 0.002 mm	胶粒 <0.002 mm	高岭石 (%)	伊利石+ 蒙脱石 (%)	绿泥石 (%)	方解石+ 石英+长石 (%)
比　例	0.6	60.7	16.2	21.9	—	29.6	27.6	42.7

表 5-4　物 理 性 质

参　数	含水率(%)	密度(g/cm³)	孔隙比	液限(%)	塑限(%)	塑性指数	液性指数
比　例	164.2	1.32	3.5	45.7	24.8	20.9	6.66

由上表可知:① 土体属于浮态;② 土体细颗粒含量高;③ 粉粒含量>黏粒含量。

3）试验区监测和检测方案

为了对比分析 3 个分区的加固效果,均对与板头不同水平间距(距离分别为 0.1 m、

0.2 m、0.4 m)和土体中不同深度处(埋深分别为 1 m、3 m、4 m)的孔压消散情况、地表沉降进行了监测;卸载前在两排滤管中间、距排水板头为 0.2 m 处,选取有代表性的位置进行静力触探试验和钻孔取土试验。3 个分区的监测检测点布置情况相同,监测检测平面和断面示意如图 5−8 所示。

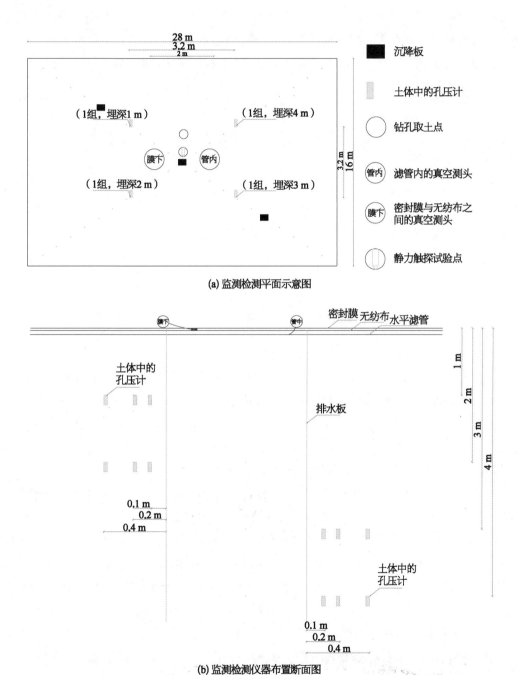

(a) 监测检测平面示意图

(b) 监测检测仪器布置断面图

图 5−8 分区监测检测平面和断面图

4）监测和检测结果与分析

（1）地表沉降。各区测点平均地表沉降（不含插板期沉降）随时间变化曲线如图 5-9 所示。从中可知：① 地表沉降呈线性增长，至卸载前，沉降仍未稳定；② 2 分区的地表平均沉降值大于 3 分区和 1 分区，后两者接近，主要原因是：1 分区排水板施工时对土的扰动程度大，膜下真空度较低，涂抹现象较为严重，排水系统受影响较大，因此在相同时间内地表沉降反而没有间距为 80 cm 的 2 区大，文献[9]通过研究单面和双面排水情况下未打穿砂井地基的固结问题时，也得出了"施工扰动范围、程度越大，固结越慢"的结论，与本工程现场试验情况吻合。

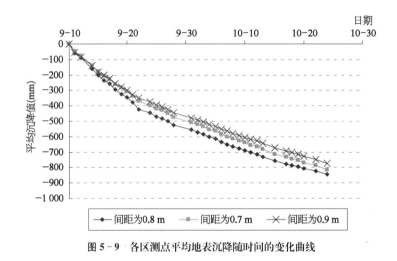

图 5-9　各区测点平均地表沉降随时间的变化曲线

对于含有水平排水砂垫层的传统真空预压技术而言，考虑理想井时，排水间距越小，加固效果越好。然而，对于超软弱土加固技术（无砂垫层真空预压技术）而言，尽管排水板间距小，但若排水板施工时互相扰动程度大，其加固效果也会有一定程度上的削弱。

（2）土体中的孔压消散情况。各分区均选取位于两排滤管之间、与板头的水平距离为 0.4 m、不同深度处的孔压监测点进行分析，如图 5-10 所示。从中可知：① 三个分区土体内的孔压消散值均较小，最大的为 2 分区 4 m 深处的孔压消散值，约为 -31 kPa，自上而下的平均值以 2 分区的稍大；② 有一个较为明显的特征就是，三个分区土体较深处的孔压消散值大于较浅处的，如 3 m、4 m 处的孔压消散值大于 1 m 和 2 m 的，原因大致有两方面：一是因为吹填泥浆、浮泥经水力分选后，粒径较大的粉粒沉降速率快，而粒径较小的黏粒沉降速率较慢，细颗粒多悬浮在浅层，而粗颗粒多沉积于下层，结构性相对较好，较利于真空度传递（假设竖向排水体通畅的话）和孔压消散。二是因为在埋设传感器之初，无论是浅层还是深层处的孔压计，都存在一个正的初始超静孔压，其自行消散需要一段较长时间，由于吹填淤泥的特殊性，深部的初始超静孔压大于浅层的，以致一旦负压传递到测点处，初始超静孔压就降低，表现出深孔压消散值大于浅部土体的孔压消散值。因此，孔

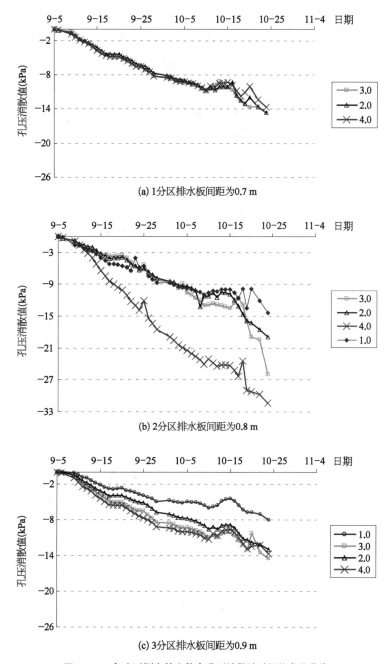

(a) 1分区排水板间距为0.7 m

(b) 2分区排水板间距为0.8 m

(c) 3分区排水板间距为0.9 m

图 5‑10 各分区测点处土体中孔压消散随时间的变化曲线

压计应该提前埋设,待初始超静孔压消散后再测试,才能真正反映抽真空期间土体的孔压消散情况。

(3)静力触探试验成果。考虑到试验区均发生了1 m左右的沉降,静力触探和十字板的最大测试深度均取为3.5 m。试验结果由图5‑11可知:

① 地表以下0.6 m范围内,2分区测试点的比贯入阻力值大于其他两个试验区。

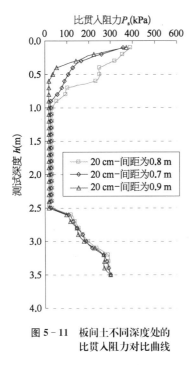

图 5-11 板间土不同深度处的
比贯入阻力对比曲线

② 0.6～2.5 m 深度范围内,三个试验分区的比贯入阻力值均不到 0.1 MPa,说明仍是以流泥为主,土体基本不具备强度。因此,真正能够承载的仅为地表以下 60 cm 范围内的土层,其平均值约为 0.2 MPa,根据地区经验公式估算,地基承载力接近 50 kPa,满足后续铺设砂垫层及插设塑料排水板等工序的承载要求,达到了浅层预处理目的。

③ 2.5 m 以下比贯入阻力增高,说明锥尖已接触到原状淤泥夹砂层。

(4)室内土工试验成果。为了进一步检验浅层超软弱土加固效果,利用薄壁取土器(直径 100 mm × 厚度 1.5 mm × 高度 1000 mm)在各试验分区的静力触探试验点附近、地表以下 1.0 m 范围进行人工取原状土样,然后进行室内土工试验,各试验分区加固前后土体的物理力学指标见表 5-5。由表 5-5 可知:

① 有效加固深度:取样时,三个试验分区薄壁取土器均未装满土样,土样长度分别为 0.6 m、0.6 m、0.4 m,因此相应的有效加固深度分别为 0.6 m、0.6 m、0.4 m,与现场原位试验结果基本吻合。

② 取样深度范围内吹填土均已从浮泥～流泥转变为淤泥,但含水率、孔隙比仍较大。

表 5-5 各试验分区加固后土体的相关指标

分 区	排水板间距(m)	取样深度(m)	含水率(%)	孔隙比	液限指数
1	0.7	0.1～0.3	64.7	1.751	1.40
		0.3～0.6	67.1	1.761	1.60
2	0.8	0.1～0.3	58.8	1.548	1.54
		0.3～0.6	55.1	1.563	1.47
3	0.9	0.1～0.2	62.4	1.730	1.19
		0.2～0.4	72.3	1.954	1.59

5.2.2 预压时间

以真空联合堆载预压加固软土地基为例,对不同的排水板间距在预压 90 d 到 180 d 的固结度进行了计算比较,图 5-12 为预压时间与固结度的关系曲线,从图中曲线可以看出,随着预压时间的增长,土体固结度逐渐增高,且提高幅度较大,但预压时间的合理选择需要考虑其经济性。

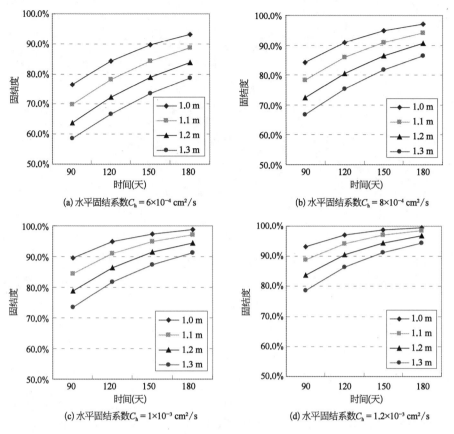

(a) 水平固结系数$C_h = 6 \times 10^{-4}$ cm²/s　　(b) 水平固结系数$C_h = 8 \times 10^{-4}$ cm²/s

(c) 水平固结系数$C_h = 1 \times 10^{-3}$ cm²/s　　(d) 水平固结系数$C_h = 1.2 \times 10^{-3}$ cm²/s

图 5 - 12　预压时间与固结度的关系曲线

5.3　排水板淤堵行为试验研究

　　新近吹填淤泥地基真空预压过程中,塑料排水板产生淤堵行为主要由两方面引起,一方面是排水板滤膜的排水性能逐渐降低而最终产生淤堵,另一方面是排水板芯板截面或复合体截面的过水面积逐渐减小而最终产生淤堵。本节针对这两方面的影响进行了排水板淤堵行为试验研究。

5.3.1　试验材料选取
5.3.1.1　试验滤膜选取
　　塑料排水板主要由芯体和包裹于其周围的滤膜构成。其中滤膜的渗透性能是新近吹填淤泥地基真空预压过程中塑料排水板产生淤堵行为的重要影响因素。

1) 基本工作原理
地基排水固结过程中,滤膜的工作机理如图 5 - 13 所示。

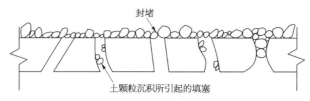

图 5-13　PVD 滤膜的工作机理

当细小颗粒进入或通过滤膜后,余下的大颗粒将形成如图 5-13 所示的"桥和拱"。一旦土的反滤区形成,颗粒不再移动,土与过滤系统处于平衡状态。这样一来,土工织物支撑土的反滤层,并阻止其崩塌,以防止颗粒进入排水板通道。

2）反滤准则

反滤准则主要包括三个方面:保土准则、透水准则和防淤堵准则。

对于超软弱淤泥来说,尤其需要考虑防淤堵准则和透水准则。淤堵是工程选用滤层时必须考虑的一个因素,当水从被保护土中流过滤层时,由于各种因素可能封闭滤层表面的孔口或淤塞在滤层内部,从而造成渗流量减少,渗透压力增大形成淤堵现象。在工程实践中,机械淤堵是主要影响因素,其成因主要有两方面:

① 土颗粒移动并陷入滤层中,滤层被填塞,其透水面积减少,渗透性降低。

② 土颗粒与滤层表面的孔径相差不大,不易通过滤层中,移动土颗粒通过滤层时被阻碍,产生了阻塞。如果在滤层的表面形成反滤薄层(即土粒聚集在滤层的表面,形成一层泥饼),闭塞了水流通道,此时滤层的渗透性也大大降低。

因此,滤层既不应被填塞,也不应被淤堵。填塞和封堵都能使滤层的透水性降低,甚至低于周围的自然土。

3）试验滤膜选取

常用的滤膜可按材质、成纤方式、纤维类型和纤网固结方式进行划分,详细划分可见表 5-6。

表 5-6　滤膜的划分

划分依据	主要形式	备　　注
材质	丙纶、尼龙、涤纶	涤纶的物理力学性能更优
成纤方式	编织布、无纺布	无纺布纵横两个方向的力学性能更平衡
纤维类型	短纤维、长纤维	长纤维各向同性好、物理力学性能更佳
纤网固结方式	针刺式、热黏式(热黏固结)、热轧式(热熔固结)	针刺式的孔径更大,热轧式的空间结构性更强、力学性能更佳

滤膜的排水性能(渗透系数 k_g)是新近吹填淤泥地基真空预压过程中塑料排水板产生淤堵行为的重要影响因素之一。而由《水运工程塑料排水板应用技术规程》(JTS 206—

1—2009)可知,滤膜的等效孔径 O_{95} 和孔隙率 n_g 是影响其排水性能的两方面关键因素。另外,根据当今的生产工艺技术,市场上的滤膜的孔隙率一般都能达到 65% 以上,因此,本书将等效孔径 O_{95} 作为试验滤膜选取时的主要考虑因素,孔隙率 n_g 作为次要考虑因素。

基于粉粒组的上限值(粒径 $d = 0.075$ mm)和反滤层等效孔径范围($\leqslant 0.21$ mm)对试验滤膜的等效孔径进行合理划分:分为大孔径滤膜(0.18 mm $< O_{95} <$ 0.23 mm)、中孔径滤膜(0.10 mm $< O_{95} <$ 0.15 mm)及小孔径滤膜($O_{95} <$ 0.075 mm),其分别约为土粉粒组上限(0.075 mm)的 2.5~3 倍范围、1.5~2 倍范围及 1 倍范围内。鉴于此,根据市场调查情况及表 5-6,本试验所选取的滤膜材料分别为大孔径编织尼龙网(简称为 DBN)、中孔径编织尼龙网(简称为 ZBN)、小孔径常规热轧式无纺布(简称为 XCW)和小孔径防淤堵热轧式无纺布(简称为 XFW)。

试验滤膜的微观图像如图 5-14 所示,其物理力学性能及孔洞特征与渗透性能见表 5-7~表 5-9。由表可知,除了 ZBN、DBN 的等效孔径外,试验滤膜各项性能指标都大于《水运工程塑料排水板应用技术规程》(JTS 206—1—2009)表 A.0.1 中 D 型滤膜的要求。

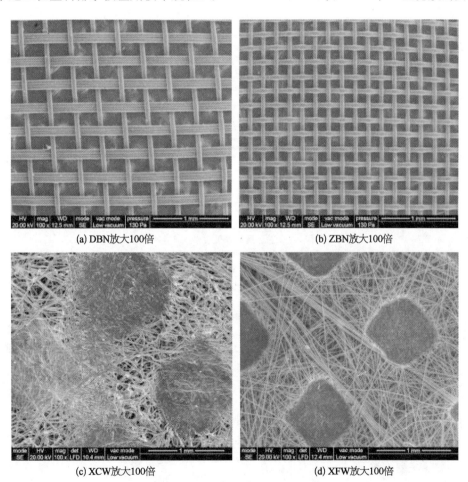

(a) DBN放大100倍　　　　　　　　　　(b) ZBN放大100倍

(c) XCW放大100倍　　　　　　　　　　(d) XFW放大100倍

图 5-14　试验滤膜微观图像

表 5-7 试验滤膜物理性能

样品编号	纤维原料	处理方式	纤维密度 (g/cm³)	单位质量 (g/m²)	厚度 (mm)
DBN	尼龙、单丝	平织	1.14	28.2	0.118
ZBN	尼龙、单丝	平织	1.14	39.4	0.111
XCW	涤纶、长纤	热轧	1.38	90.8	0.357
XFW	涤纶、长纤	热轧	1.38	74.3	0.339

表 5-8 试验滤膜的力学性能

样品编号	试验条件	定应变负荷(10%) (N)	定应变负荷(15%) (N)	最大力 (N)	断裂伸长率 (%)
XCW	干态	151.75	170.25	176.50	16.50
XCW	湿态	94.64	95.51	102.38	14.09
XFW	干态	166.50	189.59	275.46	35.47
XFW	湿态	125.43	142.28	181.19	31.74
DBN	干态	80.56	137.94	408.57	45.06
ZBN	干态	51.23	86.24	311.53	41.62

表 5-9 试验滤膜的孔洞特征与渗透性能

样本编号	纤维直径 d_f (μm)	纤维层数 m	等效孔径 O_{95} (mm)	孔隙率 n_g (%)	渗透系数 k_g (cm/s)
DBN	63(竖)/127(横)	1	0.18×0.25(矩形)	79.0	0.045 5
ZBN	54(竖)/61(横)	1	0.12×0.12(矩形)	68.9	0.035 9
XCW	14.2	12	0.047(等效圆形)	76.3	0.008 9
XFW	11.5	14	0.049(等效圆形)	79.8	0.025 0

注：1. 根据电子显微镜结果如图 5-14 按比例测量得出纤维直径和编织布的平均等效孔径。
2. 基于表 5-7 根据经验公式计算得出无纺布的纤维层数和编织布的孔隙率。
3. 根据压汞试验得出无纺布的平均等效孔径和孔隙率。
4. 基于《土工合成材料测试规程》(SL 235—1999)中的垂直渗透试验方法得出渗透系数。

5.3.1.2 试验芯板及复合体的选取

芯板截面或复合体截面的过水面积是新近吹填淤泥地基真空预压过程中塑料排水板产生淤堵行为的另一重要影响因素。

试验所用的芯板材料由聚丙烯(polypropylene,PP)和聚乙烯(polyethylene,PE)两种高分子材料混合配制而成,既具有聚丙烯的刚性,又具有聚乙烯的柔性和耐候性。试验芯板的横截面形式为工程实践中常用的并联十字形。排水板复合体形式,也即芯板与滤膜的构造形式,主要有分离式和整体式。

综上考虑,试验所选取的排水板复合体形式分别为常规分离式(简称为CF,滤膜为

XCW)、常规整体式(简称为 CZ,滤膜为 XCW)、防淤堵分离式(简称为 FF,滤膜为 XFW)及防淤堵整体式(简称为 FZ,滤膜为 XFW)。

试验复合体的物理性能和拉伸试验结果见表 5-10 和表 5-11。试验芯板的压屈强度试验结果如图 5-15 所示。

表 5-10 试验芯板的物理性能

样品编号	厚度 (mm)	宽度 (mm)	竖齿厚度 (mm)	横齿厚度 (mm)	整体横截面积 (mm²)	芯板横截面积 (mm²)	截面过水面积 (mm²)
CF	4.02	100.04	0.43	0.38	402.16	86.06	316.10
CZ	4.52	101.63	0.45	0.67	459.01	124.14	334.88
FF	4.06	100.65	0.40	0.33	408.65	91.67	316.99
FZ	4.19	100.50	0.59	0.40	421.10	107.93	313.16

表 5-11 复合体的拉伸试验结果

样品编号	最大力 (kN)	定应变负荷(10%) (kN)	断裂伸长率 (%)	1 kN 时延伸率 (%)
CF	3.280	3.235	12.360	0.848
CZ	3.315	3.205	17.165	0.920
FF	3.413	3.403	10.775	0.958
FZ	3.530	3.458	14.620	0.933

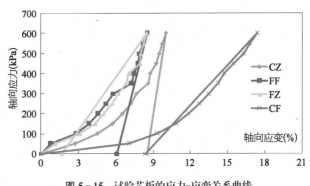

图 5-15 试验芯板的应力-应变关系曲线

由表 5-11 可知,试验复合体的拉伸强度均大于《水运工程塑料排水板应用技术规程》(JTS 206—1—2009)表 A.0.1 中 D 型板的要求。由图 5-15 可知,CF、CZ、FF、FZ 芯板板槽在试验荷载 600 kPa 下均未发生倒伏现象。基于轴向应变的数值大小进行对比,四种芯板板槽的压屈强度大小为:CF<CZ<FF≈FZ。

5.3.2 塑料排水板淤堵行为

5.3.2.1 排水板滤膜的淤堵行为

基于《公路土工合成材料试验规程》(JTG E50—2006)和《土工合成材料测试规程》

(SLT 235—1999)中的淤堵试验规程,采用梯度比方法有针对性地研究本节所确定的试验滤膜(XCW、XFW、ZBN、DBN)的淤堵行为。

1) 淤堵试验关键细节

梯度比试验装置如图 5-16 所示,土-滤膜系统详如图 5-17 所示。试验时采用了四种水力梯度条件,分别为 $i=1$、$i=2.5$、$i=5.0$ 及 $i=7.5$。

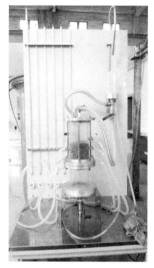
(a) 实景图

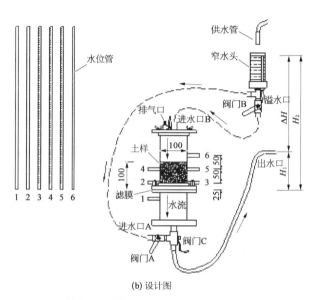
(b) 设计图

图 5-16　梯度比试验装置

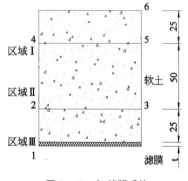

图 5-17　土-滤膜系统

Ⅰ组南沙试样进行各种梯度比试验前,均先进行烘干再磨成粉末状以制备成松土样,然后用漏斗将松土样倒入图 5-16 所示的圆筒土样试验室中并进行整平。值得注意的是,试验土样饱和过程中,水流不断进入圆筒土样试验室中,其表面会出现因水流的渗透力作用而发生的土颗粒浮动现象,从而影响试验精度。为了避免此类现象发生,在试验土样的上表面平铺一层高渗透性并具有良好保土性的膜,然后放置若干个粒径为 3~8 mm 的玻璃珠作为反压荷载。由于试验土样的上表面的附加物具有高渗透性,因此不会显著影响6号水位管的水头高度。

2) 宏观试验结果与分析

图 5-17 所示的土-滤膜系统中区域Ⅰ、区域Ⅱ、"区域Ⅲ+滤膜"的水头损失随时间的变化曲线如图 5-18~图 5-21 所示。

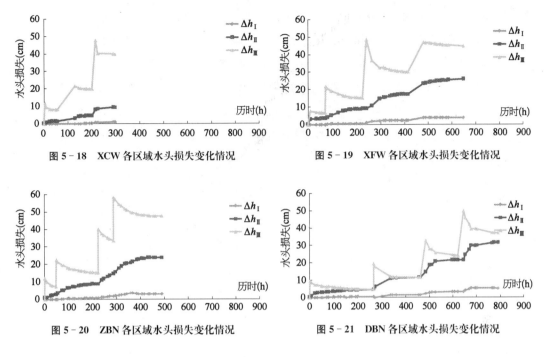

图 5-18　XCW 各区域水头损失变化情况　　　图 5-19　XFW 各区域水头损失变化情况

图 5-20　ZBN 各区域水头损失变化情况　　　图 5-21　DBN 各区域水头损失变化情况

根据图 5-18~图 5-21 可知：

(1) 在一定的水力梯度下，水流在土-滤膜系统中往滤膜方向渗流，与此同时，松土样中的细土颗粒在水流渗透力的作用下逐渐往滤膜方向移动，这最终致使：细土颗粒含量按区域Ⅰ、区域Ⅱ和"区域Ⅲ+滤膜"顺序依次增加，土颗粒之间的孔隙尺寸依次减小。这一定程度上反映了真空预压过程中新近吹填淤泥中的细土颗粒向排水体逐渐聚集而导致排水体滤膜逐渐产生淤堵的行为。

(2) 对于饱和土体来说，土颗粒之间的孔隙尺寸与土颗粒组成直接影响试验过程中的水头损失程度。具体表现为两方面：一方面，区域Ⅰ、区域Ⅱ和"区域Ⅲ+滤膜"中土体的水头损失均随着时间逐渐增大；另一方面，同样长度的渗透路径下，"区域Ⅲ+滤膜"的水头损失程度远大于区域Ⅰ。这有力地解释了新近吹填淤泥地基真空预压过程中真空压力会产生较大径向损失的现象。

(3) "区域Ⅲ+滤膜"的水头损失程度可间接反映相应滤膜的淤堵程度。当水力梯度为 5.0 时，各"区域Ⅲ+滤膜"的水头损失值分别稳定在：XCW=40.0 cm、XFW=30.2 cm、ZBN=33.5 cm、DBN=24.3 cm，因此，各滤膜淤堵的严重程度分别为：XCW>XFW≈ZBN>DBN，并根据各滤膜的渗透系数大小：XCW≈1/3XFW≈1/4ZBN≈1/5DBN，可以得出：滤膜的等效孔径是影响其渗透性能以及淤堵行为的重要因素。

(4) XFW 和 XCW 的等效孔径和孔隙率基本没有太大差异，但前者的渗透系数为后者的 3 倍左右，且淤堵程度明显更轻。鉴于此，对 XFW 和 XCW 各自的平行样品进行压汞试验，以分析其孔洞结构特征，压汞试验结果如图 5-22 所示。XCW 的汞析出曲线与汞吸入曲线明显分开,而 XFW 的汞析出曲线与汞吸入曲线基本重合。这表明 XCW 在压汞试验过程中有一部分汞仍残留在孔洞中未析出。这种情况一般发生在死孔(不穿透的孔)或孔径有突变的不均匀孔中,因为这类孔洞内在解吸附过程中会产生压力差,所以其中的汞不能析出。这进一步表明 XCW 存在部分被纤维堵塞的孔洞,或者其部分孔洞的直径沿厚度方向有突变。另外,根据 XCW 和 XFW 纤网结构的微观特征可知,XFW 中纤维的排列更规则、条理。综合分析可知,滤膜孔洞结构的规则性是影响其渗透性能及淤堵行为的另一个重要因素。

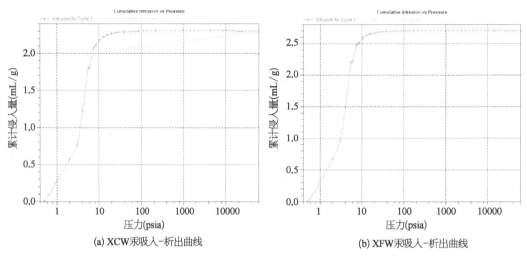

(a) XCW汞吸入-析出曲线　　　　　(b) XFW汞吸入-析出曲线

图 5-22　汞吸入-析出曲线

3) 结果与分析

为了直观判断各类滤膜的淤堵特征和淤堵程度,有针对性地对淤堵程度相近的 XFW 和 ZBN 工后样品采用环境扫描电子显微镜进行了微观测试,试验结果如图 5-23 所示。

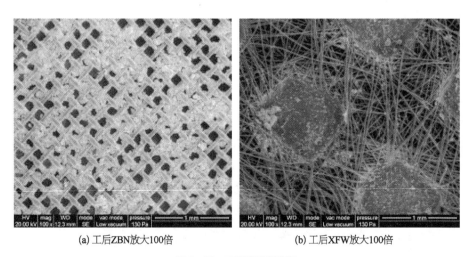

(a) 工后ZBN放大100倍　　　　　(b) 工后XFW放大100倍

图 5-23　工后滤膜微观图

根据图 5-23 可知：

(1) 对于 ZBN 而言,其淤堵特征主要体现为：细土颗粒以凝聚团粒的形式堵塞于滤膜的孔洞中。

(2) 对于 XFW 而言,其淤堵特征主要体现为：细土颗粒以凝聚团粒的形式优先淤堵在各热轧熔点附近,而各熔点外孔洞中的淤堵现象明显较弱。这主要与热轧无纺布的加工工艺有很大关系。此类无纺布上的熔点是多层纤维在高温下经辊筒凸粒熔化后黏结而成,不具透水性,且其周围的孔隙率相对较低,因此,熔点处及其周围更容易发生土颗粒的聚集现象。

(3) 基于工后滤膜的有效孔隙率进行分析,XFW 和 ZBN 的淤堵程度均较轻。

5.3.2.2　排水板芯板和复合体的淤堵行为

芯板截面和复合体截面的过水面积直接影响新近吹填淤泥地基真空预压过程中塑料排水板的淤堵行为。芯板截面或复合体截面的过水面积减小主要表征为芯板板槽倒伏、芯板板槽中淤积过多的细土颗粒及滤膜潜入芯板板槽中三方面。

1) 芯板板槽倒伏引起的淤堵行为

新近吹填淤泥的压缩性极大,该类地基排水固结过程中会产生很大的沉降。由于原生料芯板板槽的压屈强度明显高于再生料芯板,因此,原生料芯板被作为新近吹填淤泥地基的竖向排水系统时,其弯折程度也相应地较再生料芯板更轻。如图 5-24 所示,原生料排水板严重弯折处、受压面的各条竖齿仅出现褶皱现象,而再生料芯板发生严重弯折处、受压面的各条竖齿均完全倒伏在横齿上。当各条竖齿完全倒伏在横齿上时,由于侧向水土压力的作用,滤膜会紧贴于竖齿外侧,从而使该位置处的过水面积几乎为零,发生完全堵塞现象。

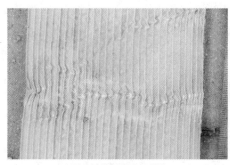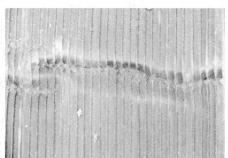

(a) 原生料芯板竖齿无倒伏　　　　　　(b) 再生料芯板竖齿完全倒伏

图 5-24　料芯板弯折处照片

然而,芯板板槽的压屈强度目前主要基于《土工合成材料测试规程》(SLT 235—1999)等相关规程中的"塑料排水带芯带压屈强度试验",其试验条件是在芯板正面上施加均布荷载,这与工程实际条件"排水板弯折导致芯板板槽压屈"不完全相符。"排水板弯折导致芯板板槽压屈"这一条件实际上可等同于"在芯板正面上垂直施加一定数值的窄条形均布荷载而导致芯板板槽发生压屈变形"。因此,现行相关规程试验条件下的测试值往往高估了排水板芯板板槽的压屈强度,对于新近吹填淤泥地基而言,建议补充试验条件"在芯板正面上垂直施加一定数值的窄条形均布荷载"。

2)芯板板槽中淤积过多的细土颗粒引起的淤堵行为

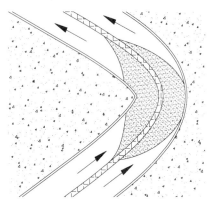

图5-25 芯板板槽中的堵塞现象

新近吹填淤泥地基真空预压加固过程中,部分细土颗粒(小于滤膜孔径)会穿透滤膜进入芯板中。当细土颗粒随水体流到排水板严重弯折位置时,水体的流速会突然降低,进而导致细土颗粒的向上提升力急剧减小。若细土颗粒含量较高且水体流速慢,水体中的细土颗粒则会在颗粒之间的相互作用及颗粒与芯槽槽壁的摩擦作用的影响下逐渐淤积在排水板严重弯折位置,同时由于细土颗粒淤积体的渗透系数极低,真空压力无法向下传递,最终产生完全堵塞现象,如图5-25所示。

综上分析,芯板板槽中淤积过多的细土颗粒所引起的淤堵行为,主要取决于芯槽中水体的流速及水流中细土颗粒的含量等两方面。进一步分析可知,真空预压条件下,芯槽中水体的流速直接取决于排水板的弯折程度(也即芯板板槽压屈强度),而水流中细土颗粒的含量则直接取决于排水板滤膜的保土性能。因此,真空预压条件下,芯板板槽中淤积过多的细土颗粒所引起的淤堵行为,直接取决于排水板芯板的压屈强度及其滤膜的保土性能。

3)滤膜嵌入芯板板槽中引起的淤堵行为

排水板复合体的形式主要有整体式和分离式两种。无论是整体式还是分体式,当滤膜延伸率过大时,滤膜在侧向水土压力作用下都会完全嵌入芯板板槽中,从而导致过水面积几乎为零,发生完全堵塞现象。另外,对于分离式复合体形式而言,当滤膜套与芯板包裹不紧密(即滤膜套截面积远大于芯板截面面积)时,滤膜也会完全嵌入芯板板槽中,导致过水面积几乎为零,发生完全堵塞现象。

5.3.3 防淤堵准则

下面基于淤堵试验结果给出关于 GR 的判别条件,作为类似于I组南沙试样的新近吹填淤泥地基真空预压加固时竖向排水体滤膜的防淤堵准则。

试验滤膜在不同水力梯度下的 GR 值随时间的变化曲线如图5-26所示。

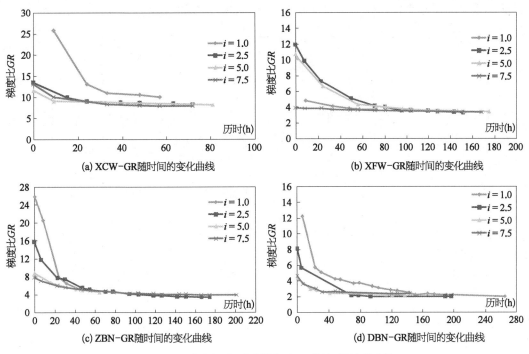

图 5-26 滤膜在不同水力梯度下 GR 值随时间变化曲线

根据图 5-26 可知：XCW、XFW、ZBN 及 DBN 四种试验滤膜最终稳定的 GR 值分别为 7.93、3.39、3.94、2.34，这进一步证实了各滤膜淤堵的严重程度分别为：XCW＞XFW≈ZBN＞DBN。

结合上述试验，滤膜发生淤堵行为的主要因素为滤膜的孔径、孔隙率及内部的孔洞结构特征，防止发生严重淤堵行为的基本原则是在保留土样大颗粒不能流失的同时，可以允许小颗粒顺利通过滤膜。一般来说，上节的保土准则通常情况下能够满足大颗粒保留的条件，故本节所需增加的限定条件主要是建立滤膜孔径与小颗粒粒径间的联系。

对于编织布，由于其规则的孔洞结构，土颗粒一般不会在孔洞内部产生淤堵，那么对其淤堵行为的控制主要是保证其孔隙率不能过低。从梯度比试验结果可知，黏性土土颗粒在滤膜纤维上的吸附与积累是难以避免的，比较适当的办法是使其保证足够孔径的同时，拥有一个较高的孔隙率。根据两种编织布的梯度比试验结果，其防淤堵准则可设定为

$$n_g > 30\% \sim 40\%$$
$$GR < 4$$

(5-1)

考虑到梯度比试验中的超孔压较真空预压工况时低，土颗粒更容易吸附于滤膜纤维上，上式对梯度比的试验结果进行了一定程度上的折减。

对于无纺布，由梯度比试验可见，即使两种滤膜的孔径，孔隙率大致相同，两者孔洞结构间的差异也会显著影响。孔洞结构属于微观方面的差异，且无纺布的孔洞具有随机性，

目前还难以利用相关物理性质建立准则。为此,对于无纺布,其防淤堵准则可设立为

$$\begin{cases} n_g > 75\% \\ GR < 4 \\ O_{15}/D_{15} > 1.5 \end{cases} \qquad (5-2)$$

以上三式分别是对应滤膜的孔隙率、孔洞结构及孔径建立的,其中考虑到梯度比试验中黏性土可能出现的不稳定情况,对于本工程试验土样稍做放松。

参 考 文 献

[1] 宋晶,王清,夏玉斌,等.真空预压处理高黏粒吹填土的物理化学指标[J].吉林大学学报(地球科学版),2011(5):1476-1480.

[2] 董志良,张功新,郑新亮,等.一种超软弱土浅表层快速加固系统 CN 200720050339.8[P]:2008-02-20.

[3] 杨顺安,张瑛玲,刘虎中,等.深圳地区吹填淤泥的工程特征[J].地质科技情报,1997(1):87-91.

[4] 叶国良,郭述军,朱耀庭.超软土的工程性质分析[J].中国港湾建设,2010(5):1-9.

[5] 李云华,马哲,张季超,等.动力排水固结法加固某吹填淤泥地基试验研究[J].工程力学,2010(S1):77-80.

[6] 周源,刘传俊,吉锋,等.透气真空快速泥水分离技术室内模型试验研究[J].真空科学与技术学报,2010(2):215-220.

[7] 中交天津港湾工程研究院有限公司.水运工程塑料排水板应用技术规程:JTS 206—1—2009[S].北京:人民交通出版社,2009.

[8] H X K, H W K. A study on 1-D consolidation of soils exhibiting rheological characteristic with impeded boundary[C]. Nanjing, 2nd Int. Conf. of Soft Engineering, 1996.

[9] 韩雪峰,邝国麟,谭国焕,等.水下真空预压过程中孔隙水压力变化规律研究[J].岩土工程学报,2008,30(5):658-662.

[10] Barron R A. Consolidation of fine-grained soils by drain wells[J]. ASCE Trans, 1948, 113:54-718.

第 6 章

塑料排水板弯曲对软基
固结沉降的影响

真空预压卸载后,原插设于地基内的排水板将对路基的沉降产生怎样的影响? 这是一个值得探讨的问题。由于软土的高压缩性,塑料排水板在真空预压期间内发生了较大的弯曲变形,势必引起其性能指标的变化,即便如此,在堆载作用下,留存于地基内的塑料排水板对地基的沉降仍将有一定的贡献。

文献[1]采用极限平衡法和有限元法分析了地基加固后不取出塑料排水板对地基稳定性的影响及其规律性,结果表明,真空预压后排水板的存在对地基的承载力具有一定的提高作用,但提高程度小于5%,对于超载使用的地基,排水板虽可增加地基承载力,但却会使地基产生进一步固结沉降。

由于地基条件的复杂性及试验手段的局限性,目前对于工后塑料排水板性能变化的研究较少。俞炯奇、孙伯永等[2]曾通过现场开挖采取在留存于地基中2年后的塑料排水板试样进行室内检测,并与施工前性能进行对比分析,认为弯折的排水板通水量减小的可能性更大,部分数据达不到设计要求,对工程后期排水固结将产生不利影响。

王波等[3]对南沙粮食码头项目及深圳前湾软基处理项目的工后塑料排水板进行了一系列的试验研究,认为排水板在使用约6个月后原生料的PVD排水性能较好,但再生料的纵向通水量仍能达到《水运工程塑料排水板应用技术规程》(JTS 2061—2009)的要求,可完全满足工程需要。

事实上,塑料排水板性能指标的变化对工后沉降的影响不仅仅只发生在工后,在真空预压过程中,排水板本身因土体压缩而产生弯曲变形,对土体的固结沉降会产生不利影响,尤其是对于高压缩性的吹填土。纪玉诚等通过室内模型试验发现,吹填土的大变形使排水板发生扭曲变形甚至折断,其排水功能随时间不断降低,导致真空预压对硬壳层以下的土层不能达到预期的加固效果,并提出了二次插板处理来解决该问题。在考虑工程经济的条件下,一次插板和二次插板总的抽真空时间是相同的,不同点在于二次插板将排水板分两次插设,但排水板弯曲对固结的影响究竟如何,这在国内外都鲜见报道。

因此,本章基于现场试验分析了真空预压过程中塑料排水板弯曲对固结沉降的影响,并对真空预压卸载后的排水板进行了各项指标检测,最后采用有限单元法计算了真空预压卸载后的残留排水板对工后沉降量的影响。

6.1 真空预压过程中排水板弯曲对固结沉降的影响

6.1.1 工程概况

浙江省温州市丁山垦区一期围垦造陆工程位于温州中心城市东部龙湾区海城街道东

南滩涂上,北邻机场,东沿东海,南连瑞安,吹填面积多达 7.0×10^6 m²,新近吹填的淤泥平均厚度约为 3.0 m,道路区与地块区均采用真空预压法进行加固。在确定道路区施工方案前,为比较一次插板和二次插板方案的加固效果,选用了 2 个面积均约为 20 m×200 m 的试验区。

设计要求排水板插设间距为 0.9 m,呈正方形布置,排水板底标高为−2.0 m,同时,在 4 根长排水板中心再插设一根短排水板,底标高为+1.5 m。

施工方案①:长、短排水板在铺设 40 cm 厚的砂垫层后一次插设完毕,然后进行抽真空,恒载时间为 140 d。

施工方案②:先对吹填淤泥层进行浅层处理,即只插设短板到标高+1.5 m 而不铺设砂垫层,恒载时间为 80 d,待表层承载力达到 40～50 kPa 后卸载,再铺设 40 cm 厚的砂垫层,并插设长板到标高−2.0 m 处,二次插板的位置为 4 根短排水板的中心,恒载时间为 60 d。

对比上述两种方案,方案②比方案①少了铺设砂垫层时的工作层(如竹架或荆芭等),且由于经过浅层加固后,地表有一定的沉降,排水板插设到底标高为−2.0 m 时用量可减少,尽管二次插板方案的滤管和密封膜用量较多,但仍具有一定的经济优势。

在试验区内按 1 块/800 m² 布置表层沉降观测板,并在区中心埋设 JTM - V3000 型振弦式孔隙水压力计,一次插板试验区的孔压计埋设深度为 2.0 m、4.0 m、6.0 m;二次插板试验区在浅层处理时的孔压计埋设深度为 1.0 m、2.0 m、3.0 m,二次处理时增加 2 组孔压计,深度分别为 4.0 m、6.0 m。埋设前,需将孔压计用水浸泡 24 h 以排出气泡,并用无纺布包裹住外壳,防止淤泥中的细小颗粒进入传感器内,采用钻孔法进行埋设,一孔单只,并用高液限黏土泥球封孔密闭。埋设后,待钻孔完全填实和埋设时的超孔压消散时,才可测读孔压计的初始读数,利用 JTM - V10B 测频仪采集数据。观测频次为:抽真空初期每 2 d 观测一次,恒载后每 5 d 观测一次,停泵前 7 d 每 2 d 观测一次。

6.1.2　排水板弯折状态对纵向通水量的影响研究

6.1.2.1　不同弯折形态下的排水板纵向通水量试验

超软弱地基在排水固结过程中产生较大的压缩变形,致使竖向排水体会随之发生弯曲。

Kremer(1983)认为当压缩性最大的那一层土的相对压缩量超过 15% 时,就必须提出排水板抗弯折的质量要求。Saits(1985)、Lawrence(1988)、马来西亚的 Faisal(1991)、ENEL - CRIS、河海大学刘家豪和南京水利科学研究院汪肇京(1993)等人都进行了排水板弯折(弯曲)的通水量试验研究或理论研究。

陈平山等[8]针对真空预压法处理超软弱地基时因过大的地基压缩量而使塑料排水板弯曲的缺陷(图 6 - 1),提出二次处理方案,即先对浅层土体进行处理,待其达到一定强度后,再插设较长的塑料排水板对软基进行整体加固,并通过现场试验与数值模拟手段研究分析了不同弯曲率的塑料排水板对固结的影响,结果表明:通过地基压缩率间接描述排水板的弯曲是可行的,固结计算中考虑排水板的透水性能在加固过程中的衰减,可使计算值更接近实测值。

(a) 排水板侧面弯曲形态　　　　　　(b) 排水板正面弯曲形态

图 6-1　地基加固后排水板的形态

不同地理位置或不同区域软基土体的工程特性很可能存在较大的差异,这直接导致真空预压期间地基沉降幅度的差别较大,进而致使地基中的塑料排水板具有明显不同的弯折形态,具体如图 6-2 所示。

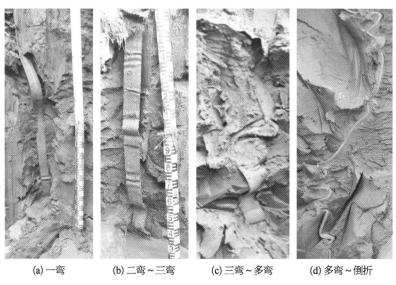

(a) 一弯　　　　(b) 二弯~三弯　　　　(c) 三弯~多弯　　　　(d) 多弯~倒折

图 6-2　真空预压地基排水板不同弯折形态

新近吹填淤泥地基真空预压过程中,排水板往往发生严重弯折变形,如图 6-2 所示,从而导致芯板板槽发生严重的压屈变形、加剧芯板板槽中细土颗粒淤积的程度,进而致使排水板弯折处截面的过水面积急剧减小、纵向通水性能大幅降低，最终极大削弱地基的加固效果。

为了探讨原生料排水板是否适宜于新近吹填淤泥地基，基于《公路土工合成材料试验规程》(JTG E50—2006)和《土工合成材料测试规程》(SLT 235—1999)中的塑料排水带通水量试验规程，对 5.4.1.2 节所确定的试验复合体(CF、CZ、FF、FZ)开展不同弯折形态下的纵向通水量试验以研究原生料排水板的弯折程度对其纵向通水性能的影响。

将图 6-2 所示的排水板不同弯折形态照片导入图形处理软件中获取相应排水板侧剖面的弯折特征参数(弯折率、弯折角度)，然后基于此选取有代表性的单一弯折形态(图 6-3)有针对性地开展试验研究。图 6-3 所示的四种单一弯折形态可通过自制的铁框架模型来实现，部分试验实景如图 6-4 所示。

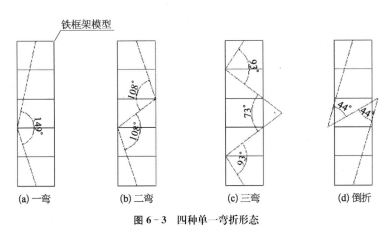

(a) 一弯　　　(b) 二弯　　　(c) 三弯　　　(d) 倒折

图 6-3　四种单一弯折形态

(a) 垂直状态　　　　　　　(b) 倒折状态

图 6-4　部分试验实景

四种单一弯折形态下的排水板试样有效长度分别为 42 cm、49 cm、52 cm、64 cm。结合图 6-3 可得四种单一弯折形态的相关量化指标,见表 6-1。

表 6-1 各弯折形态的相关量化指标

量化指标	竖直	一弯	二弯	三弯	倒折
弯折角 1β	180°	149°	108°	93°	44°
弯折角 2β	180°	—	108°	73°	44°
弯折角 3β	180°	—	—	93°	—
弯折率(%)	0	5	22.5	30	60

注:表中的弯折率=(排水板有效长度-40)/40。

6.1.2.2 通水量折减率-弯折率/弯折角的关系

试验复合体不同弯折形态下的通水量试验结果详见表 6-2,相应弯折特征下的通水量折减率见表 6-3 和表 6-4,则通水量折减率与弯折率的关系如图 6-5 所示。

表 6-2 试验复合体不同弯折形态下的通水量试验结果

试验复合体	弯折形态(cm³/s)				
	垂直	一弯	二弯	三弯	倒折
CF	151.40	151.17	110.11	100.85	96.29
CZ	247.52	246.91	246.00	245.37	221.07
FF	221.98	221.84	221.47	218.86	202.96
FZ	234.47	232.97	232.14	231.32	215.38

表 6-3 试验复合体不同弯折率下的通水量折减率

试验复合体	弯折率				
	0%	5%	22.5%	30%	60%
CF	0.00%	0.15%	27.27%	33.39%	36.40%
CZ	0.00%	0.25%	0.61%	0.87%	10.69%
FF	0.00%	0.06%	0.23%	1.41%	8.57%
FZ	0.00%	0.64%	0.99%	1.34%	8.14%

表 6-4 试验复合体不同弯折角下的通水量折减率

试验复合体	弯折角 β				
	180°	149°	108°	86.3°	44°
CF	0.00%	0.15%	13.64%	11.13%	18.20%
CZ	0.00%	0.25%	0.31%	0.29%	5.34%
FF	0.00%	0.06%	0.11%	0.47%	4.28%
FZ	0.00%	0.64%	0.50%	0.45%	4.07%

注:为了针对性地分析,将三弯形态下的三个弯折角及相应的通水量折减率进行平均。

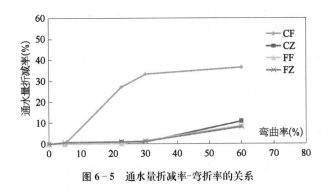

图 6-5　通水量折减率-弯折率的关系

根据表 6-2～表 6-4 和图 6-5 可知：

(1) 原生料排水板适宜于新近吹填淤泥地基，因为 CF、CZ、FF、FZ 四种试验复合体弯折率为 60%时的纵向通水量仍远大于《水运工程塑料排水板应用技术规程》(JTS 206—1—2009)表 A.0.1 中 D 型板的要求。

(2) 芯板板槽的压屈强度是排水板通水性能的关键影响因素，主要体现为：芯板板槽的压屈强度 CF<CZ<FF<FZ，相应地，当弯折率为 22.5%时，CF 通水量折减率就达到了约 30%，而 CZ、FF、FZ 弯折率为 60%时的通水量折减率仍未超过 15%。

(3) 真空预压期间，排水板的纵向通水性能随深度方向弯折次数的增多而逐渐降低，且弯折次数越多和弯折程度越严重、降低幅度就越大。而弯折角和弯折率可同时反映排水板的弯折程度，因此，无论哪种排水板，都存在"临界弯折角"和"临界弯折率"，当排水板弯折角小于"临界弯折角"且弯折率大于"临界弯折率"时，排水板的通水性能会急剧降低。基于试验结果保守考虑，建议新近吹填淤泥地基真空预压加固时原生料排水板芯板的防淤堵准则为：临界弯折角不应大于 45°且临界弯折率不应大于 60%。具体原因为：如图 6-3(d)所示的排水板弯折形态，至少有 5 个小于 45°的弯折角且平均弯折率接近 60%，则对于试验复合体 CF 而言，其纵向通水量的折减率为 91%，此时的通水量值是 13.6 cm³/s，小于相关规程中的要求(≥15 cm³/s)。

6.1.2.3　井阻增幅-弯折率/弯折角的关系

根据《水运工程塑料排水板应用技术规程》(JTS 206—1—2009)第 4.4.2 条款可知，对于新近吹填淤泥地基来说，应考虑竖向排水体的井阻对地基径向平均应力固结度的影响。而竖向排水体的井阻 G 与其通水量 q_w 成反比，如下式：

$$G = \frac{q_h}{q_w/F_s} \frac{L}{4d_w} \tag{6-1}$$

因此，根据表 6-2 和式(6-1)可得试验复合体不同弯折形态下的井阻增幅及弯折率与井阻增幅的关系，分别见表 6-5、表 6-6 和图 6-6。

表 6-5 试验复合体不同弯折率下的井阻增幅

试验复合体	弯折率				
	0%	5%	22.5%	30%	60%
CF	0.00%	0.15%	37.50%	50.12%	57.23%
CZ	0.00%	0.25%	0.62%	0.88%	11.96%
FF	0.00%	0.06%	0.23%	1.43%	9.37%
FZ	0.00%	0.64%	1.00%	1.36%	8.86%

表 6-6 试验复合体不同弯折角下的井阻增幅

试验复合体	弯折角 β				
	180°	149°	108°	86.3°	44°
CF	0.00%	0.15%	18.75%	16.71%	28.62%
CZ	0.00%	0.25%	0.31%	0.29%	5.98%
FF	0.00%	0.06%	0.11%	0.48%	4.68%
FZ	0.00%	0.64%	0.50%	0.45%	4.43%

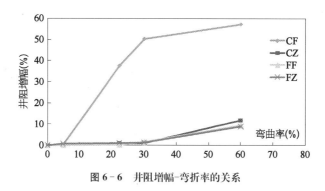

图 6-6 井阻增幅-弯折率的关系

根据表 6-5、表 6-6 和图 6-6 可知：

（1）芯板板槽的压屈强度同时也是排水板井阻的关键影响因素，主要体现为：芯板板槽的压屈强度 CF＜CZ＜FF＜FZ，相应地，当弯折率为 22.5% 时，CF 井阻增幅就达到了约 40%，而 CZ，FF，FZ 弯折率为 60% 下的井阻增幅仍未不超过 15%。

（2）由于真空预压期间竖向排水体的井阻直接影响其中的真空压力传递效率，竖井的井阻越大，真空压力沿深度方向的传递效率就越低。因此，基于试验结果，建议新近吹填淤泥地基真空预压设计时原生料排水板芯板的真空度衰减系数建议按"不少于 20%"进行取值。具体原因为：如图 6-3(d)所示的排水板弯折形态，至少有 5 个小于 45° 的弯折角且平均弯折率接近 60%，则对于试验复合体 CZ、FF、FZ 而言，其井阻的增幅均大于 20%。

6.1.3 塑料排水板弯曲对固结影响的计算分析

6.1.3.1 物理模型的选取

由于道路区长宽比较大（通常大于 10），地表所作用的真空荷载可视为条形荷载，排水板相对周边土体而言,尺寸细小且分布均匀,因此可假设沿路堤走向应变为 0。

取路基中轴线为 z 轴(沿路堤方向),y 轴在路基平面内与 z 轴垂直,x 轴则垂直于 y,z 轴所组成的平面,铅直向上为正向。对于施工方案①②,在 4 根长排水板中心均插设了一根短排水板,根据对称性原理,地基固结状态必定存在 3 组对称面,如图 6-7 所示。其中,对称面 2、3 平行于 y 轴,物理结构的对称性决定了孔隙水渗流场的对称性,使对称面 1 为地基的中轴线铅直切面。这种物理结构成为渗流场中的流线,而垂直对称面的方向无水流,即为零通量面,同时由于对称面 1 是中轴线铅直切面,因此也是 y 轴方向位移为 0 的面[5]。

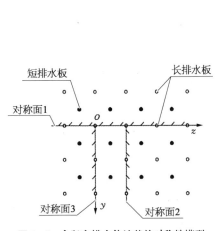

图 6-7　含竖向排水体地基的对称性模型

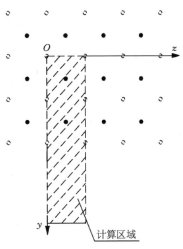

图 6-8　计算模拟区域

据此,取由相邻的 2 个对称面 2 和对称面 3 以及对称面 1 所包围的条块为隔离体(图 6-8),整个地基的固结过程就是隔离体内土体固结的空间重复。隔离体在 y 轴方向延伸足够的距离后,荷载及排水板对加固区外侧土体的影响就很微弱,外侧土体的位移和孔隙水流量可以忽略,而这段距离以内的土体则作为研究对象,即计算模拟区域。

计算模型的边界条件:① 对称面 1(中轴线铅直面)为孔隙水零通量边界、y 轴方向零位移边界;② 对称面 2 和对称面 3 为孔隙水零通量边界,z 轴方向位移为 0;③ 模型顶部为已知超孔压边界(超孔压值为膜下真空度值),位移自由;④ 模型底部为不透水边界,x 轴方向为零位移边界;⑤ 模型中路基外侧延伸一定距离后为不透水边界,y 轴方向为零位移边界。

6.1.3.2　初始超孔压的考虑

吹填土作为欠固结土地基,抽真空前有未消散的超孔隙水压力,需考虑这部分超孔压产生的固结沉降。

孙立强等[6]基于的有限元离散方程,认为将初始超孔压转换成荷载并施加在土体上,可考虑这部分荷载所引起的固结沉降,因此计算时需在土体节点上施加吹填土的有效自重。

6.1.3.3 涂抹区作用

施工过程中打设竖向排水体时对周围的土体会产生一定的扰动,即在竖向排水体表面有一定的涂抹作用,这种作用将会使井周黏土薄层的渗透性减小,从而影响整个土层的固结速率。陈平山等[7]按固结度等效的原则,提出了将单井涂抹效应对涂抹区内土体渗透性的弱化作用转化为减小单井影响区内土体水平向渗透系数的计算方法,并用于三维有限元计算中,该方法并没有在计算模型上刻画排水体的涂抹区尺寸,但通过折减渗透系数体现了涂抹效应,减小了三维计算工作量。根据陈平山等的研究,可得到将涂抹效应均化到 $r_w \sim r_e$ 范围内的土体中后的水平向渗透系数 k'_h 表达式如下:

$$k'_h = \frac{F'_a}{F_a} k_h \qquad (6-2)$$

其中:

$$F_a = \left(\ln\frac{n}{s} + \frac{k_h}{k_s}\ln s - \frac{3}{4}\right)\frac{n^2}{n^2-1} + \frac{s^2}{n^2-1}\left(1-\frac{k_h}{k_s}\right)\left(1-\frac{s^2}{4n^2}\right) + \frac{k_h}{k_s}\frac{1}{n^2-1}\left(1-\frac{1}{4n^2}\right)$$

$$(6-3)$$

$$F'_a = \left(\ln n - \frac{3}{4}\right)\frac{n^2}{n^2-1} + \frac{1}{n^2-1}\left(1-\frac{1}{4n^2}\right) \qquad (6-4)$$

式中　　n——井径比,$n = r_e/r_w$,r_e 为砂井影响区半径,r_w 为砂井半径;

　　　　$s = r_s/r_w$,r_s 为涂抹区半径、r_w 为砂井渗透系数;

　　　　k_s——涂抹区内土体渗透系数;

　　　　k_h——影响区土体水平向渗透系数。

6.1.3.4 塑料排水板的处理

前已提及,塑料排水板在土体压缩过程中会因过大的变形而发生弯曲等现象,导致其通水能力降低,进而影响加固效果,其弯曲过程目前难以定量地描述,但可以肯定的是,排水板弯曲率与地基压缩量密切相关。由于排水板产生弯曲是与土体压缩同步进行的,且总的弯曲量与地表沉降量应该相同,否则排水板将露出地表。因此,可根据现场沉降监测数据推测地基内排水板在不同时间的弯曲量,从而确定其弯曲率(即排水板弯曲量与插板长度之比),进而根据不同的弯曲率进行排水板纵向通水量试验,并由此推算抽真空过程中不同时期排水板的渗透系数,然后在数值计算过程中进行调整,以反映排水板弯曲对排水效果的影响。图 6-9(a)为抽真空结束时土体内的排水板弯曲状态,图 6-9(b)为在弯曲状态下测试排水板的纵向通水量试验(侧压力为 350 kPa)。

采用真空预压法处理丁山垦区的软基时,淤泥压缩率约为 30%(即地表沉降量与淤泥层厚度之比),因此可推测抽真空结束时排水板的弯曲率亦约为 30%(前述实测结果约为

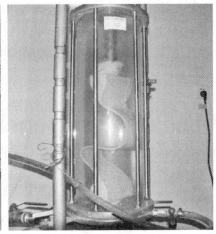

(a) 加固后地基中的排水板　　　　(b) 排水板在弯曲状态下通水量试验

图 6-9　加固后及试验时排水板弯曲状态

32%)。加固结束后从土体内取出排水板,并做纵向弯曲通水量试验,共有 5 个样本,试验结果见表 6-7。根据通水量计算公式 $q=vA$,$v=k_v i$,其中,q 为单位时间的纵向通水量、v 为流速、A 为排水板横截面面积、k_v 为排水板纵向渗透系数、i 为水力梯度,这里取单位水力梯度 $i=1$,据此可推算出排水板的纵向渗透系数 k_v。

表 6-7　排水板通水量在不同弯曲率下的试验结果

时间(d)	弯曲率(%)	$q(\text{cm}^3 \cdot \text{s}^{-1})$	纵向渗透系数 $k_v(\text{cm} \cdot \text{s}^{-1})$
0	0	68	1 700
14	10	63	1 575
36	20	48	1 200
60	27	40	1 000
88	30	33	825

6.1.3.5　计算方法

对于超软弱土地基,其变形具有十分明显的非线性特性,孙立强等[6]通过实例计算表明,考虑土体非线性特征的邓肯-张(Duncan-Chang)双曲线模型能较好地反映土体变形的主要规律。作为目前求解非线性岩土问题最精确、有效且提供最多岩土材料模型的有限元软件之一,ADINA 程序在计算岩土变形和稳定性方面具有很强的优势,主要体现在利用多孔介质特性耦合各种非线性岩土模型进行渗流、固结沉降,可模拟岩土材料的非线性或随时间变化的性能等方面,同时具有很强的开放性,用户可根据需要开发各种材料本构。ADINA 中没有邓肯-张的材料本构,需用户自行进行材料的二次开发。本书运用 FORTRAN 语言编写了关于邓肯-张本构模型的子程序,并链接到 ADINA 软件中,以实现三维有限元计算。利用 ADINA 软件的重启动分析功能,计算时按表 6-7 不同的时间对排水板渗透系数进行调整,以体现在抽真空过程排水板渗透系数的折减。在初始条件方面,可通过设置土体的有效密度和重力加速度来考虑欠固结土未消散的超孔隙水压力[6]。

计算的理论基础为 Biot 固结理论,该理论的基本公式包含平衡微分方程和连续性微分方程两部分,通过广义虎克定律和有效应力原理将 2 组方程结合起来,即可考虑渗流与变形的相互耦合作用,并对方程组进行空间和时间的离散,可得到固结方程的有限元格式,关于该离散方程的推导,详见钱家欢和殷宗泽的研究,在此不再赘述[8]。

6.1.3.6 计算模型

根据对称性,在图 6-7 中取由对称面 1、2、3 组成的隔离体建立三维模型,网格如图 6-8 所示,模型在 x、y、z 方向的尺寸分别为 13.0 m、30.0 m、0.9 m。计算模型共有 41 921 个节点、36 720 个单元,采用空间八结点单元模拟土体的渗流固结过程,图 6-11 为模型水平方向模型网格图。采用 Duncan-Chang 模型计算时,通过室内三轴排水剪切试验确定 8 个参数,并根据式(6-2)计算变换后土体的水平渗透系数 k'_h,计算参数见表 6-8,各参数定义可详见钱家欢和殷宗泽[8]的研究。参照彭劼和刘汉龙的研究成果[9],排水板的作用是增加土体渗透性,其力学性能是次要的,变形也主要发生在纵向,因此可近似认为塑料排水板是线弹性材料,$E=10$ kPa、$v=0.3$,并将表 6-7 中不同时段内的渗透系数赋予实体单元,以考虑其排水性能。

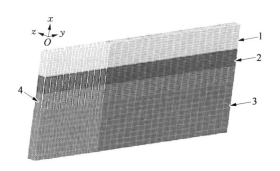

1—吹填淤泥;2—黏土;3—含细砂淤泥;4—塑料排水板

图 6-10　三维有限元模型网格

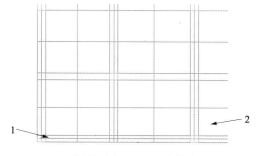

1—塑料排水板单元;2—土体单元

图 6-11　水平方向模型网格

表 6-8　模型计算参数

土层名称	厚度 (m)	C (kPa)	φ (°)	R_f	K	n	G	F	D	k_v (cm/s)	k'_h (cm/s)
吹填淤泥	3	13.0	10.8	0.69	76	0.42	0.36	0.01	0.68	4.2×10^{-8}	8.6×10^{-8}
黏土	2	22.0	17.6	0.78	108	0.28	0.18	0.01	1.82	3.1×10^{-7}	2.9×10^{-7}
含细砂淤泥	8	10.1	21.6	0.76	96	0.36	0.26	0.01	1.66	8.7×10^{-7}	1.8×10^{-6}

6.1.3.7　计算结果分析

图 6-12 是一次插板和二次插板处理的表面沉降曲线图。从图可看出，在前 80 d 内，由于二次处理仅插设了短板(3.5 m)，较之一次处理插设了长、短排水板，前者地表沉降比后者小 10～15 cm。其后 40 d 为二次处理铺设砂垫层和插设长板的时间，为保证观测数据的连续性与可对比性，沉降观测点位置不变，二次处理时施工期间的沉降约为 16 cm。为便于比较，图 6-12 二次处理记录的仅是抽真空期间的地表沉降，没有计入施工期间的沉降值。二次插板完毕并开始抽真空后，长板迅速发挥作用，地表沉降急剧增大，几乎与时间呈线性关系，当抽真空时间维持 30 d 后(即第 110 d)，沉降开始稳定，抽真空结束时，总沉降量约为 128 cm。一次处理的地表沉降曲线在第 100 d 时已趋于平缓，总沉降量约为 112 cm。若计及二次插板施工期间发生的沉降量 16 cm，则二次插板的总沉降量比一次插板要大 32 cm，仅从沉降量的差异即可说明二次处理的加固效果要优于一次处理。

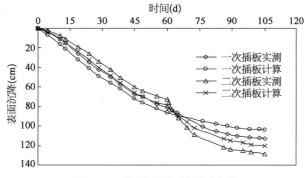

图 6-12　表面沉降随时间变化曲线

从图 6-12 比较可以发现，计算值与实测值比较接近，一次处理和二次处理计算的总沉降值分别为 104.2 cm、115.3 cm，而实测值则分别为 112.5 cm、128.4 cm。从前文关于排水板弯曲影响的分析来看，第 88 d 后，排水板弯曲率达到 30%，其纵向通水量不足原来的 50%，计算时所取排水板渗透系数可能比实际值偏小，此外，土体计算参数与本构模型的选择也是造成计算值与实测值差异的主要原因，但计算曲线与实测曲线趋势基本吻合，说明本书所采用的计算方法是合理的。

对于一次插板方案，图 6-13 为计算过程中考虑与不考虑情况下排水板弯曲对表面沉降的影响。显然，在其他计算条件不变的条件下，不考虑排水板弯曲影响即认为其纵向通水量始终保持一个常数，在第 88 d 后，考虑排水板弯曲的计算曲线开始变得平缓并渐趋于实测曲线，而不考虑排水板弯曲变化的计算曲线斜率变化较小，总沉降量计算值比实测值大约 18%，说明因塑料排水板弯曲而对其渗透系数进行折减是合理的。

图 6-14 为位于试验区中心深度为 2 m 处的孔压消散值随时间的变化曲线。如图 6-14 (a)所示，一次处理时，随着抽真空的进行，排水板内真空度向周围土体扩散，孔压迅速降低，此时排水板仍能保持较好的通水性能，土体孔压消散较快，至第 80 d 时约有 -28 kPa，

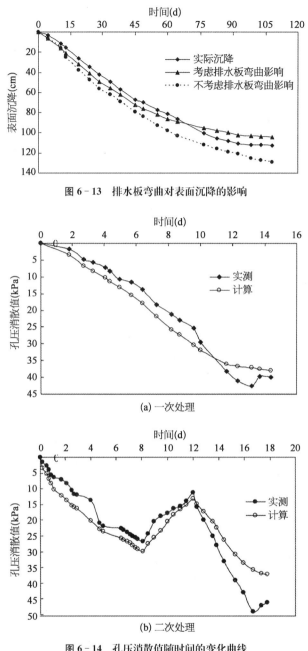

图 6-13 排水板弯曲对表面沉降的影响

(a) 一次处理

(b) 二次处理

图 6-14 孔压消散值随时间的变化曲线

之后在第 80~140 d 内,孔压消散相对较慢,仅有－12 kPa,第 130 d 时开始降低开泵数,孔压有所升高,计算曲线未考虑真空度降低的影响,因此仍平缓降低。二次处理时,由于浅层加固插设了短板,在抽真空 80 d 内,土体孔压消散值比一次处理方案的略小,但趋势基本相同,都是前期速率较快,到了加固后期,消散速度减慢。第 80~120 d 是二次处理的施工期,包括铺设砂垫层、机械插板等工序,受砂垫层自重及机械碾压作用,孔隙水压力增长,如图 6-14(b)所示,在数值模拟中,按分级施加压载于地表,以考虑这部分荷载的作用。从第120 d起,施工完毕后并开始抽真空,土体孔压迅速消散,至抽真空结束时,孔压消散最大值达−50 kPa。比较图6-14(a)与(b)可发现,抽真空结束时一次处理的孔压消散值比二次处理的小,两者相差达−10 kPa之多,而二次处理与一次处理方案的区别仅仅是前者将长板在浅层加固之后再进行插设,因此,可大胆推测,排水板在抽真空过程中发生弯曲,导致排水性能下降甚至通水不畅,进而阻碍排水体内真空度向周围土体扩散,这是引起后期土体孔压消散速度变慢的主要原因。

比较计算曲线与实测曲线可发现,前者相对平滑,并且在抽真空100 d内的消散速度比后者要大,这可能与计算时排水板的渗透系数偏大有关,排水板从土体内取出后将恢复部分弹性变形,进行室内纵向通水量试验时其弯曲率比在土体内的实际弯曲率要小,因而试验值将偏大,但计算曲线与实测曲线的变化趋势基本相同,说明计算方法可行。

6.2　工后塑料排水板性能测试

依托工程同为温州经济技术开发区民营科技产业基地围垦造陆软基处理工程。道路区真空预压卸载后,从现场挖取塑料排水板,受现场条件限制,挖取深度为地表以下1.5 m,共挖取了5个样本,如图6-15所示。

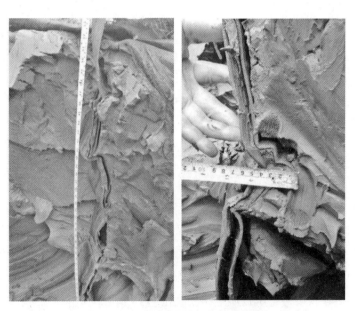

图6-15　工后排水板在土体中的侧面图

将图6-15导入图形软件中进行处理,可得到图中排水板变形后的剖面曲线图,计算曲线长度及两端点间的直线距离,最后可得到图中排水板压缩率约为32.6%,此处将压缩率定义为工后排水板的实际曲线长度减去挖取深度1.5 m之差与实际曲线长度的比值。

工后排水板的曲线长度测量值为2.23 m,其直线长度即为开挖深度1.5 m,那么其压缩率为$(2.23-1.5)/2.23=0.326$,压缩部分的排水板长度为$2.23-1.5=0.73$ m,此即为地表沉降值的一部分,这也意味着在地表以下2.23 m厚度的土层,其压缩量为0.73 m。道路区抽真空前原泥面的标高为$+4.8$ m,卸载后的地表标高为约为$+3.6$ m,地表沉降值约为1.2 m。从而可说明,$0\sim2.23$ m深度范围内的土体压缩量约占排水板插设深度范围($0\sim7$ m)内土体压缩量的61%,即大部分的沉降主要发生在土层浅部。

表$6-9$为工前、工后排水板检测指标对比表,比较可以发现,纵向通水量与滤膜渗透系数降低了$30\%\sim40\%$,5个样本中除第1个样本外,其余四个样本的纵向通水量都大于25 cm³/s,而5个样本的滤膜渗透系数仍大于5.0×10^{-2} cm/s,符合《塑料排水板质量检验标准》(JTJ/T 257—96),但是滤膜的等效孔径$O_{98}<67.5$ μm,比工前的等效孔径$O_{98}\leqslant75$ μm要小,原因可能为:一是真空预压阶段滤膜在土体侧压力作用下发生了挤压变形,孔径发生了变化;二是抽真空过程中由于淤泥的细小颗粒比表面积大,呈片状,在真空吸力作用下堵塞了滤膜的部分孔径,导致等效孔径减小。

表$6-9$　工前、工后排水板检测指标对比表

样本号 检测项目		1	2	3	4	5	备　注
纵向通水量 (cm³/s)	工前	68	68	68	68	68	侧压力 350 kPa
	工后	21.2	25.6	28.5	25.9	26.6	
滤膜渗透系数 (cm/s)	工前	4.6×10^{-3}	4.6×10^{-3}	4.6×10^{-3}	4.6×10^{-3}	4.6×10^{-3}	试件在水中 浸泡24 h
	工后	2.79×10^{-3}	3.12×10^{-3}	3.38×10^{-3}	2.76×10^{-3}	3.09×10^{-3}	
滤膜等效孔径 (μm)	工前	<75	<75	<75	<75	<75	以O_{98}计
	工后	<67.5	<67.5	<67.5	<67.5	<67.5	
整带复合体 抗拉强度 (kN/10 cm)	工前	2.8	2.8	2.8	2.8	2.8	延伸率 10%时
	工后	2.33	2.58	2.03	2.13	2.01	
滤膜抗 拉强度 (N/cm)	纵向 干态 工前	34	34	34	34	34	延伸率 10%时
	纵向 干态 工后	28.3	32.2	27.0	25.5	24.1	
	横向 湿态 工前	28	28	28	28	28	延伸率15%时, 试件在水中 浸泡24 h
	横向 湿态 工后	19.0	20.4	15.8	16.0	19.0	

综上所述,工后排水板的各项性能指标较工前的较小,但从各项性能指标分析,其检测结果仍基本能满足《塑料排水板质量检验标准》(JTJ/T 257—96)的要求,说明留存于地基内的排水板在路基后续的堆载预压过程中仍能正常发挥竖向排水通道的作用。

6.3　塑料排水板对工后沉降的数值分析

作为竖向排水通道,塑料排水板的性能与质量要求包括:① 具有足够的通水能力,并

阻小,确保打入深度范围内排水通畅,以利于固结;② 滤膜应具有良好的渗透性和反滤性,确保地基中水顺利渗入排水板内,而又不产生淤堵;③ 具有一定的弹性和抗拉强度。

尽管工后排水板能够满足规范要求,但各项指标比工前均有所降低,在数值分析中,将排水板视为实体单元,赋予其较大的渗透系数以考虑排水作用及井阻。从表 6-9 也可看出,工后排水板指标降低较多的是纵向通水量、滤膜渗透系数与等效孔径,而强度方面的指标变化较小。因此,工后排水板的渗透性较工前的必然要低,这将直接影响土体的固结速率,换言之,如预压时间较短,工后沉降则将较大。因此,通过对比分析不同的工况,以比较工后排水板在堆载预压期间对工后沉降的影响。

计算时考虑了 3 种工况,分别是:① 工况 1:不考虑工后排水板的作用,认为地基内无竖向排水通道,土体渗透性不变;② 工况 2:考虑排水板的竖向排水作用,但其渗透性比工前的降低 30%;③ 工况 3:考虑排水板的竖向排水作用,其渗透性与工前的相同。上述三种工况下,工后排水板的强度指标与工前的相同,因为排水板的主要作用是增加土体渗透性,其力学性能是其次的,变形也是发生在纵向,可近似认为是线弹性材料。路基填土高度为 1.0 m,近似可认为堆载为 20 kPa,预压时间为 8 个月。其计算结果见表 6-10。

表 6-10　考虑工后排水板渗透性能变化的工后沉降计算值

工　况	预压时间	总沉降量(cm)	预压期间沉降量(cm)	工后沉降量(cm)
1	8 个月	41.6	10.6	31
2	8 个月	41.6	19.6	22
3	8 个月	41.6	22.3	19.3

从计算结果可发现,若假设留存于地基内的塑料排水板不发挥任何作用(工况 1),预压期间地基的沉降仅为 10.6 cm;而假设塑料排水板性能不变(工况 3),预压期间路基沉降为 22.3 cm,事实上塑料排水板的真实情况应该是介于这两种工况之间,即工况 2。因此,依托工程根据工后排水板的实际纵向通水量进行折减,所得堆载预压期间沉降量为 19.6 cm,工后沉降为 22 cm,仍小于 30 cm,可满足设计要求。

综上所述,留存于地基内的塑料排水板虽发生弯曲变形,仍能发挥竖向排水通道的作用,增加地基土渗透性,进而导致工后沉降的增加。但因残余排水板而增加的地基工后沉降较小,工后沉降仍满足相关的设计要求。

参 考 文 献

[1] 刘润,闫澍旺,武玉斐,等.真空预压后塑料排水板对地基承载力及沉降的影响[J].水利学报,2009,40(7):885-891.

[2] 俞炯奇,孙伯永.长期在地下工作后的塑料排水板的性能研究[J].水利学报,2007(S1):711-715.

[3] 王波,谢仁红,周睿博.软基处理后塑料排水板排水性能和涂抹状况的试验研究[R].广州:中交第四

航务工程研究院有限公司,2008：13-19.

［4］应舒,陈平山.真空预压法中塑料排水板弯曲对固结的影响[J].岩石力学与工程学报,2011(S2)：3633-3640.

［5］王旭升,陈崇希.砂井地基固结的三维有限元模型及应用[J].岩土力学,2004,25(1)：94-98.

［6］孙立强,闫澍旺,李伟.真空-堆载联合预压加固吹填土地基有限元分析法的研究[J].岩土工程学报,2010,32(4)：592-599.

［7］陈平山,房营光,莫海鸿,等.真空预压法加固软基三维有限元计算[J].岩土工程学报,2009,31(4)：564-570.

［8］钱家欢,殷宗泽.土工原理与计算[M].北京：中国水利水电出版社,1996：28-68.

［9］彭劼,刘汉龙.真空-堆载联合预压软基中PVD单元的构造及应用[J].河海大学学报(自然科学版),2005,33(6)：663-667.

第 7 章

软基处理创新工艺技术

真空预压法是软土地基加固的常用方法。但单一的真空预压加固地基存在工期长，地基的工后沉降过大、承载力偏低等缺陷；单一的堆载（水载）预压加固地基存在极限堆载（水载）高度，地基容易失稳等缺陷；其他单一的地基处理方法也存在较多问题。多项荷载联合预压综合地基加固技术就是解决这些问题的有效方法。本章涉及的多项荷载联合预压综合地基加固技术主要包括安全快速的潮间带真空预压加固、三相荷载联合预压加固、真空预压联合强夯加固等综合地基加固技术。通过理论、设计、工艺、监测与检测、节能环保技术等创新，形成了以真空预压加固地基为基础的多项荷载联合预压综合地基加固技术。其研究成果突破了传统地基处理技术遇到的关键技术难题，实现了地基处理技术的跨越式发展，推动了行业科技进步。

7.1 潮间带水下真空预压技术

7.1.1 概述

真空预压法加固软基技术广泛应用于港口、公路、水利工程等陆上施工领域，取得了巨大的经济效益和社会效益。随着陆上真空预压新技术、新材料的不断出现，真空预压的施工工艺和设备已经有了较大改进，这为潮间带地区水下真空预压施工技术的发展提供了条件，此项技术可应用于以下工程中。

1）水下开挖工程

由于港口建设受工期、施工场地的限制，水下淤泥在边坡较陡又未被加固的情况下进行开挖，易导致滑坡。为避免出现岸坡失稳问题，采用的处理方法是先回填形成陆域，然后采用真空联合堆载预压加固，最后再开挖岸坡，这样虽然保证了岸坡开挖过程中的稳定性，但延长了工期，增加了工程造价。但采用潮间带地区水下真空预压技术对放坡处水下淤泥进行加固，使其强度提高，可以在保证岸坡的稳定性的前提下，缩短工期，降低造价。

2）高桩码头的岸坡处理工程

（1）高桩码头接岸结构施工回填时岸坡产生的位移造成码头后排桩、梁、板变形、开裂等问题是高桩码头施工过程中的普遍问题，更有甚者，岸坡产生的位移会将桩挤断，使码头结构受到破坏，给业主单位造成巨大的损失。例如，天津港南疆矿石码头的岸坡位移造成30多根桩产生较大的位移或折断。如果提前采用潮间带地区水下真空预压技术对岸坡处水下淤泥进行加固后再打桩，就可以避免上述问题的发生，提高码头的使用年限。

（2）采用潮间带地区水下真空预压技术还可以减小高桩码头的承台宽度，增加后方陆域堆场的使用面积，提高堆场的使用效率。由于受码头施工场地的限制，要减小码头的承台宽度，目前只能采取下面的方法：先进行回填形成陆域，再采用陆上地基处理技术对地基进行加固，最后再开挖至设计要求的标高，采用该法施工开挖回填工作量很大，施工工期很长，且回填时易对海侧挤淤造成环境污染。采用潮间带地区水下真空预压技术对高桩码头岸坡处水下淤泥进行加固后再开挖，在达到同样目的的情况下大量减少开挖工作量，并且没有回填工作量，又可缩短施工工期。

3）防波堤施工

采用潮间带地区水下真空预压技术对水下软土地基进行加固后，地基土的强度得到较大提高，在保证防波堤地基稳定的基础上可以缩小防波堤断面尺寸，在节省大量材料的同时可以缩短施工工期。同时，地基土的主要沉降量在水下真空预压过程中发生，可有效地控制防波堤堤顶标高。在防波堤施工中也可考虑边抽真空边进行防波堤施工。

4）取代传统的换填工程

近几年来国家对海上环境污染控制逐渐严格，采用传统的换填法施工作业可能给海上养殖业带来严重影响，采用潮间带地区水下真空预压施工技术可减少淤泥的挖填量，减少环境污染。

综上可知，潮间带地区水下真空预压施工技术一旦成功应用，就可以解决高桩码头岸坡位移造成码头后排桩、梁、板变形、开裂等问题，还可解决水下开挖稳定、缩小防波堤断面尺寸并缩短加载周期等问题。同时潮间带地区水下真空预压技术还是一种环保的新型软基加固技术。对潮间带地区水下真空预压技术进行研究，既是市场需要，也是真空预压技术进一步深入发展的必然。

水下真空预压的预压荷载等于预压前的孔隙水压力和预压后（完全固结）的孔隙水压力之差，当膜下砂垫层中的孔隙水压力小于 0 时，膜上水可全部作为预压荷载起作用，这时水下真空预压的预压荷载等于膜上水压和膜下真空度之和。该加固机理同样适用于潮间带地区的水下真空预压技术，对于潮间带地区水下真空预压来说，尽管膜上水压随着潮水的变化而变化，但是膜上水压同膜下真空度（由于水深不是很大，膜下真空度一般仍可达到 80 kPa 以上）之和不会小于陆上真空预压的荷载（80 kPa），也就是说，在其他条件相同的情况下，潮间带地区的水下真空预压的加固效果不会低于陆上真空预压。

随着我国海洋经济的蓬勃发展，在沿海潮间带地区上进行着大量的工程建设，如建造吹填造陆用的围堰、建造防波堤、进行码头前沿和航道的开挖等。众所周知，我国的沿海潮间带大都属于黏性土地基，一般都是新近沉积的淤泥质黏土或淤泥，其土颗粒细、含水率大、压缩性好、强度极低，工程建设施工困难极大，造价也很高。如果能够利用潮间带地区水下真空预压加固地基技术,提前对水下软土地基进行加固处理,就可以解决高桩码头岸坡位移造成码头后排桩、梁、板变形、开裂等问题,还可解决水下开挖稳定、缩小防波堤断面尺寸并缩短加载周期等问题,对促进港口工程行业的技术进步和发展具有非常重大的意义。

7.1.2 技术创新

对常规的真空预压施工工艺进行改进,使之成功地应用于潮间带水下真空预压加固软基工程,并结合几个工程的实际特点不断地改进与完善,形成了一套切实可行的潮间带水下真空预压加固软基技术的施工工艺。同常规的真空预压施工工艺相比,潮间带水下真空预压加固软基技术的施工工艺在以下几个方面有所创新:

(1)砂垫层施工技术:一般在加固区临海侧构筑挡埝,中间吹填一定厚度的砂作为真空预压的砂垫层或直接选用 60~80 cm 厚的砂被作为砂垫层,既避免了砂的流失,也加快了施工进度。

(2)塑料排水板打设技术:将塑料排水板打设机的电机改为上下活动式,涨潮时提上,工作时移下。这样既保证了打设机始终停在现场,涨潮时电机又不会被水浸泡,提高了打设效率。

(3)埋设密封膜技术:因场地表层一般为含水率大的淤泥或流泥,无法开挖成型的压膜沟,在压膜沟位置将密封膜人工直接踩入泥面以下,其上再压一层淤泥,并及时沿压膜沟内边线码放黏土袋压住密封膜;为了缩短铺膜时间,以争取更多的抽气时间,从而确保密封膜的安全,密封膜由每层厚 0.12 mm 的三层膜改为每层厚 0.24 mm 的一层膜,且最好选在小型潮时铺膜,以便抢抓时间,在一个低潮期内完成铺密封膜和抽真空设备的连接工作。真空预压各分区的单区面积宜控制在 7 000 m² 以内,确保能够在露滩时间内将一个分区的膜铺完,并留充足的真空设备的安装时间,以保障铺膜质量。否则,各工序难以保证在露滩时间完成。露滩时要做的工作必须提前做好充分准备并预先详细安排好。

(4)抽真空设备的选择:采用了玻璃钢制射流箱,减少回淤,避免淤泥的回淤造成射流泵损坏;射流箱上加设网格,避免养殖区漂浮物影响;将管道潜水泵改为深水潜水泵,并在潜水泵外设置外罩和集水装置;用长胶管与射流箱及潜水泵相连,取得了较好的效果。

(5)膜上堆载要点:膜上堆载时可取消土工布保护层,直接吹填一层 50 cm 厚固化土泥被,不仅保护密封膜不被潮汐冲带,也不会被施工船只、工具等碰砸,造成密封膜损坏,并且还可增加密封膜的密封性。

7.2 三相荷载联合加固软基技术

7.2.1 概述

我国沿海地区的土层大多为近代沉积的软弱土层,这种土具有含水率高、压缩性大、渗透性差、强度及承载力低、层厚大且分布不均等特点,人们通常称之为软黏土[8-9]。

处理软基的方法很多,但对于大面积软基处理,以往多采用技术上较为成熟、费用上较为节省的排水固结加固法。该法是在建造建筑物的地基上,预先施加荷载(如堆载、真空预压等),使地基产生相应的排水固结,然后将这些荷载卸掉,再进行建筑物的施工。这样经预压加固后的软基可以大大减少建筑物使用时的沉降,其软土层的强度及地基承载力都有相应的提高。一般地,当软黏土层较厚(大多超过 5 m 厚),为加速地基固结、缩短排水距离,通常在软基内打设竖向排水通道(如排水砂井、塑料排水板等)。

到目前为止,应用预压排水固结法加固软基技术,经国内外众多专家、学者和工程技术人员的共同努力,已取得了大量可喜的成果,并已广泛应用于软基处理工程中,其中很值得一提的是我国在真空预压法[10-12]的理论和实践方面均处于国际领先水平。

为了拓宽真空预压技术的适用范围,研究人员对水荷载加固软基技术、潮间带真空预压加固技术、综合三相荷载(固体如砂,液体如水,气体如真空预压)加固技术等做了精心的计划并开展了研究:一是采用水作预压荷载的综合地基加固试验,其中包括筑堤及水荷载施工加荷控制技术、水荷载补漏密封技术,使水荷载施加维持在 4 m 以上;密封处理后的漏水速率小于 2 kPa/(d·m²)。二是制定了综合砂、水、真空(气)预压进行潮间带综合地基加固的实施方案,包括潮间带真空预压施工技术,使膜下真空度能长期维持在 90 kPa以上;停抽真空后,膜下真空度消散速率小于 2 kPa/(d·m²)。

7.2.2 技术创新

7.2.2.1 场地选择

综合地基加固及快速造陆技术深圳美视妈湾油库软基加固试验区(以下简称"综合地基加固美视试验区")位于深圳市南山角咀妈湾油库海域。

7.2.2.2 自然条件

1) 气象与水文

该地区多年平均气温为 22.1℃、相对湿度为 79%、平均降雨量为 1 933.3 mm/年、平均风速为 2.6 m/s、主导风向为 ENE,潮型属不规则半日潮型;平均高潮位为 +0.99 m(以黄海基面作为水位高程零点,下同),平均低潮位为 -0.37 m,波浪常浪向为 SSE,其次为SES,平均波高为 0.2 m,实测最大波高为 1.92 m。

2) 地质与地貌

试验区南距美视抛石隔堤约 8 m,西距美视抛石隔堤约 6 m,整个试验区泥面为西南高、东北低,加固前平均泥面标高约为 ±0 m,泥面高差最大约为 0.5 m(属潮间带海淤地基)。

自泥面以下分布:

（1）上部约为 10 m 厚的灰黑色淤泥。该淤泥呈饱和、流动-流塑状,具有含水率大、压缩性好、强度低、承载力小等特点,是本次试验加固处理的主要对象,其主要物理力学性质指标见表 7-1。

表 7-1　加固前淤泥层主要物理力学性能指标

项目	含水率 w (%)	重度 γ (kN/m³)		饱和度 (%)	孔隙比 e	液限 (%)	塑性指标 (%)	压缩系数 (MPa⁻¹)		压缩模量 (MPa)		抗剪强度			
		干	湿					竖向	水平	竖向	水平	直剪		固结快剪	
												c (kPa)	φ (°)	c (kPa)	φ (°)
范围值	66.9~82.9	8.31~9.53	15.2~16.1	98.9~100	1.795~2.225	36.3~56.1	12.5~23.9	1.16~1.69	1.14~1.79	1.28~1.94	1.36~2.12	0.5~4.5	0.3~4.3	1.5~8.0	14.8~18.3
平均值	74.4	9.0	15.7	99.8	1.99	48.1	19.6	1.36	1.41	1.64	1.69	1.57	2.4	5.2	16.6

（2）中部为约 4 m 厚的淤泥质亚黏土和花色黏土层。该层土呈可塑-硬塑、湿-稍湿状;该层的含水率、压缩性、强度和承载力一般;为保证地基土层加固的均质性,一般对该土层也进行处理。

（3）下部为亚砂土层、粗砾砂层、中粗砂层,再下为风化岩及基岩层,这部分土层强度及承载力高,因而无须要进行地基加固处理。

由上述可以看出,上中部土层需要进行处理,也即需加固处理的土层厚度约 14 m 厚。

7.2.2.3　试验内容及方法

在试验地点约 50 m×50 m 的平面区域内进行综合地基加固及快速造陆试验,试验加固面积为约 32 m×32 m。具体内容及方法包括:

（1）先铺设一层约 50 m×50 m 土工编织布一层（经纬向抗拉强度≥40 kN/m）。

（2）抛填（筑）累计约 2 m 厚,面积为 50 m×50 m 的中粗砂（固体材料荷载）,周边采用砂袋砌筑围堤围护。

（3）打设 SPB-Ⅱ型排水板,间距为 1.0 m,正方形布置,插板底标高为-14.5 m。

（4）钻探取样,埋设真空表测头、孔隙压力测头、测斜管等。

（5）安装铺设真空管路系统,并再铺设一层约为 1 m 厚的中粗砂（累计约 3 m 厚中粗砂）。

（6）现场黏结二层聚乙烯密封膜（膜厚 0.16 mm）,并挖密封沟、铺膜及出膜、密封及密封沟填泥等处理,调试真空泵。

（7）开始抽真空及真空维护,到真空度稳定在 80 kPa 以上,可进行下一步工作。

（8）灌填砂袋围堤,铺 1~2 层聚乙烯薄膜（0.16 mm 厚）,并逐步充水（液体材料）;最终到 2 m 或 3 m 水头（① 若膜下真空度≥90 kPa,则充 2 m 高水荷载;② 若 90 kPa≥膜下真空度≥80 kPa,则应充 3 m 高水荷载方可）,水荷载及真空压力合计不应小于 110 kPa。

（9）维持砂（固体）、真空压力（气体）及水（液体）三相荷载预压待其固结度≥80％，且承载力大于 110 kPa 时可以卸载退场。

7.2.2.4　观测系统及测点设置

本次试验的观测项目及测点设置如下：

（1）真空度观测系统：在真空泵后，膜下砂垫层中共布置 9 个测点。

（2）沉降观测系统及测点设置：在膜上及区外共布置 14 个沉降观测点。

（3）孔隙压力观测系统：孔隙压力在区内共设 2 个测孔，共 9 个孔压测点。

（4）土体侧向变形观测系统：采用区边埋设测斜管观测系统，设置 S1、S2 两个测斜管，测斜管埋设底标高为−19.0 m。

（5）水平荷载围堤水平相对滑移观测系统：东、北两边各设置一根水平相对滑移测管，F1、F2 共两根测管。

7.2.2.5　技术安全

当抽真空开始后，水荷载及其围堤的施工及水平预压过程中应保证：① 相对水平滑移稳定；② 水荷载围堤的自身稳定；③ 水荷载施工过程中整个地基的整体稳定性。经验算：

（1）围堤水平向 $K_s=1.475$，满足稳定要求。

（2）围堤自身滑动 $K_{min}=1.39$，满足稳定要求。

（3）当真空正常预压 1 个月地基平均固结度达 41.9％（计算值），其边坡整体滑动安全系数（快剪指标）为 $K_{min}=1.1$，满足稳定要求。

7.2.2.6　卸载条件

按设计实施的综合地基加固，在总预压设计荷载条件下，当固结度超过 80％，其承载力大于 110 kPa，极限承载力达 150 kPa 时，可以卸载。

7.3　真空预压联合强夯技术

7.3.1　概述

对大面积超软弱土而言，堆载预压施工会存在两个方面的问题：一是堆载施工时会产生剪切应力，而加固前吹填软土的强度又非常低，堆载时容易失稳，很难施工，每次堆载需停留一段较长时间，待软土强度提高到一定程度后方能继续堆载，这样工期会很长。另一方面是堆载材料的问题。大面积施工时，需要购置大量的堆载材料，而这正是许多港口地区所紧缺的，势必造成材料紧张、价格上涨、工程成本增高。另外，堆载预压加固完成后，又会面临大量的堆载材料需要卸走、卸载时工期长，且会对施工现场造成很大的环境污染和干扰的问题。

因此,在广州港南沙港区、天津港临港工业区、厦门港海沧港区、唐山港曹妃甸港区、洋山深水港区,以及苏州港、深圳港、宁波港和连云港等地区对大面积超软弱土加固采用堆载预压法也不太可行。真空预压法加固软土无须堆载材料,可以在短期内一次性将荷载加上去而不会失稳,因此对于大面积超软弱土加固基本上采用真空预压法加固技术。

一般真空预压加固区的加固时间为3~8个月,整个造陆区域的加固时间为5~12个月甚至更长,地基处理时间较长,严重制约了港口建设的发展。此外,真空预压施工费用增加、工期延长,真空预压达到控制固结度之后,再继续采用真空预压加固,效率低、经济性差,往往是用60%的时间、财力去换取20%的加固效果,非常不合理,有必要引入快速有效的加固方式进行加固。

强夯法又名动力固结法,这种方法是反复将很重的锤(一般为10~40 t)提到高处使其自由落下(落距一般为10~40 m)给地基以冲击和振动,从而提高地基的强度并降低其压缩性。该法经过几十年来的应用与发展,适合于加固碎石土、砂土、黏性土、杂填土等各类地基,具有效果显著、设备简单、施工方便、适用范围广、经济易行和节省材料等优点。然而,强夯法对于高饱和度的细粒土,特别是淤泥、淤泥质土和泥炭特软黏土地基中的应用效果尚无定论,有较成功的例子,更多的是失败的例子。由于软黏土承载力低,渗透系数很小,在快速强大的冲击力作用下,孔隙水来不及排出,土体中能量很快饱和,体积不可压缩,极易成为工程上所谓的"橡皮土",造成工程失败,因而在国内外有很大争议,使用时应该慎重对待。

真空预压和强夯法则分别属于静力和动力加固方法,各具优势,单纯的强夯法只适用于处理碎石土、砂土、低饱和度的粉土与黏性土、湿陷性黄土、素填土和杂填土地基,如果能将强夯工艺扩展至真空预压处理后已具有一定强度的软土上,既可缩短施工工期、节约工程造价,又可提高地基处理的加固效果,使工程项目早竣工、早投产,给企业带来巨大的经济效益和社会效益。结合这两种方法提出真空预压联合强夯加固疏浚土技术。

7.3.2　技术创新

7.3.2.1　技术特点及适用范围

真空预压联合强夯快速加固疏浚土技术较之单一的静力排水固结法,将真空预压与强夯结合,形成静-动力固结作用,可起到快速加固的效果,在整体上缩短1/3~2/3的工期,大大降低施工成本且操作强度小,对设备要求不高,易于推广应用。其适用范围如下:

(1)疏浚土、软黏土、粉土、杂填土和冲填土等软土地基的快速加固,包括含有夹砂透气层情况。

(2)淤泥质土地区快速加固效果更为明显。

7.3.2.2　施工工艺流程

施工工艺流程如图 7 - 1 所示。

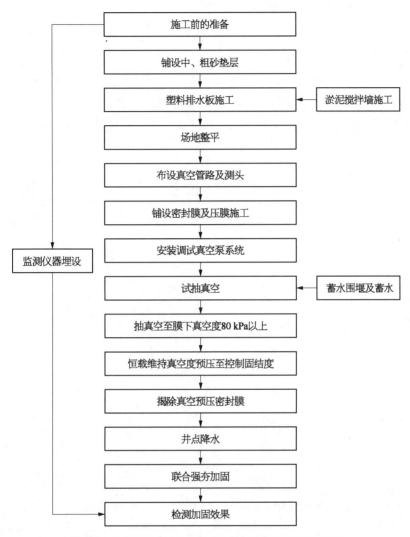

图 7 - 1　真空预压联合强夯快速加固疏浚土施工工艺流程图

7.3.2.3　工艺操作要点

真空预压联合强夯快速加固疏浚土技术主要包括两个步骤：对软土地基进行真空预压排水固结处理 30 d(预估值)左右,使其达到控制固结度;揭除真空预压密封膜,进行强夯、重夯或挤密的动力加固处理。对于软土地基有夹砂透气层,在地下 10 m 以内有透水、气层的地段,实施真空预压前应布置连续搭接淤泥搅拌桩,形成密封墙进行封堵。为保证软基在强夯、重夯或挤密的动力加固过程中地下水位不会上升,保持原状或者下降,上述步骤在揭除真空预压密封膜后,需在分区加固周围边界内侧布设井点。

1) 施工准备

真空预压联合强夯施工前,应熟悉设计图和规范及规定要求,编写详细的施工方案,组织相关施工人员进行质量、环境和职业健康安全交底。

2) 砂垫层铺设

排水砂垫层的厚度,陆上不应小于 0.5 m,水下不应小于 1.0 m,必须采用含泥量小于 5% 的中砂或粗砂。砂料可用砂船或自卸卡车运送至施工现场,再由泵送或轻型运输设备送至施工区域,一般采用吹填方式,如图 7-2 所示。铺设完成后用推土机整平,平整度要求为≤±10 cm。

(a) 铺设土工布

(b) 铺设土工格栅

(c) 吹砂船

(d) 吹填施工

图 7-2　砂垫层施工(吹填)

3) 塑料排水板施工

塑料排水板施工严格按照《塑料排水板施工规程》(JTJ/T 256—96)进行。根据场地条件,施工设备可选用液压式或门架式插板机(图 7-3)。正式施工前应进行插板试验,以确定施工工艺、施工参数等。

图 7-3　塑料排水板施工

4）淤泥搅拌桩密封墙施工

其目的主要是防止因地基土体内存在夹砂层而引起抽真空漏气、漏水，影响加固效果。南沙吹填土体极其软弱，密封沟难于施工，因此一般采用连续搭接的淤泥搅拌墙进行密封，如图 7-4 所示。

图 7-4　塑料排水板施工

通过试打工艺桩确定淤泥比重、下搅拌速度及上搅拌速度等指标。一般淤泥比重≥1.30，下搅拌速度初定为 0.8 m/min，上搅拌速度初定为 1.2 m/min。淤泥搅拌桩机到达指定桩位,对中。当地面起伏不平时,应使起吊设备保持水平,以保证桩管垂直度控制在规范允许的范围内。待淤泥搅拌桩机的冷却水循环正常后,启动搅拌桩的电机,放松起重机的钢丝绳,使搅拌机沿导向架往下搅拌,下沉时同时开启淤泥泵将淤泥压入地基中,并严格控制下搅速度。搅拌桩机下沉到设计深度后,开始提升,边喷浆边搅拌旋转,同时严格按照已确定的上搅速度提升搅拌桩机。为使地基土和淤泥搅拌均匀,可再次将搅拌机边旋转喷浆边下搅至设计深度,后再将搅拌机提升出地面。一般淤泥搅拌桩施工要求四喷四搅。重复上述步骤,进行一下根桩的施工。每一区段施工完毕,清理淤泥池,并回填中粗砂。在施工过程中应及时做好记录。

施工过程中,应通过观察设备电流表的读数,根据在砂层与淤泥层的不同阻力确定桩长,要求桩长必须穿透透气层进入淤泥层不小于 50 cm。按设计要求的桩位进行放样,并应在 10 m、50 m 位置布设控制桩,以确保搅拌桩的搭接长度及根数。

5) 滤管、主管制作

滤管通常采用 UPVC 硬塑料管,在管壁上每隔 5~8 cm 钻一直径 7~8 mm 的小孔,制成花管,再在花管的外面包一层无纺土工布作为隔土层,制成滤管。滤管也可采用波纹透水滤管,出厂成品即可直接使用,既施工方便,又降低了造价。主管可直接采用 UPVC 硬塑料管,管间连接应用骨架胶管套接,并用铁线绑扎,确保牢固。

6) 布设真空管路

按照设计图,将主管、滤管摆设好并连接好,一般滤管间距在 6 m 左右,在管路旁边铺膜,标高基面向下挖滤管沟,沟深约 25 cm,然后一边挖沟一边将管理入沟中,并用中粗砂填平,如图 7-5 所示。常见的滤水管可采用条状、梳齿状等形式,滤水管布置宜形成回路。出膜处采用无缝镀锌钢管和主管相连接,伸出加固区边界约 30 cm。

7) 开挖密封沟

在加固区周边进行密封黏土墙施工的,可不挖密封沟,直接人工将密封膜踩入淤泥中,深度 1 m 左右;加固区周边无密封黏土墙的,则需要挖密封沟。密封沟可采用反铲挖掘机开挖,密封沟内侧应均匀修坡,坡比 1∶1,坡面应光滑无硬物,沟应挖至不透水黏土中 1 m 左右。

8) 埋设真空度测头

膜下真空度测量主要通过真空表检查,真空表的采气端可采用硬质空囊(如椰子汁罐等),钻以花孔,外包一层滤膜,将真空塑料细管插入空囊中并固定。一般真空表测头埋设在相邻两条滤管中间以便真实反映膜下真空度情况。真空细管另一端连接真空表,设立加固区外侧。

图 7-5　铺设管路

9) 铺膜和出膜

选择无风的晴天(如潮间带真空预压施工需趁低潮期间),将按设计形状预制好的密封膜按纵向排在加固区的中轴线上,从一段开始向两边展开,并将密封膜边放入密封沟或黏土墙中,用人力脚踩密封膜边,将其踩入泥中。铺设好第一层密封膜后,应仔细检查膜上有无可见的破裂口,如有裂口应立即补好。一般破裂口多出现在密封膜间接缝处。检查无缺陷后,即可进行第二层密封膜铺设,两层膜的黏结缝应尽量错开,如图 7-6(a)所示。对于监测仪器出膜口处应留有可收缩富余的密封膜,以便密封处理。所有上膜操作人员必须光脚或穿软底鞋。

(a) 拉膜

(b) 踩膜

图 7-6　铺设密封膜

10) 回填密封沟

密封沟应采用黏性土回填,可用反铲挖掘机配合人工回填并压实。回填面应低于膜面 10～20 cm,以便在抽真空过程中保持密封沟内湿润。在密封沟外围,宜修筑高 50 cm 左右围堰,以便在抽真空过程中形成水膜,确保密封。

对于密封膜采用淤泥搅拌墙的密封沟,密封膜踩入后,还需要在密封膜上铺筑砂包袋等,确保密封膜和墙体紧扣,如图 7 - 6(b)。

11) 试抽真空

在接好真空泵(水泵—水箱—闸阀—截止阀—出膜口)、架好电线(接三相五线制)后,即可进行试抽气(试抽真空),并在膜面上、密封沟处仔细检查有无漏气点,如发现应及时补好。检查真空泵系统连接处(管壁闸阀时,泵上真空度应迅速达到 95 kPa 以上),确保真空泵系统达到最佳状态。

12) 真空预压

在真空预压开始阶段,为防止真空预压对加固区周围土体造成瞬间破坏,必须严格控制抽真空速率。可先开启半数真空泵,并逐渐增开泵数。当膜下真空度达到 60 kPa 左右,经检查无明显漏气现象后,可在密封膜上覆盖水膜,并开足所有泵,将负压提高到 80 kPa 以上,并维持这一压力达到工程设定的控制固结度。

13) 控制固结度

以控制固结度作为真空预压卸载标准,当软土满足该条件时,即联合强夯加固。《港口工程地基规范》(JTJ 250—98)中规定,真空预压沉降稳定标准为实测地面沉降速率连续 5～10 d 小于或等于 2.0 mm/d。这是依据真空预压"六五"攻关时,在固结度达到 80% 以上时的沉降速率提出的,带有特定的地区性经验和时代特征,在当时的技术条件下是合理的,但随着真空预压的技术进步和广泛应用,原有标准已不能满足使用需求。另一方面,建筑物的地基也是千差万别的。不同的建筑物根据其使用特点,对剩余沉降和承载力提出了不同的要求,加之地基的复杂多变、排水板打设参数的不同,采用同一卸载标准也是不合理的。

地基处理的本质是要使地基土达到一定的强度(满足承载力要求)和刚度(满足剩余沉降量要求)。对于真空预压联合强夯加固,若控制固结度太大,则真空预压阶段会耗时过长,使得强夯快速加固的优势难以体现。反之,若控制固结度太小,软土强度又太低,过早施加强夯容易形成"橡皮土",导致工程失败。基于目前大量工程实例,根据具体应用,将控制固结度取 50%～70% 较为合理,这能充分发挥两种方法的长处,达到快速加固的目的。

14) 井点降水

当地基达到控制固结度后,为保证软基在强夯动力固结过程中地下水位不会上升,保持原状或者下降,在揭除真空预压密封膜后,在分区加固周围边界内侧进行井点降水。

(1) 深井定位。严格按降水设计方案布置的孔位定位,采用全站仪放样,井口埋设钢护筒,长度 1.0 m 左右,并高于原始地面 0.2 m,周边用黏土回填夯实,以免塌孔。

(2) 淤泥制备。淤泥采用黏土制备,淤泥比重控制在 1.25 g/cm³ 左右。

(3) 深井成孔。采用循环回旋钻机成孔,孔径 80 cm,使用四锥形钻头,配套 12 kW 淤泥泵,钻进速度一般在 3.0 m/h 左右,并尽量一次成形。

(4) 埋设无砂混凝土管。成孔后对孔内淤泥进行置换,使之达到 1.1 g/cm³ (确保不塌孔为原则),随即进行无砂混凝土管安装,无砂混凝土管直径 500 mm,单节长度 4.0 m,底部一节实心管,木托盘定位,四股钢丝绳捆吊,逐节缓慢吊放。

无砂混凝土管先用尼龙网带缠绕作为过滤,用铅丝扎紧,再用 4 根竹片铺以铅丝固定外加导向块,确保管中心位置正确。

安装后的无砂管高出地面 1~20 cm。无砂混凝土管孔壁间 15 cm 距离用 1~5 mm 豆子石作为反滤层,边填筑边冲清水,保证填筑密实,顶部 0.8 m 用黏土回填密实,防止地表水进入孔内。

(5) 深井清洗。为使深井达到良好的降水效果,反滤料填筑完成后,立即进行洗井。采用气腾法,即向孔内注入清水同时,向孔底通入压缩空气,使孔内淤泥和残余物自流出井外,直至回水清澈为止。

深井施工质量好坏直接影响降水效果,测量定位、淤泥制成孔,无砂混凝土管安装和洗井等工序均要求严格控制质量。在井点施工完成后,实施降水。进行 24 h 监控,及时抽排水,确保井内水深小于 1 m。暂定固结度达到控制固结度后进行强夯施工,强夯期间降水不间断。

15) 联合强夯加固

当地基达到控制固结度后,需联合强夯法进行加固。由于前期真空预压过程中已设置了良好的竖向排水体及伴随土体渗透系数的提高,有利于夯击后超静孔压的消散,缩短夯击间歇。

首先实施试夯,即采用不同的施工参数进行夯击,测试夯击过程及夯击后的周边地表沉降、软土层的孔压变化等参数。通过分析测试结果,校正各设计施工参数(夯击能、击数、遍数、夯点间距、间隔时间等),然后进行大面积施工。以厦门海沧港区工程应用为例,强夯夯点布置如图 7-7 所示,其具体步骤如下:

(1) 第一、二遍为点夯,以 4.0~6.0 m 间距正方形布置,两遍夯点错开分布,夯击能量 2 000~3 000 kN·m,5~10 击,试夯确定。

（2）第三、四遍为点夯，以 4.0～6.0 m 间距正方形布置，两遍夯点错开分布，夯击能量 2 000～3 000 kN·m，5～10 击，试夯确定。

（3）第五遍为普夯，以 0.70 倍夯锤直径 D 点距和行距搭夯，夯击能量 500～800 kN·m，1 击，试夯确定。

（4）夯击间隔时间，以超静孔压完全或基本消散为控制标准，超静孔压基本消散时间预计为 10 d 左右，试夯确定。

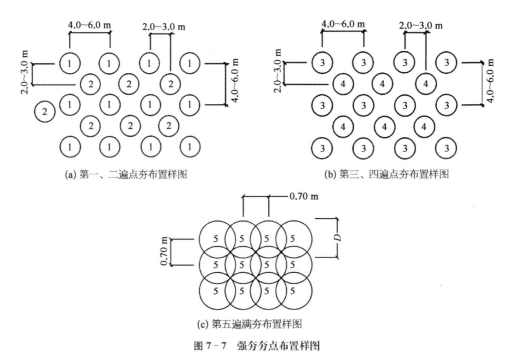

(a) 第一、二遍点夯布置样图　　　　　(b) 第三、四遍点夯布置样图

(c) 第五遍满夯布置样图

图 7-7　强夯夯点布置样图

16) 地基加固效果检测

（1）加固前、降水预压后和强夯后静力触探试验成果对比。

（2）加固前、降水预压后和强夯后十字板剪切试验成果对比。

（3）加固前、强夯后钻孔取土、标准贯入、室内土工试验成果对比。

参 考 文 献

［1］《地基处理手册》编写委员会.地基处理手册［M］.北京：中国建筑工业出版社,1988.

［2］叶观宝,叶书麟.地基加固新技术［M］.北京：机械工业出版社,1999.

［3］潘秋元,朱向荣,谢康和.关于砂井地基超载预压的若干问题［J］.岩土工程学报,1991(2)：1-12.

［4］朱向荣,潘秋元.超载卸除后地基变形的研究［J］.浙江大学学报,1991(2)：11.

［5］Aldrich H P. Precompression for support of shallow foundations［J］. Soil Mech. and Found. Div. ASCE, 1965, 91(SM2)：5-20.

［6］Johnson S J. Precompression for Improving Foundation Soils［J］. Soil Mech. and Found. Div. ASCE，1970a(96)：111-144.

［7］Mitchell J K，Katti R K. Soil Improvement-state-of-the-Art Report［R］. Proc. 10th Int. conf. soil Mech. and Found. Engg，1981(4)：509-566.

［8］潘秋元，杨国强.地基处理手册［M］.北京：中国建筑工业出版社，1988.

［9］魏汝龙.软黏土的强度及变形［M］.北京：人民交通出版社，1987.

［10］娄炎.真空排水预压法加固软基技术的现状与展望［R］.南京：南京水利科学研究院土工所，1986.

［11］叶柏荣.真空预压加固法在我国的发展与应用［R］.上海：中交第三航务工程局，1989.

［12］唐弈生.真空联合堆载预压加固软基试验研究［A］//真空预压加固软土地基论文汇编［C］.1985.

第 8 章

软弱地基排水固结理论
发展展望

排水固结法是加固软弱地基的重要手段。但排水固结理论与技术还需进一步的完善和研究。

8.1 排水固结理论研究

前文各章节对排水固结理论中的固结模型、固结强度增长计算方法、超软弱土地基固结特性和沉降估算方法、排水固结法主要影响因素和工后塑料排水板对沉降的影响规律等方面进行了简要的总结和梳理。

这里主要围绕竖井排水固结理论问题进行分析和研究。由于目前理论尚不严密，地基的一些基本参数也难以准确地得到并选用，理论计算结果较为粗略，一般误差在20％以内已属不易。假设同一水平面上竖向应变相同条件，建立了理想井轴对称固结微分方程，求解时还需假设：在竖向排水体的影响范围水平截面上的荷载是瞬时均布施加的，土体仅有竖向压密变形、土的压缩系数和渗透系数是常数，土体完全饱和、加荷开始时荷载引起的全部应力由孔隙水承担。这些条件和假设与实际工程有较大差异，可以进一步拆分研究。

另外，排水固结法的根本就是调整土体变形的发生时间、发生速率。一方面，要加大施工期的排水、加大沉降；另一方面，还要减少甚至终止使用期的排水、减小沉降。排水固结理论不仅要研究如何提高排水速率，还应研究如何降低排水速率，前者研究很多，后者很少涉及，本书中仅对工后排水板的弯曲进行了简要的总结，其实还有更多的方面需要研究。

分析软弱地基排水原因、达到控制排水目的可以从分析研究渗流产生各种因素、回归到"势能组合"进行研究，这样反而可以另辟蹊径。例如，电渗排水法、盐渗排水法无法采用有效应力原理进行解释，但可以通过"电渗势能""盐渗势能"进行分析；动力固结排水可以通过波动理论研究软黏土中液相势能-时间、固相势能-时间变化关系来深入研究。"势能组合"概念分析"排水"原因，有效应力原理解决"固结"带来的土体变形与强度增长，两者组成"排水固结"理论，这样更能产生更多高效的排水新技术。

8.2 排水固结技术研发

围绕着排水固结理论，目前应用于加固软弱土地基的技术有：堆载预压、真空预压、真空联合堆载预压、动力排水、降水固结等软弱土地基排水固结技术。

排水固结新技术的产生一般围绕着排水体系和加压体系两大体系的改进而不断升级发展。

基于排水体系改进的应用技术发展。随着加固软弱土地基的颗粒越来越多细颗粒料（粒径＜0.075 mm 的部分），导致排水板的淤堵严重，现在发展了防淤堵的排水板。但是软弱土的压缩性好，导致其加固过程中压缩变形加大，引起排水板弯折，大大影响了其排水能力，如何提高排水板与软弱土的变形协调性，保持排水通道通畅也是很重要的一个方面。随着环境保护的要求越来越高，砂的来源受到非常大的限制，如何能找到替代砂作为水平排水通道的方法，也是很重要的一个方面，在很多项目中利用直排式的方法减少砂的用量，但仅仅是在真空预压中应用较多，其他的加固技术中如何解决这个问题，还需要进一步的研究。再者，如何能改善软弱土本身的渗透性能，建立土体内类似的横向排水通道，与排水板共同形成水平向与竖向排水系统，新型排水系统的排水效率会有很大的提升。

基于加压体系改进的应用技术研究。加载系统由地表向地下改进，加大动力加载体系的研发，多种技术联合应用如真空联合堆载、堆载联合强夯、真空联合井点降水等，都是从这方面考虑出发的。单独一项排水加固技术就质量、工期和造价三方面，各有优势，也必有劣势，多种技术联合，目的是优势叠加或至少优势弥补劣势，达到单一技术无法达到的效果。

随着经济建设的发展，对于软弱土地基的加固提出更高的要求，不仅仅需要满足工后的承载力、工后沉降的要求，而且需要达到环境影响降到最低，加固的效能发挥最高，绿色环保的排水固结加固技术发展是新的时代呼唤。

8.3　其他

由于受到理论发展水平限制、复杂地质条件、施工及自然界变化因素的影响，计算分析的结果和实际存在着一定差距。因此更需要关注以下几点：

（1）设计质量和施工质量管理不仅需要充分掌握目前采用的排水固结理论，还需要对不同地域地质差异性有掌握，特别是"一带一路"的提出，走出国门，对全球各地不同软弱地基土的特性需要总结和分析，以便后续工程应用中减低设计、施工的风险。

（2）新的技术需要更加完善的质量检测方法予以验证，特别是水上工程中的水下软弱地基的加固，检测难度大，成本高，对数据采集的及时性、持久性、远距离性、连续性、实时性和准确性、可靠性等提出了更高的要求。只有这类检测方法和技术的提高才能为实践和理论的发展提供信息化、大数据智能化的可能。

（3）现有的部分工艺和设备不能完全满足地基处理目标的需要，如超软弱地表进行深层插板设备、复杂软弱地层插板机械、强夯施工的起吊设备、水上施工的船机设备等，有待进一步装备技术发展，从而推动软弱地基加固技术的发展。

第二篇

海上软弱地基深层水泥搅拌法（DCM）加固理论与数字化工艺技术

第9章

海上 DCM 法软基加固
技术发展历程

深层水泥搅拌法(deep cement mixing, DCM)是一种常见的软弱地基处理方法,其主要工作原理是以水泥作为主要的固化剂(可掺入粉煤灰等外掺料),通过特制的搅拌机械,就地将固化剂或固化剂浆液(必要时可添加外加剂,如早强剂)和软土在地基深处强制搅拌,固化剂与软土产生一系列物理化学反应,使软土硬结成具有整体性、水稳性和一定强度的水泥加固土,加固体和天然地基形成复合地基,共同承担荷载。

DCM 法处理软弱地基主要作用有:① 提高地基承载力和增大变形模量,减小地基沉降变形;② 减小主动土压力,增大被动土压力,提高结构的整体稳定性;③ 防止砂性土液化,提高结构的抗震性能;④ 提高土体的抗渗能力,可作为止水帷幕。根据施工条件与应用区域,DCM 法可分为陆上 DCM 法与海上(水下)DCM 法两种。

20 世纪 50 年代,美国首先成功研制深层水泥搅拌法(亦称为"就地搅拌法",简称"MIP 法"),并应用于陆域工程。该法一经提出就得到了广泛关注,日本(1953 年)、瑞典(1967 年)、苏联(1970 年)、中国(1977 年)等先后引进,并进行研究与应用。随着工程应用的深入以及建筑材料与工程机械行业的快速发展,陆上软弱地基 DCM 法加固技术(简称"陆上 DCM 技术")也在不断地发展与更新,包括干法(喷粉)与湿法(喷浆),单轴、双轴与多轴,以及不同的搅喷工艺,均在国内外得到了广泛的工程应用。

随着我国正式迈入"加快建设海洋强国"的历史进程,涉海建设工程的项目规模与技术难度也随之加大,而水下特别是外海环境下软基加固是土木工程领域的热点与难点之一。对此,国内工程界大多是采用开挖换填方式,少数工程采用了水下挤密砂桩技术,但这些技术面临着弃土抛置、开山破石等引发的环保问题,以及当前砂料作为自然资源紧缺的困境。

自 1975 年正式在海上工程中应用以来,海上软弱地基 DCM 法加固技术(简称"海上DCM 技术")在日本发展迅速,应用最为广泛,几乎遍布整个日本岛,逐步实现了该技术的系统化、专业化、规模化和标准化,取得了巨大的经济效益和社会效益。

近 5 年来,海上 DCM 技术开始大规模地在我国涉海工程地基处理中推广应用,尤其是粤港澳大湾区。目前正在建设中的香港国际机场第三跑道工程(国内首次大规模应用海上 DCM 技术)、深圳至中山跨江通道工程(国内首次应用海上 DCM 技术加固海底沉管下部软弱地基)、香港综合废物处理设施工程等国内重大建设项目,均相继采用海上 DCM技术对相关构筑物下部的软弱地基进行加固处理,获得了成功应用。

9.1　加固机理研究现状

9.1.1　水泥土强度增长机理

DCM 加固软土的强度增长机理是基于水泥与被加固土体的一系列物理、化学反应，主要是水泥的水解和水化作用、黏土颗粒与水泥水化物的二次反应，以及水泥搅拌加固体和环境中的无机盐、有机物的相互作用等。水泥土强度内在影响因素主要有被加固土体物理性质（如含水率、有机质含量等）、固化剂种类及其掺量、水灰比、外掺料种类及其掺量、龄期等，国内外学者开展了大量研究。

关于被加固土体自身含水率对水泥土强度的影响，国内外学者开展了相关试验研究。Miura 等在研究影响水泥土工程特性主控因素时分析了水泥土无侧限抗压强度随土体含水量与水泥掺量的比值的变化规律。饶彩琴与黄汉盛以深圳软土为研究对象分析了土体含水率对水泥土强度的影响，发现水泥土强度随土体含水率增大而先增大后减小，土体含水率存在界限值；王达爽等在研究水泥土强度预测方法时通过室内配合比试验分析了土体含水量与其液限的比值对水泥土强度的影响，也发现了类似结果。阮波等在水泥土强度影响因素正交试验分析中考虑了土样含水率的影响。曹智国与章定文、Farouk 和 Shahien 分别研究了土样饱和度与含水率对水泥土强度的影响。

以上研究中均没有考虑掺入水泥浆中的含水量。Bergado 和 Lorenzo 首次考虑了水泥浆中含水量的影响，提出了总含水率参数，即水泥土含水总质量（土体自身含水质量与水泥浆中的含水质量之和）与水泥土中的干土质量的百分比，并研究了总含水率对水泥土强度的影响，得出了总含水率在土体液限附近时水泥土强度最大的结论。但研究中并未给定试验土样的物理性质，对其机理缺乏分析，无法判定该结论的适用性。此后，Lorenzo 和 Bergado、刘松玉等、储诚富等研究了水泥土强度与似水灰比之间的关系，其中似水灰比被定义为水泥土含水总重量与掺入水泥重量之比。

此外，关于水泥种类与强度等级、水泥掺量、水灰比、有机质、pH、黏粒含量、掺砂量等因素对水泥土强度的影响，国内外也进行了大量研究。

水泥土强度与其微观结构紧密相关。电镜扫描是水泥土微观结构分析中较为常用的观测手段，学者王清等、刘松玉等、Ismail 和 Ryden、韩鹏举等应用电镜扫描对水泥土微观结构进行了定性或定量分析，以进一步验证相关试验结果。

9.1.2　海上 DCM 基础承载特性

作为世界上海上应用最为广泛的日本，日本港湾技术研究所的寺师昌明、北诘昌树等学者对采用离心机模型试验与有限元方法对不同 DCM 加固形式的复合地基受力性状与破坏模式进行了研究，并于 2013 年出版了专著 *The Deep Mixing Method*，详细介绍了各种水泥加固土体的方法(包括海上 DCM),涵盖设计、施工、质量控制等方面的内容。

自从日本引进后,我国对海上 DCM 及其复合地基也开展了相关基础与应用研究。范期锦和柴长清综述了我国第一代海上深层搅拌法施工船研发及其在烟台港西港池二期工程软土地基加固中成功应用的历程。战和增介绍了烟台港西港池二期工程中海上 DCM 设计、施工、检测等内容。王胜香和章为民运用离心模型试验技术对采用 DCM 加固码头接岸软基和沉箱码头基础的工作机理和破坏机理开展研究,得出了不同地基条件、不同着底方式、不同宽度加固体的外部破坏形式和地基整体破坏形式。周成等利用模型试验和有限元数值分析方法研究了水泥土桩加固海洋土的渐进变形破坏问题,提出了一个简单且非常实用的数值分析方法来解决水泥土桩碎裂软化的数值模拟问题。徐超等对连云港海相软土地基海上 DCM 配合比及成桩施工工艺进行了研究。沈水龙等通过现场试验研究了 DCM 施工前后周边强结构性滨海相黏土的影响。刘亚平论述了海上 DCM 在工程施工中的相关技术问题。麻勇按照港珠澳大桥西人工岛工程中的 DCM 地基加固初选方案,采用数值分析软件 ABAQUS 对加固与不加固两种工况进行了对比分析。侯永为根据中日相关规范,总结了海上 DCM 复合地基破坏模式及其验算方法,并利用数值分析方法对壁式和块式两种加固形式的复合地基破坏模式及验算进行了研究。李映雪对海上 DCM 在港口工程应用中两个关键问题,即抛石基床高度限制问题与拌和土设计强度问题,进行了研究。

9.2 施工技术与装备发展现状

9.2.1 国外施工技术与装备

日本对海上 DCM 技术进行了长期且深入的研究,技术应用范围广,是世界海上 DCM 技术发展的代表。以日本海上 DCM 技术发展为例,介绍国外海上 DCM 施工装备与技术的发展现状[1-2]。

海上 DCM 施工关键装备是 DCM 施工船,其核心技术是包括船舶系统、处理机系统及配套的施工控制系统等。据统计,日本从事 DCM 施工的企业有 43 家,拥有专用 DCM 施工船舶 50 艘,其中,最小的排水量 1 200 t,最大的排水量 6 400 t,小船居多,大船总计有十几艘。从 1997 年算起至 2008 年,日本新建了 18 艘 DCM 专用船。日本部分 DCM 施工船主要性能参数见表 9-1。

日本 DCM 船是按处理能力分类,处理能力是指单个处理机一次搅拌加固的面积,分 3 个等级,即 5.7 m² 级、4.6 m² 级、2.2 m² 级。

(1) 5.7 m² 级的代表船型:东亚建设工业的 DCM7 号、五洋建设的 CMC2 号、竹中土木和东洋建设的 DCM3 号。

(2) 4.6 m² 级的代表船型:竹中土木和东洋建设的 DCM6 号、五洋建设的 CMC10 号和 CMC11 号、东亚建设工业的 DCM8 号。

表 9-1 日本部分 DCM 施工船主要性能参数一览表

等级	船名	船体规格						处理机					
		长(m)	宽(m)	深(m)	吃水(m)	塔高(m)	处理面积(m²)	处理深度 水面下(m) / 泥面下(m)	搅拌能力(m³/h)	处理机位置(C为中央,F为前)	驱动方法	重量(t)	扭矩(kg·m)
5.7 m²级	DOCM 7	63	30	4.5	3.2	69.5	5.74	−70 / 50	≥90	C	电动	410	4 000
	POCM 2	48	30.5	4.1	3.3	61.0	5.75	−67 / 46	≥90	C	油压	359	4 100
	DCM 3	47.5	28.0	4.5	3.0	61.0	5.74	−70.5 / 52.6	≥90	C	油压	390	4 000
	DOCM 5	60.0	27.0	4.0	2.7	67.4	6.91	−60	≥90	F	电动	270	7 000
4.6 m²级	DCM 6	56.0	26.0	4.2	2.2	57.4	4.64	−60 / 38	50~70	F	油压	160	2 250
	DCM 8	48.0	22.5	3.5	1.5	50.5	4.05	−41	30~50	F	油压	82	2 200
	CMC 8	53.0	24.0	4.0	2.3	60.0	4.63	−45	50~70	F	电动	105	2 300
	POCM 10	52.0	22.8	4.0	2.9	60.4	4.65	−49 / 40	50~70	F	油压	178	4 200
	POCM 11	50.0	26.4	3.6	2.5	53.5	4.65	−40 / 36	50~70	F	电动	149	3 300
	DOCM 8	55.6	24.0	4.3	2.85	59.8	4.68	−52	50~70	F	电动	150	4 000
2.2 m²级	POCM 8	38.0	16.8	2.3	1.4	40.2	2.23	−29	30~50	F	电动	58	3 000
	CMC 3	40.0	18.0	3.5	2.3	45.0	2.20	−40	≤45	F	电动	21	1 440
	CMC 5	40.0	18.0	3.5	2.3	45.0	2.20	−40	≤45	F	电动	21	1 440
	DOCM S-3	30.0	15.0	3.0	1.5	35.0	2.23	−27	≤30	F	油压	16	1 350
	DOCM S-5	35.0	12.0	2.2	1.3	38.0	2.23	−30	≤30	F	电动	20	3 000
	DOCM S-7	36.0	15.0	2.5	1.4	35.7	2.23	−30	≤30	F	电动	22	3 800

（3）2.2 m² 级的代表船型：五洋建设的 CMC8 号、东亚建设工业的 DCMS - 3 号、DCMS - 5 号和 DCMS - 7 号等。

以东亚建设工业株式会社 DCM7 号施工船（图 9 - 1）为例，其主要技术指标见表 9 - 2。

图 9 - 1　东亚建设工业株式会社 DCM7 号

表 9 - 2　东亚建设工业株式会社 DCM7 号施工船主要技术指标

船舶船型尺度	船长（m）	型宽（m）	型深（m）	吃水（m）	—
	63	30	4.5	3.2	—
工作工况	风速（m/s）	15	波高（m）	1.0	—
处理机性能	重量（t）	扭矩（kg·m）	功率（kW）	搅拌轴数量	单次搅拌加固面积（m²）
	410	4 000	3 590	8	5.74
	桩架高度（m）	加固深度（m）			处理机位置
	69.5	水面以下 71 m 或海床面以下 53 m			船体中央

日本作为发达国家，对于节能和环保要求高；日本也是一个自然资源极度有限的国家，土地有限、建材有限；此外，日本还是一个多地震的国家，要求建构筑物的基础质量稳定可靠。日本社会的这些特点与采用海上 DCM 技术处理软土地基的优势相契合。

自 1975 年进入实用化阶段及 1977 年在横滨大黑埠头大规模成功应用以来，海上 DCM 技术在日本发展迅速，应用非常广泛，几乎遍布整个日本岛。从 1977 年到 2015 年末，38 年间日本采用陆上及海上 DCM 技术共加固土体 8 075 万 m³，其中陆上 4 637 万 m³，海上 3 438 万 m³，如图 9 - 2 所示。

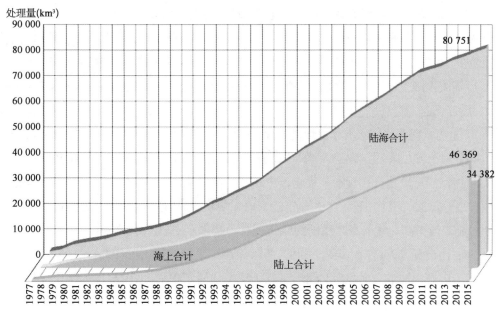

图 9-2 日本 1977—2015 年累计 DCM 加固土体体积

通过原型观测、振动台实验、离心模型实验、数理模型解析等研究方法,日本形成了较为系统完善的 DCM 设计计算理论,规定了 DCM 设计流程,还通过数理统计方法归纳出了 DCM 结构可靠度设计的各分项系数。同时,在施工领域,日本对船机选型、施工控制标准、施工管理系统,甚至施工记录表格、施工定额和估价方法,均做出了明确的规定。

在日本,DCM 不是单一的一个工法,而是系列工法,还包括 DCM-Mega 工法、DCM-Land4 工法、DCM-FLOAT 工法、DCM-LODIC 工法等,细分的结果是提高了工法应用的针对性,使设备和工艺更加专业化,效率更高,效益更好。技术细分还体现在细节上,如钻头的设计,钻头种类很多,每种钻头的设计都有针对性,通过专业选型使钻头与加固土体相适应,从而获得较优的组合和较佳的施工效果。

日本 DCM 技术标准,1989 年成为港湾技术基准、1990 年成为地盘工学会基准、1997 年和 1999 年分别成为建筑中心和沿岸技术研究中心系列标准。2002 年 10 月,在东京召开了水泥深层混合处理工法国际会议,除日本外,有 9 个国家的代表参加了这次会议,欧洲国家对日本 DCM 技术产生了浓厚的兴趣。2005 年 5 月再次召开了 DCM 国际会议,进行了最新研究和应用成果的技术展示和主题演讲,有 19 篇论文发表,日本独占鳌头。

经过长达 30 余年研究及大规模应用实践,海上 DCM 技术在日本的发展走上了系统化、专业化、标准化和国际化的正轨。

9.2.2 国内施工技术与装备

1977 年我国从日本引入 DCM 加固技术,并逐渐大规模地应用于陆域软基处理工程实践。随着我们港口建设规模的扩大,新港选址过程中愈来愈多遇到软土地基加固问题。

1984年原交通部组织考察组赴日本对海上DCM法进行考察,发现海上DCM法具有软土适用性强、强度增长快、施工速度快、环境污染小等优点,可以较好地解决当时我国港口建设中的两个难题:

（1）高桩码头的接岸结构处在回填时岸坡、挡土墙,以及后几排桩、梁、板及其接缝的变形、开裂问题。

（2）重力式码头底部水下软土地基"不薄不厚"问题,对于"不薄不厚"的软土层,若采用挖除换填,则挖方过大,因"大挖大填"导致造价增高;若采用桩基,桩嵌固长度又往往不够。

当时海上DCM法已在日本工程建设中得到了普遍应用,日本不少企业拥有机械化、自动化程度较高的DCM施工船,这些专业施工船舶规模大,通过电脑控制,能够自动定位、实时记录,施工效率高。鉴于当时我国的队伍现状与技术水平,如果照搬引进日本海上DCM装备,一次性投资较大,存在风险。为此,考察组决定采用先使用再开发引进的方法。

1987年,在天津港东突堤南北侧码头软土地基加固工程中,采用与日本合作设计、日本施工企业负责施工的办法,完全采用日本DCM施工船与技术,由日本技术人员及工人组织海上DCM软土地基加固施工作业,我国派出技术人员参与及学习。以此方式完成了十二个泊位的软土地基加固,约加固土体49万 m^3 ,实现了海上DCM法在我国的首次尝试。该项目的实施改写了天津港码头结构形式的历史,激发了我国港工界对海上DCM法的兴趣。原交通部将海上DCM技术列为"九五"攻关项目,多家单位进行了更为深入系统地学习研究,收集和翻译了日本的大量技术资料,为后期我国DCM船的自主研制与技术应用奠定了基础。

1992年我国成功研制了第一代DCM施工船组,并在烟台港西港池二期工程项目中得到了成功应用[4],加固码头地基软土 54 000 m^3 ,结束了我国没有DCM船、不能进行海上DCM施工的历史。

我国研制的第一代DCM施工装备是由拌和船、制浆船和运灰船组成的一个船组,其主要技术参数见表9-3。其中,拌和船由既有的打桩船改造而成,制浆船由一艘600 t方驳改造而成,并引进处理机系统、制浆系统,后期又增加了自动记录装置,自主研制了定位系统。运灰船靠码头上水泥,然后驳载至制浆船,并将水泥泵入制浆船的水泥舱中;在制浆船上,水泥被制成一定水灰比的水泥浆,水泥浆通过注浆泵和管路被输送至拌和船上的处理机,该处理机在钻进需加固的软土层过程中边搅拌边喷射水泥浆。

表9-3 中国第一代DCM施工船组主要技术参数表

船组部分	技 术 参 数						
	船型	长 (m)	宽 (m)	型深 (m)	桩架高 (m)	发电机 (kW)	作业条件	
							风力	波高(m)
船舶部分	搅拌船	42	14	3.2	32.78	485	≤5级	≤0.5
	制浆船	33	12	2.7	—	120	≤5级	≤0.5

（续表）

船组部分	技 术 参 数							
处理机部分	加固面积（m²）	加固深度（m）	搅拌能力（m³/h）	驱动方式	功率（kW）	转速（r/m）	单轴扭矩（kN·m）	重量（t）
	2.172	水面下 25.3	10～20	电动	90×2	25.4～50.8	17.3～34.5	47
制输浆部分	水泥筒舱	搅拌机	搅拌式储浆罐 1		搅拌式储浆罐 2		输浆泵	
	45 t×3	1 m³	2 m³		3 m³		400 L/min×2	
定位部分	类型	定位精度		定位时间		测距仪数量		
	微波测距	平面偏差 ±2.5 cm	垂直度偏差 ≤1%	≤5 min		陆上与船各 3 台		

第一代 DCM 施工船组的成功研制填补了国内海上 DCM 施工关键装备与技术的空白，为我国海上 DCM 技术的发展与应用奠定了基础。尽管如此，与代表国际先进水平的日本 DCM 施工装备相比，我国的第一代 DCM 施工船组仍存在着较大的差距，主要表现在：

（1）与海上 DCM 施工紧密相关的主要功能系统分散在制浆船与拌和船上，系统之间连接管路过长，水泥浆输送管路容易堵塞，故障率高。

（2）船组队形过大，难以应付施工过程拌和船的移船定位，施工管理难度大，不可控因素多。

（3）船体小，抗风浪能力差，工作工况为：风速＜10 m/s，有效波高≤50 cm，不适于外海作业。

（4）处理机性能差，仅适用于处理极软土与中等软土体；处理机配有两根搅拌轴，搅拌头直径为 1.2 m，单次加固面积为 2.172 m²，工效低。

（5）桩架低，有效加固深度小，从水面算起的加固深度仅为 26.5 m。

（6）施工定位精度较差，自然条件影响下的综合偏差为 ±5 cm。

（7）处理机系统、制浆系统等船舶核心技术仍是引进，未能自主研发及国产化。

受施工关键装备落后且短缺、施工技术不成熟与造价高等制约因素，在我国第一代 DCM 施工船组研制成功后的 20 多年中，在香港国际机场第三跑道项目实现国内首次大规模应用海上 DCM 技术之前，海上 DCM 法在我国鲜有应用，海上 DCM 施工关键装备及施工技术水平未能得到进一步提升。

2004 年，原交通部组织编写了《水下深层水泥搅拌法加固软土地基技术规程》(JTJ/T 259—2004)，是我国第一部有关海上 DCM 法的行业技术规程，凝聚了国内早期研究成果与工程实践经验。随着国际上海上 DCM 施工关键装备与技术的不断发展，该规程中内容已不能有效指导施工，已于 2018 年废止。

香港国际机场第三跑道工程是国内首次大规模应用海上 DCM 技术的重大建设项目，作为该项目参建方，四航局 2016 年以"水下深层水泥搅拌法（DCM）软基处理成套施工技术研究及应用"为重大战略性研发课题,研发团队对DCM法处理水下软基的加固机理、关键装备、施工核心技术及施工质量评价等内容进行了系统研究,成功自主研发建造了综合性能优于国内外同类型施工船舶的国内首艘三处理机海上DCM船,研发了新一代海上DCM高效施工成套核心技术,并提出了综合考虑基础整体服役性能的施工质量评价方法。项目研究成果经鉴定达到国际领先水平,并在香港国际机场第三跑道工程、深圳至中山跨江通道工程等重大水运建设项目中得到成功应用,取得了显著的经济社会效益。

参 考 文 献

[1] Miura N, Horpibulsuk S, Nagaraj T S. Engineering behavior of cement stabilized clay at high water content[J]. Soils and Foundations, 2001, 41(5): 33 - 45.

[2] 饶彩琴,黄汉盛.深圳软土水泥土抗压强度的影响因素研究[J].华中科技大学学报(城市科学版),2009,26(2): 99 - 102.

[3] 王达爽,杨俊杰,董猛荣,等.水泥土强度预测室内试验研究[J].中国海洋大学学报,2018,48(7): 96 - 102.

[4] 阮波,阮庆,田晓涛,等.淤泥质粉质黏土水泥土无侧限抗压强度影响因素的正交试验研究[J].铁道科学与工程学报,2013,10(6): 45 - 48.

[5] Farouk A, Shahien M M. Ground improvement using soil-cement columns: Experimental investigation[J]. Alexandria University Journal, 2013, 52(4): 733 - 740.

[6] 曹智国,章定文.水泥土无侧限抗压强度表征参数研究[J].岩石力学与工程学报,2015,34(增1): 3446 - 3454.

[7] Bergado D T, Lorenzo G A. Economical mixing method for cement deep mixing[J]. Geotechnical Special Publication, 2005.

[8] Lorenzo G A, Bergado D T. Fundamental parameters of cement-admixed clay — New approach[J]. Journal of Geotechnical and Geoenvironmental Engineering, 2004, 130(10): 1042 - 1050.

[9] Liu S Y, Zhang D W, Liu Z B, et al. Assessment of unconfined compressive strength of cement stabilized marine clay[J]. Marine Georesources and Geotechnology, 2008, 26: 19 - 35.

[10] 储诚富,洪振舜,刘松玉,等.用似水灰比对水泥土无侧限抗压强度的预测[J].岩土力学,2005,26(4): 645 - 649.

[11] 王清,陈慧娥,蔡可易.水泥土微观结构特征的定量评价[J].岩土力学,2003,24(增1): 12 - 16.

[12] 陈慧娥,王清.水泥加固土微观结构的分形[J].哈尔滨工业大学学报,2008,40(2): 307 - 309.

[13] Du Y J, Jiang N J, Liu S Y, et al. Engineering properties and microstructural characteristics of cement-stabilized zinc-contaminated kaolin[J]. Canadian Geotechnical Journal, 2014, 51: 289 - 302.

[14] Cai G H, Du Y J, Liu S Y, et al. Physical properties, electrical resistivity, and strength characteristics of carbonated silty soil admixed with reactive magnesia[J]. Canadian Geotechnical Journal, 2015, 52: 1699 - 1713.

[15] Ismail A I M, Ryden N. The quality control of engineering properties for stabilizing silty Nile Delta clay soil, Egypt[J]. Geotechnical & Geological Engineering, 2014, 32: 773 - 781.

[16] 韩鹏举,刘新,白晓红.硫酸钠对水泥土的强度及微观孔隙影响研究[J].岩土力学,2014,35(9): 2555 - 2561.

[17] Costal development institute of technology (CDIT). The deep mixing method: principle, design and

construction[M]. A. A. Balkema Publisher，2002.

[18] Kitazume M，Terashi M. The deep mixing method[M]. London：CRC Press，2013.

[19] 战和增.CDM 法在烟台港二期工程中的应用[J].港口工程,1997,4：20 - 26.

[20] 龚晓南.复合地基理论及工程应用[M].北京：中国建筑工业出版社,2002.

[21] 叶观宝,叶书麟.水泥土搅拌桩加固软基的试验研究[J].同济大学学报,1995,23(3)：270 - 275.

[22] 范期锦,柴长清.海上深层水泥拌和法加固软土地基技术的开发与应用[J].港口工程,1994,2：3 - 15.

[23] 王年香,章为民.深层搅拌法加固码头软基离心模型试验研究[J].岩土工程学报,2001,23(5)：635 - 639.

[24] 周成,殷建华,房震.水泥土桩加固海洋土的渐进变形破坏试验与数值分析[J].岩土力学,2005,26(增刊)：205 - 208.

[25] 徐超,董天林,叶观宝.水泥土搅拌桩法在连云港海相软土地基中的应用[J].岩土力学,2006,27(3)：495 - 498.

[26] 刘亚平.海上 CDM 施工中的几个技术问题[J].中国港湾建设,2009,8：42 - 45.

[27] 麻勇.近海软土水泥搅拌加固体强度提高机理及工程应用研究[D].大连：大连理工大学,2012.

[28] 侯永为.CDM 法拌和体受力特性及其破坏机理研究[D].大连：大连理工大学,2015.

[29] 李映雪.DMM 法拌和体在港口工程中应用的关键问题研究[D].大连：大连理工大学,2017.

[30] 岑文杰,吕黄,周红星,等.基于悬浮颗粒物沉淀理论 DCM 桩浅表层成桩问题分析及应对策略[J].施工技术,2018,47(增刊)：178 - 181.

[31] 贺迎喜,李汉渤,张克浩,等.水泥加固海相淤泥室内配比试验与现场工艺试桩[J].水运工程,2018,7：35 - 40,76.

[32] 吕卫清,刘志军,陈平山,等.水泥土最优搅拌含水率试验及微观结构分析[J].建筑科学,2019,35(S)：113 - 119.

[33] 刘志军,陈平山,胡利文,等.水下深层水泥搅拌法复合地基检测方法[J].水运工程,2019,2：155 - 162.

[34] 刘志军,胡利文,卢普伟,等.海上深层水泥搅拌法关键施工技术与试验研究[J].施工技术,2019,48(20)：108 - 113.

[35] 刘志军,童新春,徐泽原,等.水泥土室内制样方法与配合比试验[J].水运工程,2019,5：32 - 36.

[36] 卢普伟,吴晓锋,冼嘉和,等.深层水泥搅拌船自动化控制系统开发[J].中国港湾建设,2019,39(12)：25 - 30.

[37] 滕超,刘志军,王雪刚.基于施工数据的水下深层水泥搅拌桩成桩质量影响因素分析[J].水运工程,2020,7：217 - 222.

第 10 章

DCM 法软基加固机理及
水泥土强度发展规律

在 DCM 法软基加固工程应用中,水泥土配合比是一项关键参数。确定水泥土配合比的一般流程是:设计提出初步配合比→通过室内配合比试验提出试验配合比→通过现场试桩提出施工配合比[1]。其中,水泥土室内配合比试验是海上 DCM 软基处理实施前期的一项重要工作,是确定施工配合比的重要依据。

根据国内外对水泥土所做的大量试验与工程实践,结果表明,影响水泥土强度的内在因素主要有:① 被加固土种类;② 土体含水率;③ 水泥种类与强度等级;④ 水泥掺量;⑤ 外掺料;⑥ 外加剂;⑦ 龄期等。水泥土强度与其微观结构紧密相关,室内试验研究中,除了对水泥土试样进行常规的抗压试验外,通过水泥土电阻率测试分析及电镜扫描试验可对水泥土微观结构进行分析,进而可从微观结构角度进一步揭示水泥土强度增长机理。

10.1 DCM 法软基加固机理

10.1.1 水泥的水解与水化反应

以普通硅酸盐水泥为例,其矿物组成及其水化特点是分析 DCM 软土加固与水泥土强度增长机理的基础,普通硅酸盐水泥矿物组成及水化特点见表 10-1。

表 10-1 普通硅酸盐水泥矿物主要组成成分及其水化特点

名 称	成 分	缩写	含量(%)	水化特点
硅酸三钙	$3CaO \cdot SiO_2$	C_3S	>50	水化速度快,水化热大,水化物早期强度高,为水泥早期强度的来源
硅酸二钙	$2CaO \cdot SiO_2$	C_2S	20	水化速度慢,水化热低,早期强度低,28 d 后强度显著增长,保证后期强度
铝酸三钙	$3CaO \cdot Al_2O_3$	C_3A	7～15	遇水后水化速度极快,能促使 C_3S 等矿物的水化,水化热大,水化物强度低
铁铝酸四钙	$4CaO \cdot Al_2O_3 \cdot Fe_2O_3$	C_4AF	7～18	遇水后水化速度仅次于 C_3A,水化热低,水化物强度低
硫酸钙	$CaSO_4$		3	遇水后水化反应快,生成"水泥杆菌"

DCM 法加固软弱地基过程中,水泥颗粒在与被加固软土拌和前的水泥浆拌制过程中即发生了水解和水化反应。对于干法(喷粉)施工工艺,水泥颗粒首先与被加固软土中的水发生水解和水化反应;对于湿法(喷浆)施工工艺,水泥颗粒则在与被加固软土拌和前的水泥浆拌制过程中即发生水解和水化反应。水泥中的硅酸三钙、硅酸二钙、铝酸三钙、铁铝酸四钙和硫酸钙等主要矿物成分与水发生水解和水化反应,生成水化硅酸钙凝胶、氢

氧化钙、水化铝酸钙、水化铁酸钙和水化硫铝酸钙晶体,直至溶液达到饱和,进而成为凝胶微粒悬浮于溶液中。此后这种凝胶微粒的一部分逐渐自身凝结硬化而形成水泥石骨架,另一部分与周围具有一定活性的土颗粒发生反应,促进土体进一步胶结。生成的水化硅酸钙和水化铝酸钙将土颗粒包裹并连接成网络结构,水泥土强度增加。

由于水泥的水解水化反应过程中吸收了大量的自由水体,因此,这些自由水体必须是无害的,水体 pH 不能太低或太高,以免影响加固效果。为使水泥尽量与软土中的自由水增加接触面,促使化学反应充分发生,水泥应与黏土充分拌和,因此,在 DCM 法中一般不得少于两次循环搅拌,否则部分水泥会失去效用。为达到水泥吸水固化的效果,要求水泥是新鲜的,不能存放太久,否则水泥在仓库里存放中吸收空气中的水分,结成小块状,不利于充分搅拌与化学反应。

10.1.2　水泥水化物与土颗粒的相互作用

1) 离子交换与团粒化作用

土是一个多相的散布体系,与水结合可以表现出一种类似具有胶体的特征,如土中广泛存在的 SiO_2,遇水后形成表面上附着钠离子和钾离子的硅酸胶体颗粒,通常这种附着有金属阳离子的胶体颗粒扩散层较厚,土颗粒间距也比较大,但是这些金属阳离子能和水泥水化生成的钙离子进行当量吸附交换。

土颗粒中的 Na^+、K^+ 与水泥浆液中的 Ca^{2+} 进行当量吸附交换,使得较小的土颗粒逐渐形成较大的土团粒。由于水泥水化生成 $Ca(OH)_2$ 等凝胶粒子,比表面积增大,具有强烈的吸附活性,可以结合更大的土团粒,形成水泥加固体的蜂窝结构,并封闭各土团粒之间的空隙而形成彼此坚固的连接,大大提高了水泥土拌和体的强度。

2) 硬凝反应

随着水泥水化反应的深入,溶液中析出的 Ca^{2+} 逐渐积累,当超过当量吸附交换所需数量时,Ca^{2+} 可以在碱性环境中与 SiO_2、Al_2O_3 进行化学反应,生成大量不溶于水的微晶凝胶。微晶凝胶是由极细小的微晶聚集而成的,在较大土团粒表面逐渐形成纤维状结晶体。凝胶在空气中逐渐硬化,使得水泥加固土的强度进一步增大,并具有良好的水稳定性。

3) 碳酸化作用

水泥水化物中游离的 $Ca(OH)_2$ 能吸收水中与空气中的 CO_2 作用生成不溶于水的 $CaCO_3$。该反应也能提高水泥土的强度,但增长速度较慢,增长幅度有限,主要提高的是后期强度。

10.1.3 水环境中无机盐与水泥土的相互作用

大量试验表明,水泥土加固体的强度和水稳定性与水泥土水化、硬化过程中生成的硅酸钙、水化铝酸钙等胶凝物质的含量具有直接相关性,水中的金属阳离子、氯离子及其他无机盐会不同程度地阻碍这两种物质的合成过程,从而降低水泥土加固体的强度。其中,Mg^{2+}、Cl^- 及 SO_4^{2-} 对水泥土加固体的强度提高影响最明显。

当水中有大量的 Mg^{2+} 存在时,鉴于 $Mg(OH)_2$ 在水中的溶解度远低于 $Ca(OH)_2$ 和 $Al(OH)_3$,OH^- 会优先和 Mg^{2+} 反应生成无胶凝性的 $Mg(OH)_2$ 沉淀,从而消耗大量 OH^-,水中 OH^- 浓度降低,不足以使土体矿物中的 Al^{3+} 和 Ca^{2+} 沉淀析出,即不能生成大量的硅酸钙和水化铝酸钙,而且 Mg^{2+} 也会替换已经生成的水化铝酸钙和水化硅酸钙晶格中的 Ca^{2+},生成强度相对较低的水化铝酸镁和水化硅酸镁,从而阻碍了水泥土强度的增长。因此,当水环境中有大量的 Mg^{2+} 存在时,水泥土加固体的强度一般会降低,水稳定性也会比较差。大量试验证明,Mg^{2+} 存在一般会影响水泥土加固体的中后期强度。

当水中有较多的 Cl^- 时,水泥土的 $3CaO \cdot Al_2O_3$ 和部分水化产物 $Ca(OH)_2$ 会优先与 Cl^- 反应,生成强度较低的水化氯铝酸钙,这不仅消耗一部分 $Ca(OH)_2$,同时生成的水化氯铝酸钙会也裹在土颗粒表面,阻止 $Ca(OH)_2$ 和黏土矿物质进一步反应生成硅酸钙、水化铝酸钙等凝胶物质,从而阻碍了水泥土加固体强度的增长。Cl^- 对水泥土加固体有强烈的侵蚀作用,而且随着侵蚀时间的增长,受侵蚀程度越来越多厉害。试验证明,Cl^- 对水泥土加固体的早期强度和后期强度都有较大的影响,且比 Mg^{2+} 作用更能降低水泥土的强度。

当水中有较多的 SO_4^{2-} 时,水泥水化产物水化铝酸钙和 SO_4^{2-} 结合生成水化硫铝酸钙,即钙矾石,钙矾石的大量生成和其结构强度的充分发育,在水泥土强度提高的过程中可以起到一定的桥梁作用,一般可以促进水泥土加固体强度的增长。但是,如果钙矾石生成过多,随着龄期的增长,钙矾石晶体结构继续发育,体积膨胀,会引起水泥土加固体的局部开裂,降低强度。如果水中同时存在 Mg^{2+},则破坏作用会更加明显。同时,Mg^{2+} 对水泥土加固体存在着侵蚀作用。大量试验证明,SO_4^{2-} 的侵蚀能力甚至超过 Cl^- 离子的侵蚀能力,而且水中的 SO_4^{2-} 对水泥土加固体长期强度的形成影响很大。

10.1.4 有机质与水泥土的相互作用

原状土体中通常含有较为丰富的有机质,尤其是滨海区域软土。有机质所含化学物质比较复杂,会在一定程度上阻碍水泥水化反应的进行,进而影响水泥土拌和体强度的形成。有机质含量愈高,其阻碍水泥水化作用愈强,水泥土加固体的强度降低愈多。有机质对水泥土的影响程度因有机质组成成分的不同而有所区别。

10.2　水泥土强度影响因素室内试验

10.2.1　室内试验研究的影响因素

从 DCM 法软基加固机理可以看出,影响水泥土拌和体强度的内在因素主要在于被加固土与加固剂(如水泥),其中与被加固土相关的参数有土体种类、土体含水率、有机质含量等,与加固剂相关的参数有加固剂种类、加固剂掺量、水灰比及可能掺入的外掺料与外加剂等。通过水泥土室内配合比试验可以研究上述各种因素对水泥土强度的影响规律,并可以进行多因素敏感性分析。室内试验研究中具体分析的影响因素见表 10 - 2。室内配合比试验中,同一组条件下水泥土制作 3 个试样(ϕ50 mm×100 mm),累计共制作 1 272 个水泥土试样。

表 10 - 2　室内配合比试验中具体分析的影响因素一览表

序　号	因素类别	具体内容
1	土体类别	取自不同滨海区域的软弱土(软黏土、硬黏土、粉质黏土等)
2	土体性质	含水率、有机质含量
3	水泥(固化剂)	水泥强度等级、水泥掺量
4	水灰比	0.8、0.9、1.0
5	外掺料	外掺料种类、外掺料掺量
6	总含水率	0.7～1.3LL(LL 表示土体液限)
7	龄期	不同养护龄期(7 d、14 d、28 d、90 d)
8	其他因素	掺砂量、细度模数(多因素敏感性分析-正交试验)

10.2.2　室内试验方法

10.2.2.1　总体试验流程

水泥土室内配合比试验中,最为常用的试验方法是根据拟定的配合比制备水泥土试样并进行标准养护,测试不同龄期下试样的无侧限抗压强度,进而可以定量分析水泥土强度随不同影响因素的发展规律。

海上 DCM 技术是国内新近采用的软弱地基处理方法,为进一步探究其水泥土强度增长机理,对上述部分影响因素试验研究中还开展了水泥土电阻率测试与电镜扫描试验,旨在从微观结构角度定性分析水泥土强度增长机理。

总体试验流程为:① 素土(掺入水泥浆前的土样)取样进行电镜扫描→② 搅拌、制样、养护→③ 水泥土试样电阻率测试→④ 水泥土试样(同前)抗压试验→⑤ 对完成抗压试验后的水泥土取样进行电镜扫描,如图 10 - 1 所示。

(a) 搅拌制样

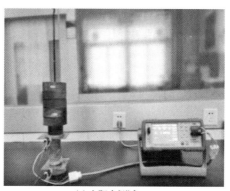
(b) 电阻率测试

(c) 抗压试验

(d) 电镜扫描

图 10-1　总体试验流程

由于水泥土强度影响因素试验研究中涉及的参数较多,各主要参数的定义如下:

(1) 试验土样初始含水率:对于干土制样法,土样初始含水率为 0;对于湿土试样法,土样初始含水率为实验室存储的原状土样含水率。

(2) 试验土样目标含水率:指按照配合比试验方案,掺入水泥浆前土样应具有的含水率。

(3) 总含水率:指试验土样中水的重量与水泥浆中水的重量之和与试验土样干土重量的百分比。

(4) 有机质含量:指掺入有机质重量占试验土样干土重量的百分比。

(5) 掺砂量:指掺入砂重量占试验土样(湿土)重量的百分比。

(6) 水泥掺量:指 1 m³ 试验土样(湿土)中掺入的水泥重量。

(7) 水灰比:指水泥浆中水的重量与水泥的重量的比值。

(8) 外掺料(外加剂)掺量:指掺入的外掺料(外加剂)的重量占掺入的水泥的重量的百分比。

10.2.2.2　水泥土试样制作

1) 干土制样法

干土制样法是指先将原状土样烘干后碾碎筛分,取筛分后的干土按照目标含水率搅拌调配成试验土样,再按照配合比掺入水泥(浆)、外加剂、外掺料等进行搅拌,制作成试样并养护,达到龄期后进行相关室内试验,其试验流程如图 10 - 2 所示。

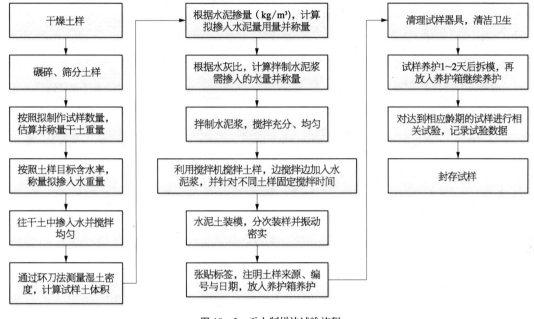

图 10 - 2　干土制样法试验流程

2) 湿土制样法

湿土制样法是一种直接利用原状土样进行试验的方法,首先测定其含水率,再取原状土按照目标含水率(应大于原状土样自身含水率)掺入水后搅拌调配成试验土样,再按照配合比掺入水泥(浆)、外加剂、外掺料等进行搅拌,制作成试样并养护,达到龄期后进行相关室内试验,如图 10 - 3 所示,其制样要求同干土制样法。

3) 制样方法比较分析

干土制样法与湿土制样法相比,两者最大的区别在于调制试验土样的方法不同,各有利弊,分析如下:

干土制样法须先将土样烘干后碾碎筛分(假设烘干后土样含水率为 0),再按照目标含水率往筛分后的干土中掺入水搅拌调配成试验土样,试验前期工作较多,该方法最大的缺点是土样烘干碾碎后基本破坏了土体原有的结构,且筛分(孔径 5 mm)后土体成分有所改变,原状土体中可能含有的大颗粒被筛除。但是,干土制样法能较为精确地按照目标含水率调配成试验土样。

湿土制样法是先采用烘干法测定原状土样含水率,再按目标含水率掺入水调配成试

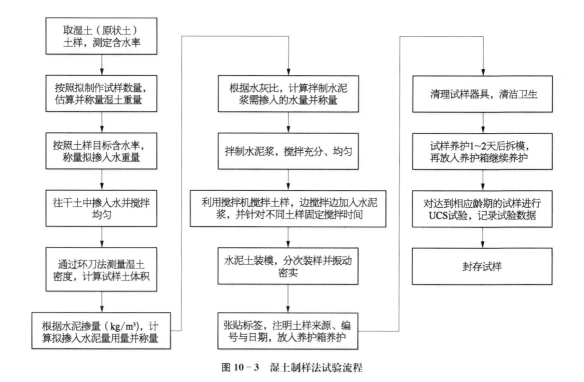

图 10-3　湿土制样法试验流程

验土样,其最大的优点是土样成分保持不变,土样结构破坏较小。但是,湿土制样法仅适用于调配目标含水率不低于原状土样含水率的试验土样,当试验土样的含水率低于原状土样含水率时则不适用。当试验土样含水率大于原状土样含水率时,须根据计算往原状土样中掺入适量水。当室内配合比试验组数多,可能持续数天,在此期间原状土样含水率可能发生变化,若每次制样前均测定原状土含水率,则工作量大,制样时间长,效率低。另外,当原状土样较多时,不同部位的土样含水率可能有所不同,增加了调配成试验土样的不确定因素。

综上所述,分析含水率变化对水泥土强度的影响或试样土样含水率小于原状土样含水率时,应采用干土制样法;当分析在原状土样含水率下其他因素对水泥土强度影响时,可采用湿土制样法,更为方便。

10.2.2.3　制样机具及要求

1)试模

采用圆柱体 PVC 材质试模,试模内径为 50 mm、高度为 100 mm、高径比为 2。

2)配比与搅拌

按照试验配合比分别用天平称量、量筒量取土样、水泥、外掺料、外加剂、水。先将水、水泥、外掺料及外加剂(如有)制成水泥浆,而后边搅拌土样边加入水泥浆液。本次试验搅拌设备采用水泥胶砂搅拌机进行搅拌,为保证土样与水泥浆拌和均匀,当试验土样含水率低、土样较为黏稠时,搅拌时长统一为 10 min;当试验土样含水率高、土样呈流塑状时,搅拌时长统一为 5 min。

3) 振捣

水泥土分三次装入试模,每次装模时沿着试模内壁先外侧后中间,每次装模后在振动台留振 20 s,最后将试样顶面刮平。

4) 养护

试样制作完后,贴上标签,放入养护箱中进行恒温养护(温度 20±3℃,相对湿度不低于 95%)1~2 天后拆模,拆模后将试样放入养护箱继续养护,直至达到相应的龄期。

10.2.2.4　试验土样基本物理参数

以取自大连湾、小连湾、广州南沙、深圳以及香港的滨海相软土为研究对象,研究不同的内在因素对水泥土强度的影响,试验土样基本物理参数见表 10 - 3。

表 10 - 3　试验土样基本物理参数

取样区域	密度(g/cm³)	比重	含水率(%)	液限	塑限	塑性指数	颗 粒 组 成												
							卵石 >60.0 60.0~20.0 (%)	粗砾 60.0~20.0 (%)	中砾 20.0~10.0 (%)	中砾 10.0~5.00 (%)	细砾 5.00~2.00 (%)	粗砂 2.00~0.50 (%)	中砂 0.50~0.25 (%)	细砂 0.25~0.075 (%)	粉砂 0.075~0.05 (%)	粉粒粗 0.05~0.01 (%)	粉粒细 0.01~0.005 (%)	黏粒 <0.005 (%)	胶粒 <0.002 (%)
大连湾	1.67	2.67	45.8	32.1	20.1	12	—	—	—	—	—	—	0.3	1.8	38.0	30.8	23.6	5.5	0.0
小连湾	1.46	2.65	95.8	57.6	34.1	23.5	—	—	—	—	0.3	1.2	14.8	8.8	74.0	0.0	0.9	0.0	
南沙	1.61	2.68	79.8	40.9	24	16.9	—	—	—	0.3	1.0	2.8	1.9	5.7	12.9	27.9	13.0	34.5	17.5
深圳	1.52	2.69	85	57.3	33.5	23.8	—	—	—	0.3	0.3	0.3	1.8	23.0	40.3	25.7	4.5		
香港	1.93	2.67	39.8	47.8	33	14.8	—	—	—	1.4	1.6	2.3	0.5	6.5	16.6	23.7	11.1	36.3	14.2

10.2.3　水泥土强度发展规律

10.2.3.1　土体含水率及有机质含量对水泥土强度的影响

以香港国际机场第三跑道项目址区冲积层土体为研究对象,分析土体含水率、有机质含量等参数对水泥土强度的影响,试验中采用干土制样法制作水泥土试样,室内配合比试验方案见表 10 - 4、表 10 - 5。

表 10-4 含水率对水泥土强度影响研究的室内配合比试验方案

序号	水泥种类	水泥用量(kg/m³)	水灰比	含水率(%)	养护龄期
1	P.O 52.5	240	0.9	40	
2	P.O 52.5	240	0.9	50	
3	P.O 52.5	240	0.9	60	7 d、14 d、28 d、90 d
4	P.O 52.5	240	0.9	70	
5	P.O 52.5	240	0.9	80	

表 10-5 有机质对水泥土强度影响研究的室内配合比试验方案

序号	水泥种类	水泥用量(kg/m³)	水灰比	有机质含量(%)	养护龄期
1	P.O 52.5	240	0.9	0	
2	P.O 52.5	240	0.9	1	
3	P.O 52.5	240	0.9	3	7 d、14 d、28 d、90 d
4	P.O 52.5	240	0.9	5	
5	P.O 52.5	240	0.9	7	

1) 土体含水率对水泥土强度的影响

不同含水率下水泥土强度随龄期的增长变化如图 10-4 所示。从图中可以看出,在试验土样含水率40%～80%范围内,水泥土强度随含水率的增大而减小,且随着龄期的延长而增大。此外,还可以发现,当试验土样含水率>70%时,水泥土强度随龄期的发展较为缓慢,强度增长不明显;当试验土样含水率<60%时,28 d 龄期时的水泥土强度明显增大。

通过制样发现,试验土样含水率为40%时,掺入水泥浆后的水泥土仍呈黏稠状,搅拌时容易成团;试验土样含水率为80%时,水泥土呈流体状。

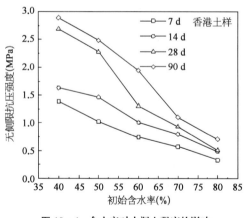

图 10-4 含水率对水泥土强度的影响

2) 有机质含量对水泥土强度的影响

有机质在软土中较为普遍,其孔隙比大、比表面积大、吸附性强,因而含有一定量有机质的软土其工程性质具有一定的特殊性,如天然含水率高、孔隙比大、强度低、压缩系数大等。《建筑地基处理技术规范》(JGJ 79—2012)中规定,对于有机质土,须通过现场和室内试验确定 DCM 法的适用性。

为研究有机质含量对水泥土强度的影响，针对香港冲积层土样进行了室内配合比试验，制样时往试验土样中掺入不同量的腐殖酸钠，试验结果如图 10-5 所示。需要指出的是，通过试验测得的试验土样中有机质含量仅为 0.35%，由于现场钻取土样的代表性问题，该值与施工区域土体中实际有机质含量未必一致，研究中仅考虑掺入的有机质量对水泥土强度的影响，土样自身的有机质含量未计入其中。可以看出，对于香港冲积层土样，总体上水泥土强度随有机质含量的增加而减小。

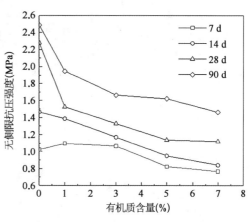

图 10-5　有机质对水泥土强度的影响

10.2.3.2　水泥掺量、水泥等级及水灰比对水泥土强度的影响

以取自深圳区域的土样为研究对象，分析水泥掺量、水泥等级及水灰比等水泥相关参数对水泥土强度的影响，试验中采用湿土制样法制作水泥土试样，室内配合比试验方案见表 10-6。

表 10-6　水泥相关参数对水泥土强度影响研究的室内配合比试验方案

序号	水泥种类	水泥用量（kg/m³）	水灰比	含水率（%）	养护龄期
1	P.O 42.5	220	0.8	85	
2	P.O 42.5	240	0.8	85	
3	P.O 42.5	260	0.8	85	
4	P.O 42.5	280	0.8	85	
5	P.O 42.5	320	0.8	85	
6	P.O 52.5	220	0.8	85	
7	P.O 52.5	240	0.8	85	
8	P.O 52.5	260	0.8	85	
9	P.O 52.5	280	0.8	85	7 d、14 d、28 d、90 d
10	P.O 52.5	320	0.8	85	
11	P.O 42.5	220	0.9	85	
12	P.O 42.5	240	0.9	85	
13	P.O 42.5	260	0.9	85	
14	P.O 42.5	280	0.9	85	
15	P.O 42.5	320	0.9	85	
16	P.O 52.5	220	0.9	85	
17	P.O 52.5	240	0.9	85	

（续表）

序号	水泥种类	水泥用量（kg/m³）	水灰比	含水率（%）	养护龄期
18	P.O 52.5	260	0.9	85	
19	P.O 52.5	280	0.9	85	
20	P.O 52.5	320	0.9	85	
21	P.O 42.5	220	1	85	
22	P.O 42.5	240	1	85	
23	P.O 42.5	260	1	85	
24	P.O 42.5	280	1	85	7 d、14 d、28 d、90 d
25	P.O 42.5	320	1	85	
26	P.O 52.5	220	1	85	
27	P.O 52.5	240	1	85	
28	P.O 52.5	260	1	85	
29	P.O 52.5	280	1	85	
30	P.O 52.5	320	1	85	

1）水泥掺量对水泥土强度的影响

由图 10-6、图 10-7 可知，无论作为固化剂的水泥是 P.O 42.5 还是 P.O 52.5，水泥土强度均随水泥掺量的增加而增大，且随龄期延长而增大，但在不同的水泥等级与水灰比下，水泥土强度随水泥掺量的增长规律有所差异，后面将进行针对性分析。

根据前文对水泥土强度增长机理的分析，水泥土强度与其水化、硬化过程中生成的硅酸钙、水化铝酸钙等胶凝物质含量具有直接相关性，水泥掺量多，生成的胶凝物质也越多，水泥土强度越高。

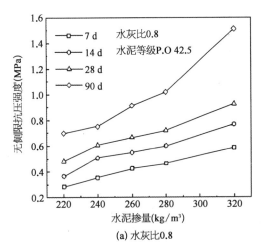

(a) 水灰比0.8

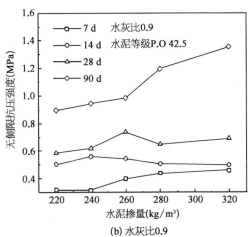

(b) 水灰比0.9

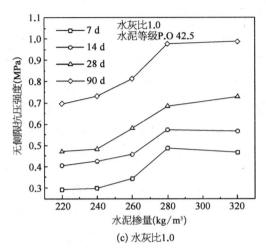

(c) 水灰比1.0

图 10 - 6　不同水灰比下 P.O 42.5 水泥掺量对水泥土强度的影响

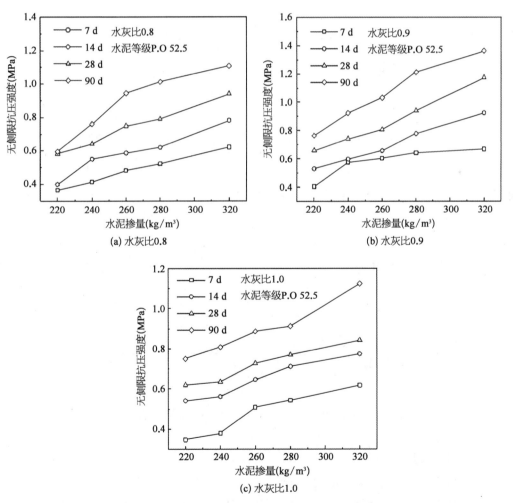

(a) 水灰比0.8　　　　　　　　　　　　(b) 水灰比0.9

(c) 水灰比1.0

图 10 - 7　不同水灰比下 P.O 52.5 水泥掺量对水泥土强度的影响

2）水泥等级对水泥土强度的影响

P.O 42.5 与 P.O 52.5 两种水泥强度等级下水泥土强度随水泥掺量变化的比较如图 10-8 所示。可以看出,对于同一水泥掺量与龄期,由 P.O 52.5 水泥拌和而成的水泥土强度高于由 P.O 42.5 水泥拌和而成的水泥土强度。普通硅酸盐水泥的主要组成成分有硅酸三钙、硅酸二钙、铝酸三钙、铁铝酸四钙和硫酸钙。不同强度等级的普通硅酸盐水泥,其组成成分的比例不同。强度等级越高的普通硅酸盐水泥中硅酸三钙、硅酸二钙含量越多,由其拌和而成的水泥土强度越高。

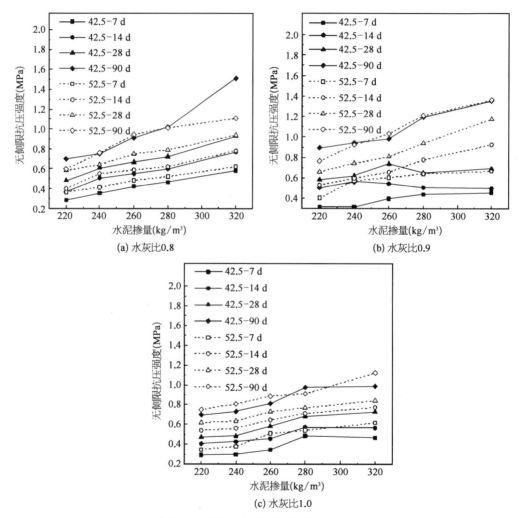

图 10-8　不同水灰比下不同水泥等级与水泥掺量对水泥土强度的影响

需要指出的是,根据试验结果,不同水灰比下,与掺入 P.O 42.5 水泥相比,掺入 P.O 52.5 水泥后水泥土强度提高的程度有所不同。相应于掺入 P.O 52.5 水泥与掺入 P.O 42.5 水泥的两种水泥土强度之比值随水泥掺量的变化如图 10-9 所示。可以发现,水灰比为

0.8 时,与掺入 P.O 42.5 水泥相比,掺入 P.O 52.5 水泥的水泥土早期强度提高 10%～30%,而两者的后期强度差异小;水灰比为 0.9 时,掺入 P.O 52.5 水泥的水泥土强度得到显著提高,提高幅度 50%～90%,而早期强度提高幅度相对较小;水灰比为 1.0 时,水泥土早期与后期强度提高幅度相当,提高幅度 20%～50%。

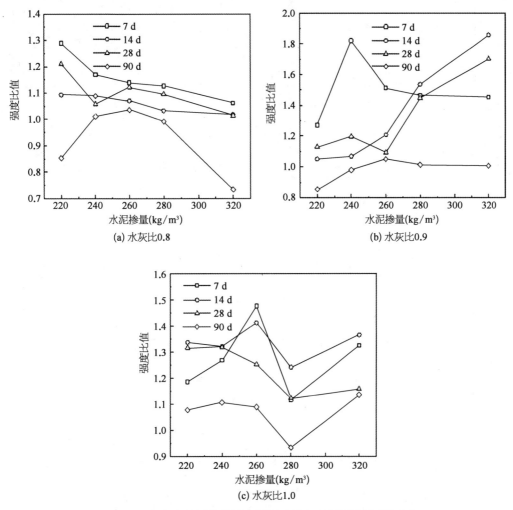

图 10-9　相应于两种水泥等级的水泥土强度之比值随水泥掺量的变化

3) 水灰比对水泥强度的影响

两种水泥等级下水灰比对水泥土强度的影响如图 10-10 和图 10-11 所示。

从图中可以看出,不同水泥等级与掺量下水泥土强度随水灰比的变化规律多样,但可以明确的是,对于深圳土样,在同一水泥等级与掺量下,水灰比 1.0 所对应的水泥土强度几乎均小于水灰比 0.8、0.9 下的水泥土强度;水灰比 0.9 较为适合于处理深圳软土。

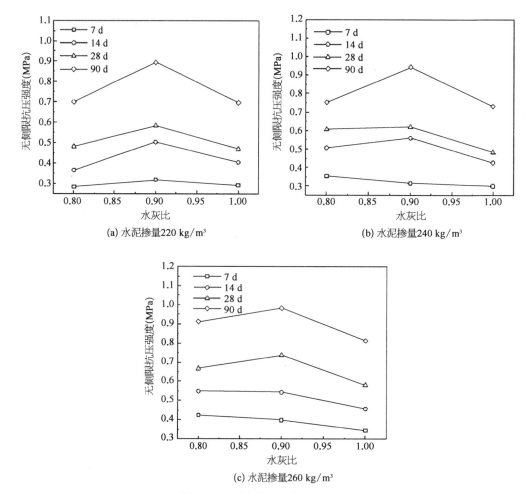

(a) 水泥掺量220 kg/m³

(b) 水泥掺量240 kg/m³

(c) 水泥掺量260 kg/m³

图 10 - 10　不同 P.O 42.5 水泥掺量下水灰比对水泥土强度的影响

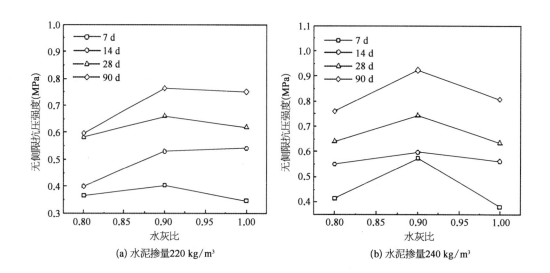

(a) 水泥掺量220 kg/m³

(b) 水泥掺量240 kg/m³

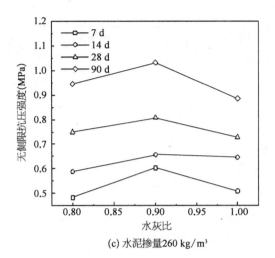

(c) 水泥掺量260 kg/m³

图 10-11　不同 P.O 52.5 水泥掺量下水灰比对水泥土强度的影响

10.2.3.3　外掺料类别及掺量对水泥土强度的影响

以取自广州南沙区域的软黏土为研究对象,分析掺入粉煤灰、磷石膏、矿渣等外掺料对水泥土强度的影响,试验中采用湿土制样法制作水泥土试样,室内配合比试验方案见表 10-7。

表 10-7　外掺料对水泥土强度影响研究的室内配合比试验方案

序号	外掺料	外掺料掺量（%）	水泥种类	水泥用量（kg/m³）	水灰比	含水率（%）	养护龄期			
1	粉煤灰	6	P.O 52.5	290	0.9	79.8				
2	粉煤灰	8	P.O 52.5	290	0.9	79.8				
3	粉煤灰	15	P.O 52.5	290	0.9	79.8				
4	粉煤灰	25	P.O 52.5	290	0.9	79.8				
5	磷石膏	10	P.O 52.5	290	0.9	79.8				
6	磷石膏	15	P.O 52.5	290	0.9	79.8				
7	磷石膏	20	P.O 52.5	290	0.9	79.8				
8	磷石膏	30	P.O 52.5	290	0.9	79.8	—	14 d	28 d	—
9	矿渣	20	P.O 52.5	290	0.9	79.8				
10	矿渣	25	P.O 52.5	290	0.9	79.8				
11	矿渣	30	P.O 52.5	290	0.9	79.8				
12	矿渣	40	P.O 52.5	290	0.9	79.8				
13	粉煤灰	6	P.S.A 32.5	290	0.9	79.8				
14	粉煤灰	8	P.S.A 32.5	290	0.9	79.8				
15	粉煤灰	15	P.S.A 32.5	290	0.9	79.8				

（续表）

序号	外掺料	外掺料掺量（％）	水泥种类	水泥用量（kg/m³）	水灰比	含水率（％）	养护龄期			
16	粉煤灰	25	P.S.A 32.5	290	0.9	79.8				
17	磷石膏	10	P.S.A 32.5	290	0.9	79.8				
18	磷石膏	15	P.S.A 32.5	290	0.9	79.8	—	14 d	28 d	—
19	磷石膏	20	P.S.A 32.5	290	0.9	79.8				
20	磷石膏	30	P.S.A 32.5	290	0.9	79.8				

1) 粉煤灰对水泥土强度的影响

图 10 - 12 为分别掺入相同量的普通硅酸盐水泥 52.5(P.O 52.5)与矿渣硅酸盐水泥(P.S.A 32.5)下水泥土强度随粉煤灰掺量的变化规律。可以看出,掺入 P.O 52.5 水泥,水泥土强度随粉煤灰掺量的增加而先增大后减小,粉煤灰掺量为 15％时水泥土强度最高,其中,水泥土后期(28 d)强度最大提高幅度约为 10％;而掺入 P.S.A 32.5 水泥时,粉煤灰掺量为 15％时水泥土强度最低。无论是掺入 P.O 52.5 水泥还是掺入 P.S.A 32.5 水泥,粉煤灰对水泥强度影响较小,尤其是掺入 P.S.A 32.5 水泥。另外,同一粉煤灰掺量与龄期下,掺入 P.O 52.5 水泥的水泥土强度高于掺入 P.S.A 32.5 水泥的水泥土强度。

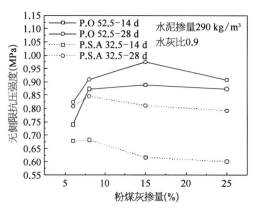

图 10 - 12　不同水泥种类下粉煤灰掺量对水泥土强度的影响

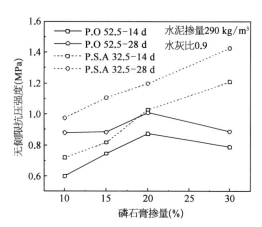

图 10 - 13　不同水泥种类下磷石膏掺量对水泥土强度的影响

2) 磷石膏对水泥土强度的影响

图 10 - 13 为分别掺入相同量的 P.O 52.5 水泥与 P.S.A 32.5 水泥下水泥土强度随磷石膏掺量的变化规律。从图中可以发现,掺入 P.O 52.5 水泥时,水泥土强度随磷石膏掺量的增加而先增大后减小,磷石膏掺量为 20％时水泥土强度最高,其中,水泥土早期(14 d)强度最大提高幅度约为 40％;掺入 P.S.A 32.5 水泥时,水泥土强度则随磷石膏掺量的增

加而增大。另外,在同一磷石膏掺量和龄期下,掺入 P.S.A 32.5 水泥的水泥土强度大于掺入 P.O 52.5 水泥的水泥土强度。

比较图 10-12 与图 10-13,对于 P.S.A 32.5 水泥,掺入磷石膏的水泥土强度大于掺入粉煤灰的水泥土强度,较为显著;对于 P.O 52.5 水泥,粉煤灰与磷石膏对水泥土强度影响程度相当,粉煤灰略优于磷石膏。

3) 矿渣对水泥土强度的影响

矿渣掺量对水泥土强度影响如图 10-14 所示。可以看出,对于 P.O 52.5 水泥,水泥土强度随矿渣掺量的增加而显著增大。虽然矿渣掺量室内配合比试验中试验土样含水率低于粉煤灰、磷石膏掺量室内配合比试验中的试验土样含水率,通过对比仍可以发现,对于 P.O 52.5 水泥,与粉煤灰、磷石膏相比,矿渣对提高水泥土强度效果更为明显。

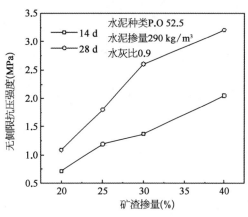

图 10-14 矿渣掺量对水泥土强度的影响

10.2.3.4 总含水率对水泥土强度的影响

1) 试验土样总含水率计算

水泥土试样中含有的水由两部分组成,即试验土样自身含有的水与掺入水泥浆中的水。在此,将总含水率 w_t 定义为上述两部分水的总质量与试验土样干土质量的比值,其计算公式为

$$w_t = w_0 + \alpha A_c \tag{10-1}$$

式中　w_0——试验土样含水率;

　　　α——水灰比;

　　　A_c——水泥浆中水泥质量 m_c 与试验土样干土质量 m_s 的比值。

室内配合比试验中,首先根据水泥土总含水率 w_t 求解出试验土样含水率 w_0,再采用干土制样法,搅拌调配试验土样进行配合比试验。由式(10-1)可知,试验土样含水率 $w_0 = w_t - \alpha A_c$。实际上,工程实践中,无法知道干土的质量,使得 A_c 无法求出,一般通过水泥掺量 A_0(kg/m³)来确定水泥掺入质量。水泥掺量 A_0 被定义为 1 m³ 原状土(试验土样)中所需掺入的水泥质量。

室内配合比试验中,根据给定的水泥掺量 A_0、水灰比 α,由已知的水泥土总含水率 w_t 求解试验土样含水率 w_0,主要有以下两种近似方法。

(1) 方法一:测定试验土样土骨架密度 ρ_d。

土骨架密度 ρ_d 的定义式为

$$\rho_{\mathrm{d}}=\frac{m_{\mathrm{s}}}{V} \tag{10-2}$$

式中　V——试验土样体积。

水泥土中总含水质量 m_{tw} 计算式：

$$m_{\mathrm{tw}}=w_{\mathrm{t}}m_{\mathrm{s}} \tag{10-3}$$

水泥浆中含水质量 m_{sw} 计算式：

$$m_{\mathrm{sw}}=\alpha A_0 V \tag{10-4}$$

试验土样中含水质量：

$$m_{\mathrm{w}}=m_{\mathrm{tw}}-m_{\mathrm{sw}}=w_{\mathrm{t}}m_{\mathrm{s}}-\alpha A_0 V \tag{10-5}$$

试验土样含水率：

$$w_0=\frac{m_{\mathrm{w}}}{m_{\mathrm{s}}}=w_{\mathrm{t}}-\alpha A_0\,\frac{1}{\dfrac{m_{\mathrm{s}}}{V}}=w_{\mathrm{t}}-\alpha A_0\,\frac{1}{\rho_{\mathrm{d}}} \tag{10-6}$$

由上式可知，当已知总含水率、水灰比、水泥掺量等参数，通过测定土样土骨架密度，便可求出试验土样含水率，进而采用干土制样法搅拌调配成试验土样。

（2）方法二：测定试验土样土颗粒密度 ρ_{s}。

土颗粒密度 ρ_{s} 计算式：

$$\rho_{\mathrm{s}}=\frac{m_{\mathrm{s}}}{V_{\mathrm{s}}} \tag{10-7}$$

试验土样密度 ρ 计算式：

$$\rho=\frac{m}{V}=\frac{m_{\mathrm{s}}+m_{\mathrm{w}}+m_{\mathrm{a}}}{\dfrac{m_{\mathrm{s}}}{\rho_{\mathrm{s}}}+\dfrac{m_{\mathrm{w}}}{\rho_{\mathrm{w}}}+\dfrac{m_{\mathrm{a}}}{\rho_{\mathrm{a}}}} \tag{10-8}$$

忽略试验土样孔隙中空气的质量与体积，即假设土样在任一含水率下土样均达到饱和状态，此时，式（10-8）可简化为

$$\rho=\frac{m_{\mathrm{s}}+m_{\mathrm{w}}}{\dfrac{m_{\mathrm{s}}}{\rho_{\mathrm{s}}}+\dfrac{m_{\mathrm{w}}}{\rho_{\mathrm{w}}}}=\frac{m_{\mathrm{s}}+w_0 m_{\mathrm{s}}}{\dfrac{m_{\mathrm{s}}}{\rho_{\mathrm{s}}}+\dfrac{w_0 m_{\mathrm{s}}}{\rho_{\mathrm{w}}}}=\frac{1+w_0}{\dfrac{1}{\rho_{\mathrm{s}}}+\dfrac{w_0}{\rho_{\mathrm{w}}}} \tag{10-9}$$

试验土样中干土质量 m_{s} 计算式为

$$m_{\mathrm{s}}=\frac{m}{1+w_0}=\frac{\rho V}{1+w_0}=\frac{V}{\dfrac{1}{\rho_{\mathrm{s}}}+\dfrac{w_0}{\rho_{\mathrm{w}}}}=\frac{\rho_{\mathrm{s}}\rho_{\mathrm{w}}V}{\rho_{\mathrm{w}}+w_0\rho_{\mathrm{s}}} \tag{10-10}$$

结合式(10-6)、式(10-10),试验土样含水率 w_0 为

$$w_0 = \frac{m_w}{m_s} = w_t - \alpha A_0 \frac{1}{\dfrac{m_s}{V}} = w_t - \alpha A_0 \frac{\rho_w + w_0 \rho_s}{\rho_s \rho_w} \qquad (10-11)$$

化简上式,可得

$$w_0 = \frac{\rho_s \rho_w w_t - \alpha A_0 \rho_w}{\rho_s \rho_w + \alpha A_0 \rho_s} \qquad (10-12)$$

由上式可知,当已知总含水率、水泥掺量、水灰比、水密度等参数,通过测定试验土样固体颗粒密度,便可求解出试验土样含水率,进而采用干土制样法调配成试验土样。

由于土骨架密度 ρ_d 与土体结构密切相关,测定较为困难,且测定值难以具有代表性,而土颗粒密度 ρ_s 测定较为方便。因此,最优搅拌含水率室内配合比试验中,采用方法二反算试验土样含水率。

2) 室内配合比试验方案

分别以取自香港机场第三跑道项目施工区域的冲积土与小连湾土样为研究对象,分析土体总含水率对水泥土强度的影响。室内配合比试验方案见表10-8,试验中采用P.O 52.5水泥,水灰比均为0.9。香港原状冲积土样与小连湾土工试验参数见表10-3,试验中采用干土制样法制作水泥土试样,采用抗压试验、电阻率测试、电镜扫描试验对水泥土进行试验研究,总体试验流程如图10-1所示。

表 10-8　最优搅拌含水率配合比试验方案

试验土样	序号	总含水率(%)	试验土样含水率(%)	水泥掺量(kg/m³)	试验土样	序号	总含水率(%)	试验土样含水率(%)	水泥掺量(kg/m³)
香港冲积层黏土	1	0.7LL1	21.27	220	小连湾粉质黏土	11	0.7LL2	27.42	220
	2	0.7LL1	20.4	240		12	0.7LL2	26.45	240
	3	0.9LL1	29.12	220		13	0.9LL2	37.04	220
	4	0.9LL1	28.13	240		14	0.9LL2	35.93	240
	5	1.0LL1	33.04	220		15	1.0LL2	41.84	220
	6	1.0LL1	32	240		16	1.0LL2	40.67	240
	7	1.1LL1	36.97	220		17	1.1LL2	46.65	220
	8	1.1LL1	35.86	240		18	1.1LL2	45.4	240
	9	1.3LL1	44.81	220		19	1.3LL2	56.27	220
	10	1.3LL1	43.59	240		20	1.3LL2	54.88	240

注:表中LL指土体液限含水率,其中 $LL_1 = 47.8\%$、$LL_2 = 57.6\%$。

为了验证采用前文分析中提及的方法二计算试验土样含水率的合理性,按上述流程制备表10-8中序号为1的水泥土试样,干土重量为1 000 g,经测定与计算得到掺入的水

泥重量为 187 g,试验土样与水泥浆搅拌均匀后,取三个铝盒装样并置于烘箱中,待干燥后称量。假设水泥土搅拌均匀,铝盒中干土与水泥的比例保持不变,结果见表 10 - 9。按照方法二计算试验土样含水率,制备的水泥土平均总含水率为 32.21%,与理论总含水率 33.46%(0.7LL₁)基本一致,方法二合理、可行。

表 10 - 9　水泥土实际总含水率

序号	铝盒质量(g)	盒+水泥土质量(g)	盒+干土+水泥质量(烘干后)(g)	含水质量(g)	干土+水泥质量(g)	干土：水泥(质量比)	干土质量(g)	总含水率(%)	平均总含水率(%)
1	16.37	33.59	29.93	3.66	13.56		11.42	32.05	
2	16.37	39.98	34.89	5.09	18.52	1 000：187	15.6	32.63	32.21
3	16.05	37.53	32.94	4.59	16.89		14.23	32.26	

3)水泥土强度试验结果

掺入水泥浆后土样总含水率对水泥土强度的影响规律如图 10 - 15 所示。可以发现,对于香港冲积层黏土,其水泥土强度随总含水率的增大而先增大后减小,当总含水率在液限附近时水泥土强度最高,此时对应的试验土样含水率为 33% 左右。由前面的室内试验结果可知,对于香港冲积层黏土,试验土样含水率在 40%～80% 范围内,水泥掺量为 240 kg/m³,水泥土强度随含水率的增加而减小,含水率在 40% 时水泥土强度最高,在某种程度上验证了上述最优搅拌含水率试验结果。

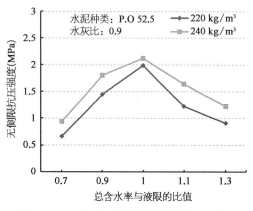

图 10 - 15　香港冲积层黏土最优搅拌含水率试验

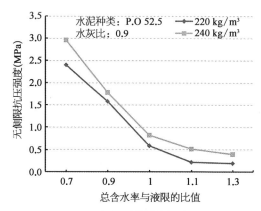

图 10 - 16　小连湾土样最优搅拌含水率试验

因此,对于该试验土样,存在最优搅拌含水率,当水泥土总含水率在土体液限附近时,搅拌加固效果最好。实际施工中,对于某一含水率的被加固土体或深处某一含水率的土层,在既定水泥掺量下,可通过调整水灰比或搅拌过程中适量喷水,可改善土体加固效果。

上述试验结果与 Bergado & Lorenzo(2005)[5]一致,但 Bergado & Lorenzo(2005)中并未给出试验土样的基本参数,仅说明为软黏土(soft clay)。为了进一步探究其他物理性质不同的土体中是否存在最优搅拌含水率现象,总含水率在液限附近时其水泥土强度是否最高,以小连湾土样为研究对象进行了试验,配合比方案保持不变,试验结果如图 10-16 所示。

对于小连湾土样,水泥土强度随着总含水率的增大而一直减小。总含水率小于液限时,水泥土强度随总含水率增大而迅速减小;总含水率大于液限时,水泥土强度变化较为缓慢。由此可知,与香港土样不同的是,对于粉粒含量高的小连湾土样,总含水率在液限附近时水泥土强度并未达到最大值。

因此,水泥土最优搅拌含水率与被加固土体性质密切相关,不能一概而论,这也说明了在海上 DCM 正式施工前开展室内配合比试验的重要性。

4) 水泥土电阻率测试分析

电阻率是表征物质导电性的基本参数,某种物质的电阻率实际上就是当电流垂直通过由该物质所组成的边长为 1 m 的立方体时而呈现的电阻。显然物质的电阻率值越低,其导电性就越好,反之,其导电性就越差。已有研究表明,土的类型、颗粒性状与排列方向、孔隙水电阻率、饱和度、温度、渗透性、孔隙率与结构特征等因素均会对水泥土电阻率产生影响,且水泥土强度与电阻率存在相关性。通过电阻率可以间接地从微观结构角度进一步揭示水泥土强度变化机理。

对香港土样、小连湾土样最优搅拌含水率试验中的水泥土试样进行电阻率测试,电阻率测试结果如图 10-17 和图 10-18 所示。

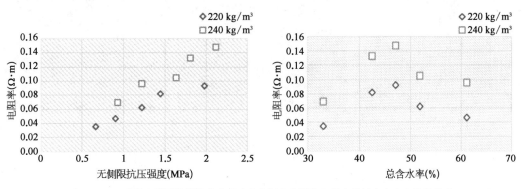

图 10-17 香港土样最优搅拌含水试验中水泥土电阻率与强度及总含水率之间的关系

由图 10-17 和图 10-18 可知,对于某种土质下不同配合比的水泥土试样,其电阻率与无侧限抗压强度呈正相关,且两者之间具有较好的线性相关性,即水泥土试样的电阻率增大时,其相应的无侧限抗压强度也增大。以上试验得出的结论与刘松玉、董晓强等学者的相关研究成果一致。另外,水泥土电阻率与总含水率之间的关系与相应的最优搅拌含水率试验中水泥土强度随总含水率的变化曲线基本一致。

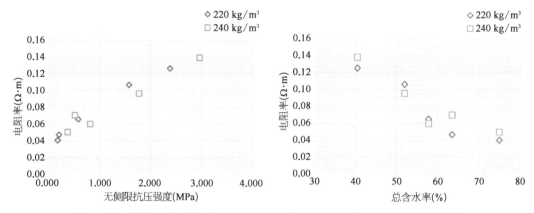

图 10-18 小连湾土样最优搅拌含水试验中水泥土电阻率与总强度及总含水之间的关系

5）水泥土电镜扫描分析

电镜扫描仪（SEM）具有高分辨率、视场宽、大倍数放大和超强的立体感等优点，通过电镜扫描所获得的图像可以直接地从微观结构角度对水泥土强度变化机理。试验采用美国 FEI 公司生产的 NOVA NANOSEM 430 型号电镜扫描仪。

为比较掺入水泥浆前、后土体微观结构变化，对室内配合比试验用的香港、小连湾土样的素土（未掺入水泥浆、外掺料等）进行电镜扫描与能谱分析，电镜扫描时分别取放大 100 倍、1 000 倍与 10 000 倍，水泥土电镜扫描与能谱分析结果如图 10-19～图 10-22 所示。

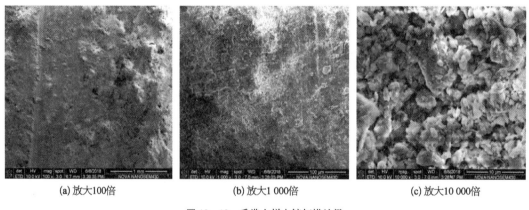

(a) 放大100倍　　　　　　　(b) 放大1 000倍　　　　　　　(c) 放大10 000倍

图 10-19 香港土样电镜扫描结果

根据电镜扫描结果，对两种试验土样的微观结构分析如下：

（1）两种试验土样主要包含的基本单元体为碎屑、集粒及不规则的曲片状叠聚体，没有定向排列，呈现随机分布。

（2）在放大 100 倍、1 000 倍下观察，放大 10 000 倍时，观察 1 μm 尺寸级别下的微观结构，可以发现，香港土样粒团内部微孔隙结构较为发育，粒团边界较为明显，粒团以曲片状叠聚体居多，具有一定空间的架空结构。

（3）试验用小连湾土样颗粒团聚现象显著，粒团内开型孔隙较为发育，可以看出小连

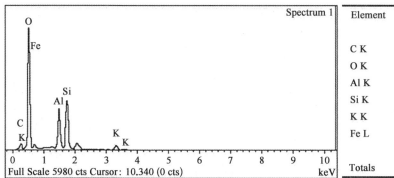

Element	Weight%	Atomic%
C K	4.43	7.44
O K	52.04	65.59
Al K	11.54	8.62
Si K	17.28	12.40
K K	4.08	2.10
Fe L	10.63	3.84
Totals	100.00	

图 10-20　香港土样能谱分析结果

(a) 放大 100 倍　　(b) 放大 1 000 倍　　(c) 放大 10 000 倍

图 10-21　小连湾土样电镜扫描结果

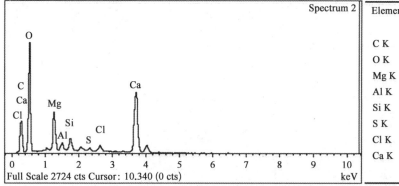

Element	Weight%	Atomic%
C K	10.93	18.51
O K	44.03	56.00
Mg K	5.20	4.35
Al K	0.94	0.71
Si K	2.09	1.51
S K	0.86	0.54
Cl K	1.69	0.97
Ca K	34.26	17.39

图 10-22　小连湾土样能谱分析结果

湾土样孔隙率高,粉细颗粒含量高,与室内土工试验结果一致。

根据能谱分析结果,对两种试验土样的组成成分分析如下:

(1) 试验用香港土样(素土)与南沙土样能谱分析结果相似,同样是 O、Si、Al、Fe 元素含量高,其中,O 元素占总质量的 52.04%、Si 元素占总质量的 17.28%、Al 元素占总质量的 11.54%、Fe 元素占总质量的 10.63%;

（2）试验用小连湾土样（素土）能谱分析结果显示，O、Ca、Mg、Si 元素含量高，其中，O 元素占总质量的 44.03％、Ca 元素占总质量的 34.26％、Mg 元素占总质量的 5.20％、Si 元素占总质量的 2.09％。Ca 元素含量明显高于香港土样与南沙土样中的 Ca 元素含量。

对香港冲积层黏土、小连湾粉质黏土最优搅拌含水率试验中的试样进行电镜扫描试验，旨在从微观角度分析不同水泥掺量与不同含水率下水泥土内部结构变化，并对比不同土质的水泥土微观结构，试验中还分别对上述两种土质在某一配合比下的水泥土进行了能谱分析。

对于不同水泥掺量与不同含水率下由香港土样拌和后的水泥土，养护达到 28 d 龄期后，其电镜扫描试验结果如图 10 - 23 所示。

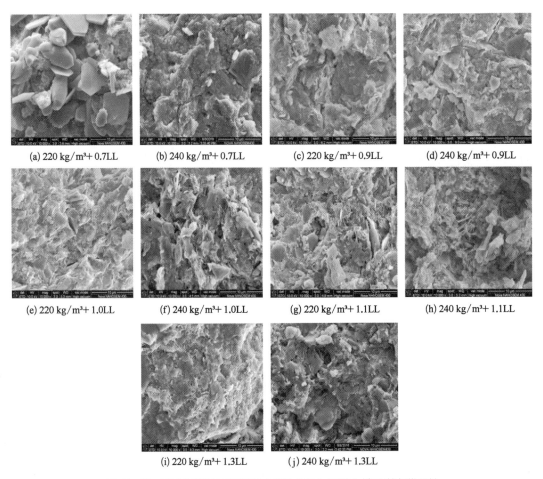

(a) 220 kg/m³+ 0.7LL　　(b) 240 kg/m³+ 0.7LL　　(c) 220 kg/m³+ 0.9LL　　(d) 240 kg/m³+ 0.9LL

(e) 220 kg/m³+ 1.0LL　　(f) 240 kg/m³+ 1.0LL　　(g) 220 kg/m³+ 1.1LL　　(h) 240 kg/m³+ 1.1LL

(i) 220 kg/m³+ 1.3LL　　(j) 240 kg/m³+ 1.3LL

图 10 - 23　不同水泥掺量与不同含水率的水泥土（香港土样）电镜扫描结果

可以看出，水泥土颗粒单元含有不规则的曲片状薄片体，可以观察到较为明显的蜂窝结构、絮凝状结构与针状结构，土体微观颗粒的排列没有明显的定向性分布特征，薄片体大多呈面-面、边-面直接接触状态，微观孔隙的大小形态具有多样性，内部孔隙主要以架空孔隙为主,以上特征与其素土微观结构显著不同。此外,能谱分析表明,由水泥与土颗粒之间物理化学反应生成的凝胶物质附着于颗粒表面。通过对比可以发现,在同一含水率下,水泥掺量越多,微观孔隙越少,结构更为紧凑,因此水泥土强度也越大;当水泥土总含水率为土样液限时,如图 10-24 所示,与其他总含水率下的水泥土相比,附着颗粒表面的凝胶物质最多,说明总含水率在土样液限附近时水泥与土颗粒之间的物理化学反应最为充分。

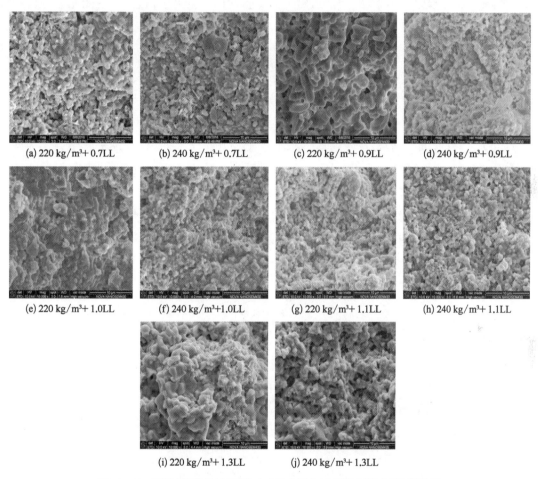

(a) 220 kg/m³+ 0.7LL   (b) 240 kg/m³+ 0.7LL   (c) 220 kg/m³+ 0.9LL   (d) 240 kg/m³+ 0.9LL

(e) 220 kg/m³+1.0LL   (f) 240 kg/m³+1.0LL   (g) 220 kg/m³+1.1LL   (h) 240 kg/m³+1.1LL

(i) 220 kg/m³+1.3LL   (j) 240 kg/m³+1.3LL

图 10-24　不同水泥掺量与不同含水率的水泥土(小连湾土样)电镜扫描结果

对于不同水泥掺量与不同含水率下由小连湾土样拌和后的水泥土,电镜扫描试验结果如图 10-23 所示。

可以看出,其微观结构中颗粒聚合体现象十分显著,这是因为小连湾土样中粉粒成分含量高(>70%),颗粒表面可以观察到针状结构,微观颗粒排列同样没有明显的定向性分布特征,粒间孔隙多为较小的孔隙。由水泥与土体颗粒之间物理化学反应生成的凝胶物质将颗粒牢牢地连接在一起,形成较强的"粒状-镶嵌-胶结"结构,使得水泥土具有较高的强度。还可以看出,当水泥土总含水率为 0.7LL 时,与其他总含水率下的水泥土相比,其微观结构中颗粒形态与分布最为均匀,粒间孔隙尺寸小;随着水泥土总含水率增加,颗粒逐渐变大,粒间孔隙尺寸也随着增大,从而使得水泥土强度降低。

10.2.4 水泥土强度多因素影响敏感性分析

10.2.4.1 正交试验法

当某一结果受多个因素制约时,虽然全面试验可以产生大量信息,并且能充分分析和评估每个因素的影响效应及各因素之间的相互作用,但全面试验所需试验量巨大。例如,当有 5 个因素制约同一结果,而这 5 个因素的取值可分别取 4 个不同的数值(简称"5 因素 4 水平"),若采用全面试验方法,共需进行 $4^5 = 1\,024$ 次试验,将耗费大量的人力、物力及时间,不利于试验研究工作的开展。正交试验则能在有限次数的试验中科学地反映出全面试验的结论,非常高效。

正交试验设计的原理是将各因素各水平置于相互正交平面内,取各平面交点作为试验选取点。根据试验结果,采用求极差、方差等数学分析方法进行处理,从而获得后续试验所需的最佳方案或者影响权重等信息。这些选取点各因素及各水平的搭配是均匀分散的,具有整洁和可比较的特征,因此可大大缩减工作量。将各个因素点做好标号,并根据不同因素及水平数目的情况制出了一套规定的表格,即正交表。

正交表来自正交拉丁法,是一张具有一定规律性的表格,其实际上是满足某些条件的矩阵,为叙述方便,将正交表简记为 $Ln(r^m)$。其中,L 代表正交表,n 为正交表的行数(即需进行的试验次数),m 为正交表的列数(影响因素的数量),r 为每个影响因素的水平数。常用的正交表有 $L8(2^7)$、$L9(3^4)$、$L16(4^5)$ 等。

10.2.4.2 正交试验配置及试验结果统计

本项目多因素影响分析正交试验中,考虑了试验土样初始含水率、有机质含量、细度模数(表征天然砂粒径的粗细程度的指标,细度模数越大,砂越粗)、掺砂量和水泥掺量等 5 个因素对水泥土强度影响,每个因素共取 4 个水平,即为 5 因素 4 水平正交试验,多因素影响分析试验配置见表 10 - 10。

表 10 - 10　多因素影响分析试验配置表

水　平	因　　　素				
	A 初始含水率 (%)	B 有机质含量 (%)	C 细度模数	D 掺砂量 (%)	E 水泥掺量 (kg/m³)
1	55	2.0	3.4	10	190
2	65	3.5	2.7	15	240
3	75	4.5	1.9	20	290
4	85	6.0	1.1	30	340

本组试验采用正交方案设计,选用 $L16(4^5)$ 型正交表,根据正交试验方案,本组共需进行 16 组试验,每组进行 14 d、28 d 和 90 d 三个养护龄期的无侧限抗压强度试验,每组每龄期制作 3 个试样,累计共需制作试样 144 个,正交试验及试验成果统计见表 10-11。其中,$i(x)$ 意指 i 水平,x 为此水平的具体数值,如 1(55)意指含水率第 1 个水平,数值取 55%。

表 10-11　多因素影响分析正交试验及成果统计表

试验号	列　号					无侧限抗压强度（MPa）		
	A 初始含水率（%）	B 有机质含量（%）	C 细度模数	D 掺砂量（%）	E 水泥掺量（kg/m³）	14 d	28 d	90 d
1	1(55)	1(2.0)	1(3.4)	1(10)	1(190)	2.12	2.30	3.15
2	1(55)	2(3.5)	2(2.7)	2(15)	2(240)	2.98	3.12	4.24
3	1(55)	3(4.5)	3(1.9)	3(20)	3(290)	3.37	3.70	6.28
4	1(55)	4(6.0)	4(1.1)	4(30)	4(340)	3.74	4.26	7.57
5	2(65)	1(2.0)	2(2.7)	3(20)	4(340)	4.15	4.94	5.71
6	2(65)	2(3.5)	1(3.4)	4(30)	3(290)	3.52	3.83	4.99
7	2(65)	3(4.5)	4(1.1)	1(10)	2(240)	2.05	2.20	3.09
8	2(65)	4(6.0)	3(1.9)	2(15)	1(190)	1.23	1.44	1.99
9	3(75)	1(2.0)	3(1.9)	4(30)	2(240)	1.79	2.12	2.78
10	3(75)	2(3.5)	4(1.1)	3(20)	1(190)	1.02	1.40	1.44
11	3(75)	3(4.5)	1(3.4)	2(15)	4(340)	3.10	3.86	5.23
12	3(75)	4(6.0)	2(2.7)	1(10)	3(290)	2.23	2.92	3.82
13	4(85)	1(2.0)	4(1.1)	2(15)	3(290)	1.76	1.74	2.38
14	4(85)	2(3.5)	3(1.9)	1(10)	4(340)	2.78	3.07	3.34
15	4(85)	3(4.5)	2(2.7)	4(30)	1(190)	1.01	1.18	1.56
16	4(85)	4(6.0)	1(3.4)	3(20)	2(240)	1.46	1.66	2.25

10.2.4.3　试验结果

K_i 指为该因素所有 i 水平下的强度值之和,如 A 初始含水率的 14 d 的 $K_1 = 2.12 + 2.98 + 3.37 + 3.74 = 12.21$。$k_i$ 等于 K_i 值除以水平数,代表了该因素在该水平下影响的强度权重平均值,如 A 初始含水率 14 d 的 $k_i = K_1/4 = 3.05$。优水平指最大的 k_i 指所处的 i 水平处,如 14 d A 含水率 $k_1 > k_2 > k_3 > k_4$,故优水平为 1 水平处,换而言之,1 水平即含水率为 55% 时强度最佳。极差 $R_i = k_{\max} - k_{\min}$。主次关系的大小按照极差 R_i 的大小顺序排列,该排列顺序即为该龄期下的各影响因素权重大小顺序,其原理是当某影响因素的极差越大时,说明该因素在这几个水平变化时能导致结果的差异越大,故可代表该因素的权重大小。根据试验成果进行极差分析,成果见表 10-12,早期强度(14 d)、中期强度(28 d)、后期强度(90 d)因素极差分析如图 10-25 所示。

表 10－12　极差分析成果表

龄　期	编　号	A 初始含水率	B 有机质含量	C 细度模数	D 掺砂量	E 水泥掺量
14 d	K1	12.21	9.82	10.20	9.18	5.38
	K2	10.95	10.30	10.37	9.07	8.28
	K3	8.14	9.53	9.17	10.00	10.88
	K4	7.01	8.66	8.57	10.06	13.77
	k1	3.05	2.46	2.55	2.30	1.35
	k2	2.74	2.58	2.59	2.27	2.07
	k3	2.04	2.38	2.29	2.50	2.72
	k4	1.75	2.17	2.14	2.52	3.44
	优水平	A1	B2	C2	D4	E4
	极差 R_i	1.3	0.4	0.5	0.2	2.1
	主次	E＞A＞C＞B＞D				
28 d	K1	13.38	11.10	11.65	10.49	6.32
	K2	12.41	11.42	12.16	10.16	9.10
	K3	10.30	10.94	10.33	11.70	12.19
	K4	7.65	10.28	9.60	11.39	16.13
	k1	3.35	2.78	2.91	2.62	1.58
	k2	3.10	2.86	3.04	2.54	2.28
	k3	2.58	2.74	2.58	2.93	3.05
	k4	1.91	2.57	2.40	2.85	4.03
	优水平	A1	B2	C2	D3	E4
	极差 R_i	1.4	0.3	0.6	0.4	2.5
	主次	E＞A＞C＞D＞B				
90 d	K1	21.24	14.02	15.62	13.40	8.14
	K2	15.78	14.01	15.33	13.84	12.36
	K3	13.27	16.16	14.39	15.68	17.47
	K4	9.53	15.63	14.48	16.90	21.85
	k1	5.31	3.51	3.91	3.35	2.04
	k2	3.95	3.50	3.83	3.46	3.09
	k3	3.32	4.04	3.60	3.92	4.37
	k4	2.38	3.91	3.62	4.23	5.46
	优水平	A1	B3	C1	D4	E4
	极差 R_i	2.9	0.5	0.3	0.9	3.4
	主次	E＞A＞D＞B＞C				

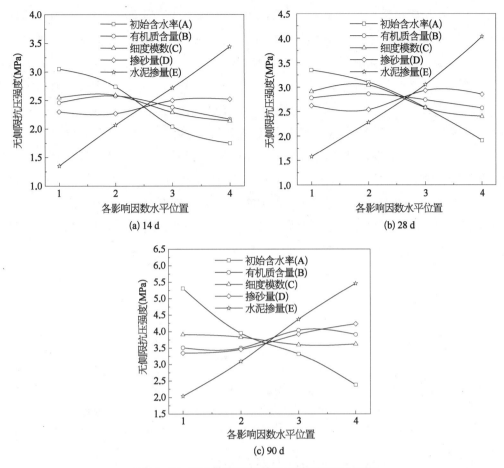

图 10-25　不同龄期无侧限抗压强度因素极差分析图

　　由极差分析的结果,无论是水泥土的早期强度(14 d)、中期强度(28 d)、后期强度(90 d),水泥掺量影响权重最大,其次是初始含水率,其他影响因素的极差相对前两者而言较小,是次要影响因素,在早期的主次关系是水泥掺量>初始含水率>细度模数>有机质含量>掺砂量,中期的主次关系是水泥掺量>初始含水率>细度模数>掺砂量>有机质含量,后期的主次关系是水泥掺量>含水率>掺砂量>有机质含量>细度模数。

　　由图 10-25(a)可知,早期(14 d)无侧限抗压强度与初始含水率(A)具有显著的负相关(其中试验含水率均较大)。水泥掺量(E)与早期(14 d)无侧限抗压强度呈正相关;有机质含量(B)与早期(14 d)无侧限抗压强度的相关性相较于前两个因素更弱,在低水平的时候变化不大,超过 3.5% 之后呈明显负相关。细度模数(C)与有机质相近,对早期(14 d)的无侧限抗压强度影响在 3.4~2.7 较小,小于 2.7 之后,随着细度模数的降低,早期(14 d)的无侧限抗压强度也随之降低。掺砂量(D)对早期(14 d)的无侧限抗压强度影响也相对较小,随着掺砂量的增加,早期(14 d)的无侧限抗压强度将缓慢增加。

　　由图 10-25(b)可知,中期(28 d)无侧限抗压强度与初始含水率(A)呈明显负相关(其中试验含水率均较小）；水泥用量（E）与中期（28 d）无侧限抗压强度成正相关。有机质含量（B）与中期（28 d）无侧限抗压强度的相关性相较于前两个因素更弱，在低水平的时候变化不大，超过 3.5％之后呈明显负相关。细度模数（C）与有机质相近，对中期（28 d）的无侧限抗压强度影响在 3.4～2.7 较小，小于 2.7 之后，随着细度模数的降低，中期（28 d）的无侧限抗压强度也随之降低。掺砂量（D）对中期（28 d）的无侧限抗压强度影响也相对较小，随着掺砂量的增加，中期（28 d）的无侧限抗压强度先减小后增大再降低。

由图 10-25（c）可知，后期（90 d）无侧限抗压强度与初始含水率（A）呈明显负相关（初始含水率均较低）。水泥掺量（E）与后期（90 d）无侧限抗压强度成正相关。有机质含量（B）与后期（90 d）无侧限抗压强度的相关性相较于前两个因素较弱，在有机质含量＜4.5％时随有机质含量增大而增大，超过 4.5％之后随之降低。细度模数（C）对后期（90 d）的无侧限抗压强度影响较小，随着细度模数的降低，后期（90 d）的无侧限抗压强度也随之缓慢降低。掺砂量（D）对后期（90 d）的无侧限抗压强度影响也相对较小，随着掺砂量的增加，后期（90 d）的无侧限抗压强度随之增大。

参 考 文 献

［1］刘志军,童新春,徐泽原,等.水泥土室内制样方法与配合比试验[J].水运工程,2019,5：32-36.

［2］麻勇.近海软土水泥搅拌加固体强度提高机理及工程应用研究[D].大连：大连理工大学,2012.

［3］吕卫清,刘志军,陈平山,等.水泥土最优搅拌含水率试验及微观结构分析[J].建筑科学,2019,35(S)：113-119.

［4］Grisolia M, Leder E, Marzano I P. Standardization of molding procedures for stabilized soil specimens as used for QC QA in deep mixing application[C]//Proc. of the 18th International Conference on Soil Mechanics and Geotechnical Engineering. Tokyo：The Japanese Geotechnical Society,2013：2481-2484.

［5］Bergado D T, Lorenzo G A. Economical mixing method for cement deep mixing[J]. Geotechnical Special Publication,2005.

［6］刘松玉,韩立华,杜严军.水泥土的电阻率特性与应用探讨[J].岩土工程学报,2006,28(11)：1921-1926.

［7］董晓强,宋志伟,张少华,等.水泥土搅拌桩芯样电阻率特性的应用研究[J].土木工程学报,2016,49(10)：88-94.

［8］王清,陈慧娥,蔡可易.水泥土微观结构特征的定量评价[J].岩土力学,2003,24(增1)：12-16.

［9］Du Y J, Jiang N J, Liu S Y, et al. Engineering properties and microstructural characteristics of cement-stabilized zinc-contaminated kaolin[J]. Canadian Geotechnical Journal,2014,51：289-302.

第 11 章

海上 DCM 法软基加固
工程设计

近年来,作为一种有效的软弱地基处理方法,海上 DCM 技术陆续在香港国际机场第三跑道项目、深圳至中山跨江通道项目、香港综合废物处理设施项目(一期)等粤港澳大湾区重大建设项目软基处理中得到应用。尽管陆上与海上 DCM 法两者的加固机理类似,但与陆上 DCM 法相比,海上 DCM 施工条件复杂,施工设备与施工工艺上存在较为显著的差异,其加固形式也随上部结构的不同而变化。

承载力、沉降及稳定性是海上 DCM 复合地基工程设计分析中的重要内容[1-2],也是海上 DCM 加固软土地基质量与效果的重要评定指标。工程设计中,基于工程址区地质与环境条件及上部结构对地基承载稳定要求,通过不断试算,确定满足要求的 DCM 加固形式及其参数。其中,桩长、桩体强度及加固置换率不仅是工程设计中的关键设计参数,同时也与工程经济性、技术可行性等密切相关。

11.1 加固形式

11.1.1 常见加固设计形式

1) 块式加固

块式加固形式如图 11-1 所示,是通过相同长度的桩与桩之间相互搭接成为整体,使原状土得到全面的加固,具有非常高的外部稳定性和内部稳定性,同其他加固形式相比,加固体积大、工期长。

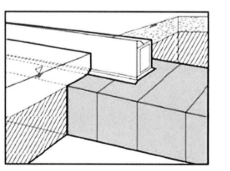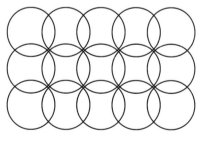

图 11-1 DCM 块式加固形式结构及其平面布置

2) 壁式加固

壁式加固形式如图 11-2 所示,是将加固体沿建筑物轴线的垂直方向作成长壁的加固体,中间用长度较短的短壁相连而形成的拌和体。该形式在长短壁搭接良好的前提下,可以跟壁间土一起作为整体受力,稳定性高。与块式相比,壁式加固体积较小、工程费用较低,但是需要考虑壁间土的内部稳定性,有时很难达到要求。

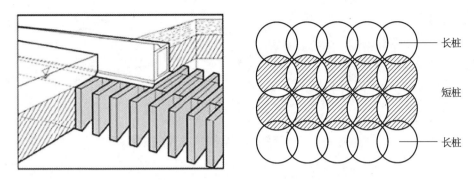

图 11 - 2　DCM 壁式加固形式结构及其平面布置

3) 格栅式加固

格栅式加固形式如图 11 - 3 所示,是介于块式和壁式之间,利用长壁和短壁形成格子状的拌和体。整体稳定性较高,但是该法受力复杂,需要进行三维的应力分析,并且施工复杂,可用于外荷载水平不高的护岸工程。

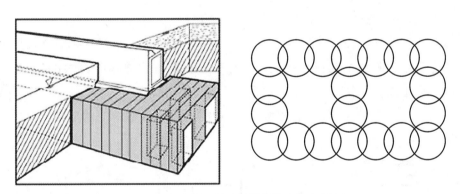

图 11 - 3　DCM 格栅式加固形式结构及其平面布置

4) 桩式加固

桩与桩之间具有一定间隙,形成桩式加固,如图 11 - 4 所示。该法不需要考虑桩与桩之间的搭接问题,需要对桩体进行稳定分析。桩与桩之间相切,形成相切式拌和体,块式、壁式、格子式都可以有相应的相切形式,如图 11 - 5 所示。桩式和相切式均不能承受较大的水平力,故在水平荷载较大的码头重力式结构中,一般不采用这两种形式。

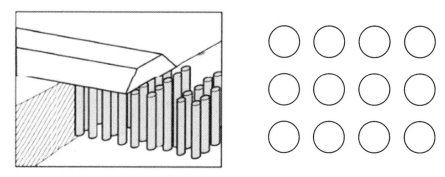

图 11-4 DCM 桩式加固形式结构及其平面布置

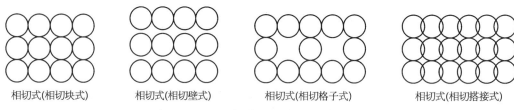

相切式(相切块式)　　　相切式(相切壁式)　　　相切式(相切格子式)　　　相切式(相切搭接式)

图 11-5 DCM 相切式加固形式平面布置[3]

5）桩端持力层形式

上述各种加固形式根据桩端持力层的不同,分为坐底式加固体和悬浮式加固体两种。坐底式是使 DCM 加固体坐落在持力层(硬土层)上的加固形式,如图 11-6(a)所示;当持力层下面存在软弱层时,也可看作是坐底式,如图 11-6(b)所示。悬浮式是指加固体没有坐落在坚硬土层,桩端仍处于软土层中,成为停留在软土中的形式,如图 11-6(c)所示。

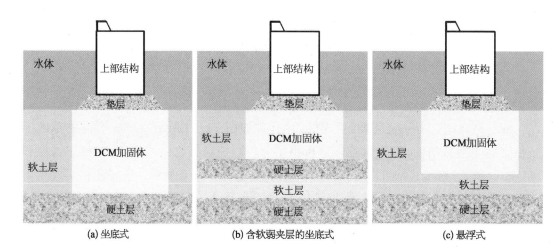

(a)坐底式　　　　　　(b)含软弱夹层的坐底式　　　　　(c)悬浮式

图 11-6 DCM 桩端持力层形式示意图

11.1.2　加固形式选择

从既有应用海上 DCM 技术处理软弱地基的水工结构物实例来看,水深大的靠船码头等大型、重要的结构物,多采用块式加固地基,近年来壁式加固也有采用;中等规模的护岸等工程多采用壁式加固地基。在外力大的情况下,可采用块式或格栅式加固地基;不考虑地震影响等水平荷载较小时,可采用桩式和相切式加固地基。各种加固形式的特点见表 11-1。

表 11-1　不同加固形式特征一览表

加固形式	稳定性	经济性	施工性	设计特点
块式	加固体作为一个整体抵抗外力,无论是整体还是内部的稳定性都高	与其他加固形式相比,加固体积大	使所有的桩体相互搭接,工期长	加固体大小按重力式建筑物的设计方法计算
壁式	长短桩结合良好,能作为一个整体抵抗外力时,稳定性高	与块式相比,加固体积小,成本低	长短桩之间的搭接对施工管理要求高	需考虑壁间未加固土,按照内部稳定要求确定加固范围
格栅式	整体稳定与块式相近	介于块式与壁式之间	格栅式加固施工顺序繁杂	要进行三维内部应力分析
桩式	水平力不太大时稳定	工期短,加固体积小,经济	不存在搭接部的施工管理	有时需要对桩体进行稳定分析
相切式	水平力不大时稳定;当水平力较大时,也有主外力方向的桩搭接起来以提高稳定性的方法(相切搭接式)	比块式成本低	采用相切搭接式工期长,对施工管理要求高	需要整体稳定验算和桩体应力验算

基于上述分析,根据上部结构形式及其对地基承载力与变形的要求,海上 DCM 法软基加固有不同的加固形式。直观上看,不同的加固形式的差异主要体现在以下两个方面:

(1)平面上的差异:从平面上看,DCM 桩簇之间有不同的组合形式,形成不同的加固形式拌和体,主要有块式、壁式、格栅式、桩式、相切式等。不同的加固形式之间的差异主要在于置换率与搭接方式。

(2)纵向上的差异:从纵向(地基深处)上看,海上 DCM 复合地基加固设计形式之间的差异主要体现在桩端持力层、桩长与桩体强度三方面。通常情况,通过设计要求的桩端静力触探锥尖阻力值来确定 DCM 桩端持力层,这也是 DCM 桩施工终止标准的参考依据之一。

11.1.3　加固形式应用案例

通过调研香港国际机场第三跑道项目、香港综合废物处理设施项目、深圳至中山跨江通道项目等国内既有工程案例,对海上 DCM 法软基加固工程设计要点进行了总结对比,见表 11-2。目前国内上述应用海上 DCM 技术进行软基加固的建设项目中,DCM 桩簇单元中单桩直径为 1.3 m,彼此之间搭接 0.3 m,桩簇单元面积为 4.628 m^2,如图 11-7 所示。

表 11-2 国内既有工程案例中海上 DCM 复合地基加固设计特点一览表

序号	项目名称	28 天无侧限抗压强度	桩端持力层设计要求	布置形式	褥垫层形式	上部结构类型	沉降控制标准	计划采取的复合地基检测方式
1	香港国际机场第三跑道项目	0.8~1.4 MPa	$q_c \geq 1.0$ MPa 嵌固 3~6 m(取决于上覆层厚度)	①桩式 ②壁式 ③块式	砂垫层+土工布	①护岸(斜坡式、直立式) ②机场跑道	—	①钻孔取芯 ②静力触探 ③载荷板试验 ④振动取样 ⑤湿抓取样 ⑥钻孔径向加压
2	香港综合废物处理设施项目	1.2 MPa	$q_c \geq 1.5$ MPa,最小嵌固 5 m,且桩端土层 $q_c \geq 2.0$ MPa	格栅式	碎石+砂垫层+土工布	①沉箱 ②防波堤	50 年工后沉降≤150 mm	
3	香港东涌填海项目	1.0 MPa	$q_c \geq 1.3$ MPa,最小嵌固 8 m; $q_c \geq 1.5$ MPa,最小嵌固 2 m; $q_c \geq 3.0$ MP,最小嵌固 0.5 m	①长短桩壁式 ②格栅式	砂垫层+土工布(土工格栅)	①海堤(斜坡式、直立式) ②回填区	—	
4	深圳至中山跨江通道项目	①沉管底: 1.2~1.6 MPa ②回填区: 1.6 MPa	固定桩长 桩长 3~21.5 m	①沉管底:长短桩壁式 ②回填区:桩式	1 m 厚碎石+0.7 m 厚二片石+2 m 厚砂垫层+土工布	①沉管 ②两侧回填区	①总沉降≤8 cm ②相邻管节接头纵向差异沉降≤3 cm	

注: 1. q_c 为静力触探探头锥尖阻力值;
2. 香港东涌填海项目 DCM 复合地基加固方案来源于业主招标文件(项目暂未实施);
3. 经设计验算,深圳至中山跨江通道项目 DCM 桩体检测龄期由 28 d 变更为 60 d,强度值不变。

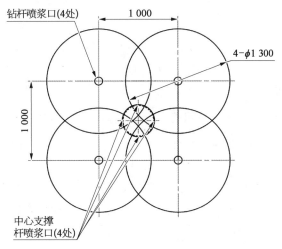

图 11-7　典型 DCM 桩簇单元形式

11.2　工程设计计算方法

11.2.1　海上 DCM 复合地基体系

海上 DCM 技术通常被应用于加固防波堤、海堤、沉管隧道、人工岛等结构底部的软土地基,如图 11-8 所示。

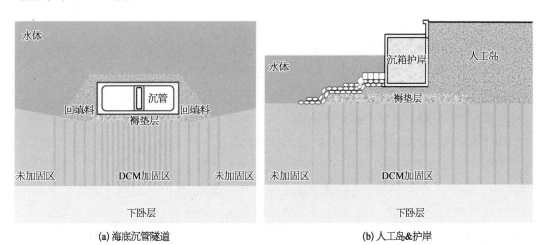

(a) 海底沉管隧道　　　　　　(b) 人工岛&护岸

图 11-8　海上 DCM 应用典型案例示意图

从图 11-8 可以看出,海上 DCM 复合地基体系由地基上覆水体、上部结构、褥垫层、加固区、下卧层组成,每一个组成部分均对 DCM 复合地基的承载与破坏特性存在影响,且彼此间相互作用,简要分析如下:

(1) 地基上覆水体:上部结构部分或完全浸没于水体中,水体将对上部结构(含结构

183

顶部回填及两侧锁定回填)产生竖向浮力作用。此外,根据水域条件,上部结构将不同程度地承受风、浪、流作用。

(2)上部结构:不同类型的上部结构,其自重荷载大小及其分布不同。此外,上部结构还承受浮力及风、浪、流等环境荷载,进而影响上部结构与褥垫层之间的相互作用。

(3)褥垫层:其厚度与刚度(变形模量)与褥垫层在上部荷载作用下的压缩沉降密切相关。此外,根据应力传递特性,不同的褥垫层厚度与刚度,褥垫层底部(即作用于 DCM 加固区顶部)的应力大小及其分布不同。

(4)加固区:是海上 DCM 复合地基体系的重要组成部分,其与复合地基承载及破坏特性密切相关的参数包括 DCM 桩体搭接形式、置换率、桩长、桩体强度、桩土刚度比等。此外,桩土应力比也与加固区顶部(即褥垫层底部)荷载密切相关;对 DCM 加固区进行计算分析时还应根据实际情况考虑地震作用等偶然荷载。

(5)下卧层:是指 DCM 桩端土层,桩端土层主要有硬土层、夹含软弱层的硬土层、软土层三种形式,不同的桩端土层对 DCM 复合地基承载与破坏特性密切相关。

11.2.2　承载力分析

DCM 桩复合地基承载力特征值 f_{ck} 可表示为

$$f_{ck} = m'\frac{R_a}{A_p} + \lambda(1-m)f_{sk} \tag{11-1}$$

式中　m'——搅拌桩面积置换率;

R_a——单桩竖向承载力特征值(kPa);

A_p——桩身截面积(m^2);

λ——桩间土承载力折减系数;

f_{sk}——桩间土承载力特征值(kPa)。

在工程应用上,当桩间土的实际极限承载力较难计算时,常就直接采用天然地基极限承载力值作为桩间土极限承载力。天然地基极限承载力除了可采用平板载荷试验和一些经验方法确定外,还常采用一些承载力理论公式计算获得,其中应用较广的就有 Prandtl 地基极限承载力计算公式,Terzaghi 地基极限承载力计算公式,Hansen 地基极限承载力公式和 Skempton 地基极限承载力计算公式等。

例如,条形基础下的 Terzaghi 地基极限承载力计算公式为

$$p_{sf} = \frac{1}{2}\gamma b N_r + q N_q + c N_c \tag{11-2}$$

式中　γ、q、c——分别是土的重度、基底底面两侧超载值和土的黏聚力(kPa);

N_r、N_q、N_c——承载力系数(无量纲),仅与土的内摩擦角 φ 有关,可查由表查得。

再如,Skempton 地基极限承载力计算公式则为

$$p_{sf} = \left(1 + 0.2\,\frac{b}{l}\right)\left(1 + 0.2\,\frac{d}{l}\right)N_c c + r_0 d \tag{11-3}$$

式中　b、l、d——分别是基础的宽度、长度和埋深(m);

　　　　r_0——基础埋深 d 范围内土的重度(kN/m^3)。

DCM 桩单桩竖向承载力特征值 R_a 按照下式计算,取其中较小值。

$$R_a = \mu_p \sum_{i=1}^{n} q_{si} l_i + \alpha q_P A_P \tag{11-4}$$

$$R_a = \eta f_{cu} A_P \tag{11-5}$$

式中　μ_p——桩的周长(m);

　　　　n——桩长范围内所划分的土层数;

　　　q_{si}——桩周第 i 层土的侧阻力特征值(kPa);

　　　　l_i——桩长范围内第 i 层土的厚度(m);

　　　　α——桩端天然地基承载力折减系数;

　　　q_P——桩端土未经修正的承载力特征值(kPa);

　　　　η——桩身强度折减系数;

　　　f_{cu}——与搅拌桩桩身水泥土配合比相同的室内加固土试样(边长为 70.7 mm 的立
　　　　　　方体)在标准养护条件下 90 d 龄期的抗压强度平均值(kPa)。

当搅拌桩处理范围以下存在软弱下卧层时,应按《建筑地基基础设计规范》第 5.2.7 条
文进行下卧层承载力验算。此时,将基础、桩端之间的桩体和土体视为复合土层,其压缩
系数、压缩模量取桩和桩间土的复合指标,按应力扩散法进行验算。软弱下卧层的强度验
算应按下式进行:

$$p_s + p_{cz} \leqslant f_s \tag{11-6}$$

式中　p_s——软弱下卧层顶面处的附加应力值(kPa);

　　　p_{cz}——软弱下卧层顶面处的自重应力值(kPa);

　　　　f_s——软弱下卧层顶面处经深度修正后的地基承载力值(kPa)。

11.2.3　沉降分析

DCM 桩复合地基总沉降 $s_{总}$ 包括搅拌桩加固区的压缩量 s_1 和桩端下未加固区土层的
压缩量 s_2 两个部分,即

$$s_{总} = s_1 + s_2 \tag{11-7}$$

除上述两部分压缩量外,对于海上 DCM 复合地基体系,上部结构的沉降还包括褥垫
层的压缩量 s_0。 DCM 加固区压缩变形量 s_1 常用的计算方法有复合模量法(E_c 法)、应力

修正法(E_s法)、桩身压缩量法(E_p法)等。其中,复合模量法是将复合地基加固区增强体连同地基土看作一个整体,采用桩-土的复合模量作为计算参数,用单向压缩的分层总和法求值;应力修正法是根据桩-土模量比求出桩间土体所承担的荷载,将桩土复合地基看作天然地基,用弹性理论求土中应力,再用分层总和法求出加固区压缩变形量作;桩身压缩模量法是假设桩体完全不会产生刺入变形,同样通过桩-土模量比求出桩承担的荷载,再假定桩侧摩阻力的分布形式,把桩作为独立受压构件,则可通过材料力学中求压杆变形的积分方法求出桩体的压缩量。

以复合模量法为例,其计算式为

$$s_1 = \sum_1^n \frac{\Delta P_i}{E_{cs}} H_i \qquad (11-8)$$

$$E_{cs} = mE_s + (1-m)E_s \qquad (11-9)$$

式中　ΔP_i——第 i 层复合土上附加应力增量(kPa);

　　　　H_i——第 i 层复合土层的厚度(m);

　　　　E_{cs}——第 i 层复合土层的复合模量(MPa);

　　　　E_p——桩体压缩模量(MPa);

　　　　E_s——桩间土压缩模量(MPa)。

下卧层土层压缩量 s_2 的计算常采用分层总和法计算,即

$$s_2 = \sum_{i=1}^n \frac{e_{1i} - e_{2i}}{1 + e_{1i}} H_i = \sum_{i=1}^n \frac{a_i(p_{2i} - p_{1i})}{1 + e_{1i}} H_i = \sum_{i=1}^n \frac{\Delta P_i}{E_{spi}} H_i \qquad (11-10)$$

式中　e_{1i}——根据第 i 分层的自重应力平均值 $\frac{\sigma_{ci} + \sigma_{c(i-1)}}{2}$(即 p_{1i}),从土的压缩曲线上得到的相应孔隙比;

　σ_{ci}、$\sigma_{c(i-1)}$——分别是第 i 层土层底面处和顶面处的自重应力(kPa);

　　　　e_{2i}——根据第 i 分层的自重平均应力值 $\frac{\sigma_{ci} + \sigma_{c(i-1)}}{2}$ 与附加应力平均值 $\frac{\sigma_{zi} + \sigma_{z(i-1)}}{2}$ 之和(p_{2i}),从土的压缩曲线上得到的相应孔隙比;

σ_{zi}、$\sigma_{z(i-1)}$——分别是第 i 层土层底面处和顶面处的附加应力(kPa);

　　　　H_i——第 i 分层土的厚度(m);

　　　　σ_i——第 i 分层土的压缩系数;

　　　　E_{si}——第 i 分层土的压缩模量(MPa)。

压缩变形 s_2 的计算主要是先求出未加固土层的竖向应力,再按照单向压缩的分层总和法计算。根据下卧土层竖向应力的不同求法,分为应力扩散法、等效实体法与 Mindlin - Geddes 方法。

11.2.4　稳定性分析

由前面的分析可知,海上 DCM 复合地基加固设计形式包括块式、壁式、格栅式、群桩式、相切式等,不同的加固形式,其稳定性分析存在差异。下面以采用海上 DCM 块式加固形式加固码头底部软土地基为例,对块式加固体的抗滑稳定性及抗倾稳定性进行分析。

1) 不考虑波浪作用且可变作用产生的土压力为主导可变作用

(1) 抗滑稳定性:

$$\gamma_0(\gamma_E E_H + \gamma_{PW} P_W + \gamma_E E_{qH} + \phi \gamma_{PR} P_{RH}) \leqslant \frac{1}{\gamma_d}(F + \gamma_{EP} E_P) \tag{11-11}$$

$$F = (\gamma_G G + \gamma_E E_V + \gamma_E E_{qV}) \tan \varphi + \gamma_c cB \tag{11-12}$$

$$F = \frac{1}{\gamma_R} \tau_{ak} B \tag{11-13}$$

其中,F 按式(11-12)和式(11-13)分别计算并取较小值。

(2) 抗倾稳定性:

$$\gamma_0(\gamma_E M_{EH} + \gamma_{PW} M_{PW} + \gamma_E M_{EqH} + \phi \gamma_{PR} M_{PR}) \leqslant \frac{1}{\gamma_d}(\gamma_G M_G + \gamma_E M_{EV} + \gamma_E M_{EqV} + \gamma_{EP} M_{EP}) \tag{11-14}$$

2) 不考虑波浪作用且系缆力为主导可变作用

(1) 抗滑稳定性:

$$\gamma_0(\gamma_E E_H + \gamma_{PW} P_W + \phi \gamma_E E_{qH} + \gamma_{PR} P_{RH}) \leqslant \frac{1}{\gamma_d}(F + \gamma_{EP} E_P) \tag{11-15}$$

$$F = (\gamma_G G + \gamma_E E_V - \gamma_{PR} P_{RV} + \phi \gamma_E E_{qV}) \tan \varphi + \gamma_c cB \tag{11-16}$$

其中,F 按式(11-13)和式(11-16)分别计算并取较小值。

(2) 抗倾稳定性:

$$\gamma_0(\gamma_E M_{EH} + \gamma_{PW} M_{PW} + \phi \gamma_E M_{EqH} + \gamma_{PR} M_{PR}) \leqslant \frac{1}{\gamma_d}(\gamma_G M_G + \gamma_E M_{EV} + \phi \gamma_E M_{EqV} + \gamma_{PR} M_{EP}) \tag{11-17}$$

3) 考虑波浪作用且波浪力为主导可变作用

(1) 抗滑稳定性:

$$\gamma_0(\gamma_E E_H + \gamma_{PW} P_W + \phi \gamma_E E_{qH} + \gamma_R P_R) \leqslant \frac{1}{\gamma_d}(F + \gamma_{EP} E_P) \tag{11-18}$$

$$F = (\gamma_G G + \gamma_E E_V - \phi\gamma_E E_{qV})\tan\varphi + \gamma_c cB \qquad (11-19)$$

其中,F 按式(11-13)和式(11-19)分别计算并取较小值。

(2) 抗倾稳定性:

$$\gamma_0(\gamma_E M_{EH} + \gamma_{PW} M_{PW} + \phi\gamma_E M_{EqH} + \gamma_P M_{PB}) \leqslant \frac{1}{\gamma_d}(\gamma_G M_G + \gamma_E M_{EV} + \phi\gamma_E M_{EqV} + \gamma_{EP} M_{EP})$$

$$(11-20)$$

4) 考虑波浪作用且可变作用产生的土压力为主导可变作用

(1) 抗滑稳定性:

$$\gamma_0(\gamma_E E_H + \gamma_{PW} P_W + \gamma_E E_{qH} + \phi\gamma_P P_B) \leqslant \frac{1}{\gamma_d}(F + \gamma_{EP} E_P) \qquad (11-21)$$

其中,F 按式(11-12)和式(11-13)分别计算并取较小值。

(2) 抗倾稳定性:

$$\gamma_0(\gamma_E M_{EH} + \gamma_{PW} M_{PW} + \gamma_E M_{EqH} + \phi\gamma_P M_{PB}) \leqslant \frac{1}{\gamma_d}(\gamma_G M_G + \gamma_E M_{EV} + \gamma_E M_{EqV} + \gamma_{EP} M_{EP})$$

$$(11-22)$$

11.3 桩体强度离散性及设计取值

11.3.1 桩体强度离散性

水泥土强度影响因素室内试验结果表明,土体类别、土体性质、固化剂相关参数、外掺料、龄期等因素均对水泥土强度及其发展存在影响(详见第9章相关内容)。基于工程实践,通过建立勘察-施工-检测数据库,数据分析结果表明,施工完成后的 DCM 桩体强度与贯入速度、提升速度、转速、BRN、喷水量、喷浆量等施工工艺参数密切相关。施工完成后 DCM 桩体强度检测结果统计分析表明,桩体强度存在较大离散性,通常呈正态分布。因此,在实际工程中,DCM 桩是不均质材料,其桩体强度具有较大的不确定性,主要体现在两个方面:一是对于某簇 DCM 桩,其实际桩体强度沿桩长变化,即纵向上存在差异;二是对某区域内的 DCM 桩簇,除了在纵向上存在差异外,其桩体强度在某深度位置平面上也存在差异,如图 11-9 所示。

现有的 DCM 复合地基设计理论通常是采用确定性的设计方法或经验性的半概率设计方法,将 DCM 桩作为均质材料进行设计,计算分析中假设桩体强度在全桩长范围内保持不变,没有充分考虑强度的离散性。

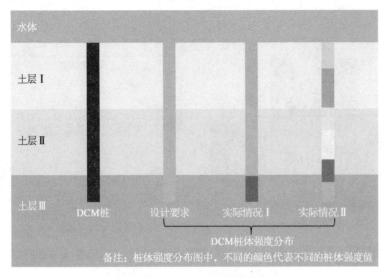

图 11 - 9　DCM 桩设计与实测桩体强度分布示意图

11.3.2　桩体设计强度取值

现有的 DCM 复合地基设计理论中没能合理考虑桩体实测强度离散所带来的不确定性，与工程实际工况不一致。通常情况下，复合地基承载稳定性问题是以整体失稳作为失效准则，而不是某一特定点(如实际桩体强度小于设计强度)的出现就必然会导致失稳。从可靠性角度来看，复合地基的破坏概率应是整体失稳的概率，而不是某一特定点出现的概率。因此，本书运用概率思想对 DCM 桩体设计强度进行评价，对 DCM 桩体设计强度的取值进行分析。

大量统计结果表明，现场 DCM 桩桩体实测强度通常呈正态分布，香港国际机场第三跑道项目某区域 DCM 桩实际桩体强度检测结果如图 11 - 10 所示。综合考虑桩体实测强度的离散性，DCM 桩体设计强度特征值可采用下式进行计算：

$$q_{uck} = \bar{q}_{uf} - m\sigma \tag{11-23}$$

式中　q_{uck}——DCM 桩体设计强度特征值(MPa)；

　　　$\bar{q}_{uf}$——现场 DCM 桩实际桩体强度 q_{uf} 的平均值(MPa)；

　　　σ——现场 DCM 桩实际桩体强度标准差；

　　　m——反映桩体实测强度大于桩体设计强度的置信系数，可由确定的置信度计算得到，如图 11 - 11 所示。

桩体实测强度变异系数的计算式为

$$COV = \sigma / \bar{q}_{uf} \tag{11-24}$$

将式(11 - 23)代入式(11 - 24)，可得

$$q_{uck} = \bar{q}_{uf} - m(COV)\bar{q}_{uf} = [1 - m(COV)]\bar{q}_{uf} = \alpha \cdot \bar{q}_{uf} \tag{11-25}$$

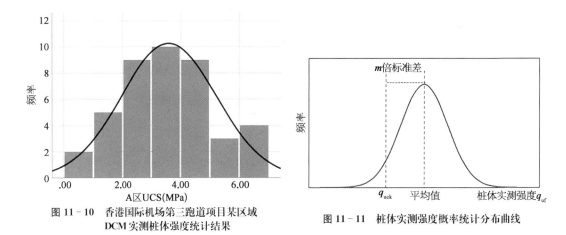

图 11-10 香港国际机场第三跑道项目某区域
DCM 实测桩体强度统计结果

图 11-11 桩体实测强度概率统计分布曲线

式中,桩体实测强度平均值与桩体设计强度两者之间的关系是基于概率统计理论得出来的,α 值是一个能反映桩体实测强度离散性、置信水平的系数。

在海上 DCM 复合地基工程设计中,桩体设计强度首先基于满足上部结构对承载力与沉降的要求及内部与整体稳定性要求而得出的。对于某工程项目而言,海上 DCM 施工完成后,由桩体实测强度统计分析可以得到平均值 $\bar{q}_{uf}$ 与变异系数 COV,结合工程设计阶段确定的桩体设计强度 q_{uck},进而可以计算得到置信系数 m,再由该项目的桩体实测强度概率统计分布曲线,可以推算得出置信度。

随着国内海上 DCM 法工程应用日益增多,勘察-施工-检测数据库不断得到丰富,进而可以得到更具代表性的桩体实测强度分布曲线以及变异系数 COV。

参 考 文 献

[1]龚晓南.复合地基理论及工程应用:第二版[M].北京:中国建筑工业出版社,2007.

[2]中国建筑科学研究院.建筑地基基础设计规范:GB 50007—2011[S].北京:中国建筑工业出版社,2011.

[3]李映雪.DMM 法拌和体在港口工程中应用的关键问题研究[D].大连:大连理工大学,2017.

[4]Costal development institute of technology (CDIT). The deep mixing method:principle, design and construction[M]. A. A. Balkema Publisher, 2002.

[5]刘志军,陈平山,胡利文,等.水下深层水泥搅拌法复合地基检测方法[J].水运工程,2019,2:155-162.

[6]龚晓南,杨仲轩.地基处理新技术、新进展[M].北京:中国建筑工业出版社,2019.

[7]曹智国.水泥土强度特征与搅拌桩复合地基可靠度分析[D].南京:东南大学,2015.

第 12 章

海上 DCM 法软基加固
施工关键装备

DCM 施工专用船舶是海上 DCM 法软基加固施工关键装备。与代表国际水准的日韩等国家的专业装备相比,我国的第一代 DCM 施工装备在船体尺度、功能系统集成、处理机性能、加固深度、自动化水平等方面均存在显著差距,导致我国自 1992 年研制成功第一代 DCM 施工船组后的 20 多年中海上 DCM 技术鲜有工程应用,严重制约了我国海上 DCM 技术的发展与应用。

为了培育国际市场竞争力,满足香港国际机场第三跑道工程的地质条件及 DCM 施工技术要求,四航局研究团队开展了海上 DCM 施工船的自主设计、建造和维护等关键技术攻关,成功研制了国内首艘三处理机 DCM 施工船("四航固基"号),并得到成功应用,打破了日、韩等国家在海上 DCM 软基加固施工装备与技术领域的垄断局面。

12.1 船舶总体情况

"四航固基"号 DCM 船如图 12-1 所示,其主要功能系统有船舶定位调载系统、制浆与泥浆泵送系统、桩架系统、处理机系统、施工作业控制系统、环保节能系统等。该船船长 72 m、型宽 30 m、型深 4.8 m、设计吃水 2.9 m,最大与最小作业吃水分别为 3.2 m、2.4 m。主船体设两道纵舱壁和六道水密横舱壁,尾部甲板面设三层甲板室,中部布置绞车和水泥舱罐,艏部设 A 字架、桩架及 DCM 桩机,拖航时船艉向前;设 3 组 DCM 处理机,位于船艏,采用直径为 1.3 m 的四轴 DCM 处理机,处理深度为水面以下约 42 m,可根据需要对桩架

图 12-1 "四航固基"号 DCM 船

进行适当加长改造。DCM 施工管理采用成熟的工业自动化控制技术,依靠工程电脑、自动控制设备及各种传感器,通过软件编程,实现施工中的各种动态逻辑控制,可在手动、半自动、全自动三种模式下施工,确保成桩过程中施工参数的精确性、可靠性、高效性,实现海上 DCM 自动化、数字化施工,切实提高 DCM 桩成桩质量。

"四航固基"号 DCM 船为国内首艘三处理机海上 DCM 专业施工船舶,具有高度集成的自动化、数字化施工控制系统,集深层复杂土体切割搅拌、桩架间距便捷调整、浮态智能调节、水泥粉料快速安全环保入舱、水泥浆拌制多层级精准计量、浆液管路一键高效冲洗等多项先进技术于一体,综合性能优于国内外同类型施工船舶,打破了国外技术封锁。"四航固基"号 DCM 船主要性能特点见表 12-1。

表 12-1　"四航固基"号 DCM 船主要性能特点一览表

项　目	性能特点	应用效果
施工控制系统	DCM 施工控制系统单元、监视系统单元、锚机控制单元、测深仪单元、电话单元、雾笛控制单元等集中控制	高度集成,实现自动化与数字化,提高控制效率
处理机系统	处理机齿轮通过中间过渡齿轮两两啮合	功率补偿,过载保护,有效增强处理机搅拌能力
	钻杆保持架便拆解,自重轻,磨损少	减少上拔带泥量,且有效降低更换频率
桩架系统	可移动式桩架	桩距调节效率高,每次调整仅需 2~3 d,其他船舶桩架间距调整耗时一般超过 10 d
浮态调节系统	通过浮态智能调节系统实时自动调整	可实时三维显示船舶浮态,精度达 0.1°
高程计量系统	多滑轮控制计量缆绳自由度	精确控制桩底位置,避免强风天气数据波动,提高强风天气作业稳定性
水泥粉料存储系统	堵转式料位仪、雷达测深装备双控	水泥舱储量计量更精准
	采用脉冲式布袋除尘器,底部设置抗压伞形挡板	水泥粉料安全、环保入舱,杜绝"爆舱"事故

12.2　施工管理系统

"四航固基"号 DCM 船配置有高度集成的自动化、数字化施工控制系统,可实现起重绞车、处理机、搅拌制浆台、输浆泵等船舶作业设备集中控制及高效协同。通过施工控制系统中的施工管理系统,可以实时记录桩位、浆液配比、喷浆压力、喷浆流量、下贯和提升速度、成桩深度、复喷及复搅次数、处理机电流等一系列施工工艺参数与设备表征参数。"四航固基"号 DCM 船施工控制系统基本构成如图 12-2 所示。

1) 控制实施原理

上位机组态软件 WinCC 主要用于实现可视操作、监视设备、记录数据、报表输出等。下位机 PLC 主要用于发送 DCM 处理机、起重绞车、泥浆泵及相关阀件的控制信息,采集处

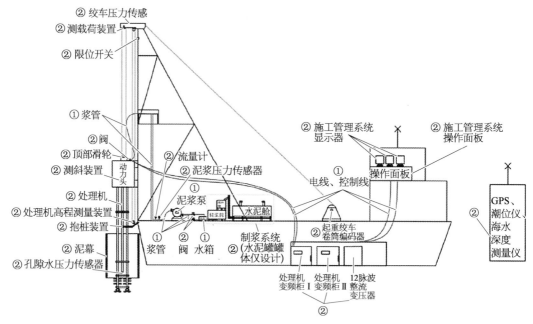

图 12-2 "四航固基"号 DCM 船施工控制系统基本构成图

理并发送潮位数据、船舶吃水数据、钻头高程数据、流量数据、处理机电流数据、处理机上拔/下贯速率数据、钻杆转向转速数据、管路压强数据、桩位处水深数据、桩 GPS 坐标数据、桩倾角数据、搅拌站数据等。施工控制系统采用了 PROFINET、PROFIBUS-DP、RS485、CAN 四种通信方式。

2）处理机电机控制

处理机电机控制分远程、本地和 PC 控制三种：本地操作在变频间摆放的电柜门板上进行；远程操作通过操作台上的按钮、电位计等进行；PC 操作通过与 PLC 相连的上位机上的软件进行。

（1）启动方式及控制分点动和自动两种，其中点动状态钻杆缓慢运转，供施工接、拆及冲洗钻杆时使用；自动为正常工作状态，由变频器控制从低速启动至设定速度。模式切换仅在停机情况下进行。

手动模式：按下停止按钮，电机停止工作。

PC 模式：程序中某项条件未满足时，电机停止工作。

任何情况下，按下急停按键，电机停止工作。

（2）满足以下条件之一时，控制系统自动切断电机回路，电机停止工作，在恢复状态之前不允许再次启动：① 按下急停开关；② 输入电压过低或过高且延时时间 t_1（一般整定为 6 s）；③ 电机温度超过 140℃。

（3）钻杆转速控制。处理机电机经过行星齿轮减速器、同步减速箱的减速后，钻杆转速范围为 2～62 r/min,对应电机调速频率范围为 5～155 Hz,并且调速范围内电机的实际消耗功率取决于负载的实际情况。钻杆转速为瞬时频率的 0.4 倍。手动模式下人工通过电位计来调节;PC 模式下根据程序设定的各阶段转速自动将钻杆转速控制在对应速度。

(4) 处理机整体上拔、下贯速度控制。手动模式下通过操控台操作手柄控制;PC 模式下 PLC 根据上位机给定的速度与测深编码器实测的速度比较,进行 PID 控制,通过不断下发指令到绞车变频器,使处理机平稳地保持在预设速度运动。

3) 制浆控制

施工管理系统与制浆系统通信、施工管理系统可在制浆系统授权的情况下,通过 PLC 向制浆系统下发制浆或停止指令。由于制浆系统将采集处理后的水秤、水泥秤、搅拌桶秤、储浆桶秤等信息实时传送给施工管理系统 PLC,同时将检测到的各搅拌器、阀件、水泥螺旋输送器的运行工况信息也传送给 PLC,PLC 将此信号数据传送至上位机,并通过上位机的图形界面显示出来,实现搅拌站数据及工况的实时监测管理。

4) 喷浆控制

当处理机钻头高程达到设计标高时,安装在桩架下部的高程编码器向 PLC 发出一个信号,当信号满足喷浆钻头高程后,PLC 将按设定逻辑参数向相关阀件,变频器接通泥浆泵电机,泥浆泵即在设定标高开始按设定参数喷浆,为使测定流量达到预设流量值,PLC 实时比较两者大小,并对输出信号进行 PID 运算,使测定流量逐渐平稳保持在设定值。同时钻杆、绞车也按设定参数动作,完成搅拌。当处理机自动灌浆至设定高程后,高程编码器向 PLC 发出另一个信号,当信号满足设定停浆条件后,PLC 将向电控箱的执行器发出停止指令,切断泥浆泵电机电源,泥浆泵停止向桩内灌注泥浆,完成一次自动灌浆动作。

5) 总体控制

系统上电后,各子系统自检并与施工管理系统建立数据链接,操作人员可根据 GPS 定位,将船移至桩位;自动调倾系统同时校正船体倾角。开始打桩后,工管理系统读取并记录 GPS 桩位、海底泥面高程、潮位等信息,确定桩底后,系统根据钻头高程、时间判定切换阶段达到按参数打桩,同时上位机计算桩底标高、桩顶、桩长度、预计浆量等,方便操作人员监控操作,并归档电流、高程、喷浆量、喷水量等数据到数据库,结束打桩后,操作人员可导出数据库数据及上位机上的临时数据到单桩报表中。

12.3 处理机系统

12.3.1 处理机结构及技术参数

DCM 处理机由动力头、钻杆、钻头、保持架和中心支撑杆等部件组成,其结构如图 12 - 3 所示。

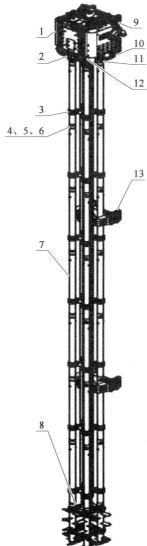

1—提挂装置;2—连接盘;3—中心杆保持架;4—锁定螺栓;5—垫圈;6—销轴;7—钻具总成;8—钻头保持架;9—供浆转换阀;10—线夹;11—管夹;12—动力头;13—活动抱桩器

图 12 - 3　DCM 处理机结构图

（1）动力头:是 DCM 机钻进成孔、成桩的动力源,它由 4 台 132 kW 专用变频电机驱动,超载倍数大,额定输出扭矩大。4 台立式变频电机通过联轴器与行星减速机连接,再通过齿轮将动力传递给输出轴、输出法兰盘与连接盘、钻杆、钻头,进行钻孔作业。

（2）连接盘:是动力头与钻杆之间起连接作用的部件。

（3）中心杆,即中心固定杆,通过十字保持架保证四根钻杆的中心距,不因入泥而发生偏移,从而保证成孔面积。

（4）钻杆:是由内、外接头和芯管组成,强度高,垂直度好。

（5）钻头分为平底式通用钻头和定心尖式硬质土钻头。根据不同地质情况,可选择不同钻头进行钻进,它的功能是定心、切削、输送钻屑与钻进成孔。

（6）十字保持架将四根钻杆与中心固定杆连接,钻头保持架将四根钻头固定,保证钻杆相互间距不因入水入泥而发生偏移,从而保证成孔面积;同时保持架也增加了钻杆的刚性,使钻杆承受较大压力而不发生大挠度变形,保持架衬套采用球墨铸铁,耐磨性能远远高于尼龙衬套。

（7）活动抱桩器:沿中心杆导轨和桩架导轨滑动,能够保证中心杆的垂直度。

12.3.2 搅拌刀具

目前主要的 DCM 搅拌刀具可以分为两大类:一种是以日本为代表,其特点是刀头部分切割齿与铰刀合二为一,切割齿方向与铰刀倾斜角度一致,掘进部未做特殊设计,结构简单,铰刀空间间距为 20~60 cm,倾斜角度较大,一般为 35°~45°。日本典型的搅拌设备如图 12 - 4 所示。另一种是以韩国为代表,其特点是刀头部分掘进部分分为两种,对于软土,其切割齿与铰刀合二为一,而对于硬土,采用螺旋状掘进刀头＋直立齿,最底层铰刀安装与其倾斜角度一致的切割齿;铰刀空间间距为 20~60 cm,倾斜角度较小,一般为 $25°$~$35°$。为了提高搅拌效率,有的铰刀位置安装了 3 个刀片。韩国典型的搅拌设备如图 12-5 所示。韩国典型的搅拌设备掘进刀头分为软土掘进刀头及硬土掘进刀头两种。从两种搅拌设备的施工实际效果来说,两者施工完成的 DCM 桩均可以达到设计要求。其搅拌效率取决于所配置的处理机切土搅拌旋转能力。

图 12-4　日本典型的 DCM 搅拌刀具

图 12-5　韩国典型的 DCM 搅拌刀具

　　根据"四航固基"号 DCM 船总体设计和处理机功率,自主研发了专用的搅拌刀具,包括通用钻头和硬质土钻头,如图 12-6 所示。

12.3.3　处理机受力计算

1) DCM 处理机螺旋钻进过程受力分析

DCM 处理机螺旋钻进过程受力阶段如图 12-7 所示。

(1) 开始钻入土层时,需要同时施加压力 P 和扭矩 M。

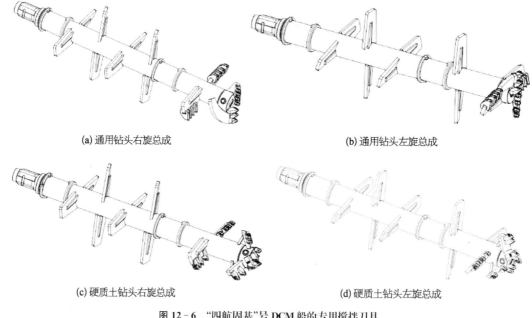

(a) 通用钻头右旋总成　　　　　　　　　　　　　　(b) 通用钻头左旋总成

(c) 硬质土钻头右旋总成　　　　　　　　　　　　　　(d) 硬质土钻头左旋总成

图 12 - 6　"四航固基"号 DCM 船的专用搅拌刀具

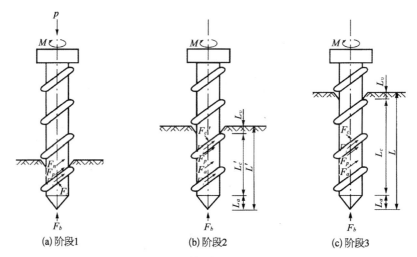

(a) 阶段1　　　　　　　　　(b) 阶段2　　　　　　　　　(c) 阶段3

图 12 - 7　DCM 处理机螺旋钻进受力阶段

（2）当螺旋成孔，钻进土层一定深度（土体未破坏），螺纹与土体之间摩擦力达到临界状态，此时扭矩达到峰值 M_1。

（3）下一阶段，螺纹开始破坏整个圆柱内土体，最终圆柱内所有土体强度破坏，以达到搅拌土体的目的。该过程中扭矩不会超过叶片带动整个圆柱形土体旋转剪切需要的扭矩，即整个土柱界面剪切破坏扭矩 M_2（类似十字板剪切的破坏过程）。

2）计算模型和假定

计算模型如图 12 - 8 所示，其中 d 为钻杆直径、r 为钻杆半径、D 为螺纹直径、R 为螺纹半径、B 是螺纹厚度。1 个螺距之间不同展开半径的螺旋钻表面展开如图 12 - 9 所示，其中 β 为螺旋角、l 为螺距。

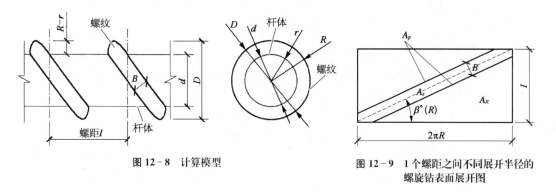

图 12 - 8　计算模型

图 12 - 9　1 个螺距之间不同展开半径的螺旋钻表面展开图

计算假定有以下几条：

① 假设土体和螺旋钻表面的黏结强度 q_s 为定值，而 q_s 本质上是螺旋钻进过程中土钉表面受到周围土颗粒的摩擦力。

② 假设螺旋钻匀速钻入土层，每钻进 1 个螺距长度时钻头旋转 360°，钻进过程没有破坏螺纹间土体的抗剪强度。

③ 螺旋钻竖直方向钻入土层，底部钻头承受的土压力为相应深度的地基承载力。

3）螺旋钻扭矩计算

螺旋钻进过程受力分析如图 12 - 10 所示。

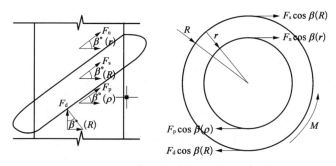

图 12 - 10　钻进过程中扭矩计算示意图

扭矩完整的计算式为

$$M1' = 2n\pi \left\{ r^2 [l\cos\beta(r) - B] + R^2 B + \frac{2}{3}(R^3 - r^3) \right.$$
$$\left. + \frac{l^2}{2\pi^2} [R + (\pi\sin\beta(r) - 1)r] \right\} q_s + \frac{lR^2}{2} f_a \tag{12-1}$$

式中　n——螺距段数；

r——螺杆半径;

R——螺纹半径;

B——螺纹厚度;

l——螺距;

q_s——螺纹表面与土体摩阻力。螺杆表面摩擦扭矩 $F_n r \cos\beta$ 和螺纹侧面摩擦扭矩 $F_s R \cos\beta$ 极小,可以忽略,故钻进过程扭矩也可用以下简化公式计算:

$$M1 = 2n\pi\left\{\frac{2}{3}(R^3 - r^3) + \frac{l^2}{2\pi^2}[R + (\pi\sin\beta(r) - 1)r]\right\}q_s \tag{12-2}$$

螺纹带动土体一起旋转形成土柱,由于螺纹分多层,最下面一层螺纹搅动的是未扰动土,上面螺纹搅动的是扰动土,土体抗剪强度有所下降。参考十字板试验的扭矩计算,钻进极限扭矩 $M2$ 可由以下公式计算:

$$M2 = \left(\frac{\pi}{2}D^2 l + \frac{\pi}{12}D^3\right)C_u + \frac{\pi}{2}D^2(n-1)l\frac{C_u}{St} \tag{12-3}$$

式中　D——螺纹直径,$D = 2R$;

　　　n——螺距段数;

　　　l——螺距;

　　　C_u——土的抗剪强度;

　　　St——土体施工扰动后的强度弱化系数(对于黏土为灵敏度,对于砂土没有相关术语,暂用 St 统一表示)。

4) 单轴 DCM 桩十字钻扭矩分析

单轴 DCM 桩十字钻施工过程与螺旋转类似,只是钻头螺纹与螺旋转有所不同。设计算参数如下:d 为钻杆直径、r 为钻杆半径、D 为十字叶片直径、R 为十字叶片半径、B 是螺纹厚度、h 是十字叶片宽度、β 为螺旋角、n 为叶片层数、q_s 为螺纹表面与土体摩阻力、C_u 为土的抗剪强度、St 为土体施工扰动后的抗剪强度弱化系数(对于黏土为灵敏度,对于砂土没有相关术语,暂用 St 统一表示)、η 为土体施工扰动后叶片与土摩阻力下降系数。

参考螺旋成孔钻进过程,十字钻施工扭矩计算分两部分:第一部分为最下面的叶片扭矩,可以认为主要由叶片摩擦扭矩和土体挤压扭矩组成;第二部分为上面叶片搅动的是扰动土,土体强度下降,考虑叶片与土体摩阻力的下降,下降系数取 η。扭矩 M_{d1} 可用下式计算:

$$M_{d1} = 2h\left[(R^2 - r^2)\cos\beta + (R - r)R\frac{\sin\beta^2}{\cos\beta}\right]q_s$$
$$+ 2(n-1)h\left[(R^2 - r^2)\cos\beta + (R - r)R\frac{\sin\beta^2}{\cos\beta}\right]\eta q_s \tag{12-4}$$

叶片带动土体一起旋转形成土柱,由于叶片分多层,最下面一层叶片搅动的是未扰动土,上面叶片搅动的是扰动土,土体抗剪强度有所下降。因此,极限扭矩 M_{d2} 可用下式计算:

$$M_{d2} = \left(\frac{\pi}{2} D^2 h \sin\beta + \frac{\pi}{12}(D^3 - d^3) \right) \frac{C_u}{2}$$

$$+ \left(\frac{\pi}{2} D^2 h \sin\beta (n-1) + \frac{\pi}{12}(2n+1)(D^3 - d^3) \right) \frac{C_u}{2St} \tag{12-5}$$

5) 四轴 DCM 桩十字钻扭矩分析

四轴 DCM 桩由 4 个单轴十字钻并列呈"田"字形,施工过程扭矩受力与单轴类似,但由于搅拌过程中有部分交叉,四轴的总扭矩比 4 根单轴之和小,约为其 80%。故四轴搅拌总扭矩可由以下公式估算:

$$M_{s1总} = 3.2 \cdot \left\{ 2h \left[(R^2 - r^2)\cos\beta + (R-r)R \frac{\sin\beta^2}{\cos\beta} \right] q_s \right.$$

$$\left. + 2(n-1)h \left[(R^2 - r^2)\cos\beta + (R-r)R \frac{\sin\beta^2}{\cos\beta} \right] \eta q_s \right\} \tag{12-6}$$

$$M_{s2总} = 3.2 \cdot \left\{ \left(\frac{\pi}{2} D^2 h \sin\beta + \frac{\pi}{12}(D^3 - d^3) \right) \frac{C_u}{2} \right.$$

$$\left. + \left[\frac{\pi}{2} D^2 h \sin\beta (n-1) + \frac{\pi}{12}(2n+1)(D^3 - d^3) \right] \frac{C_u}{2St} \right\} \tag{12-7}$$

12.3.4 处理机选型

处理机选型对 DCM 施工能力、施工环境的适应性有着至关重要的影响。处理机选型的主要内容有处理机总功率选择、电机类型、电机数量和传动模式等几个方面。

1) 处理机的数量

处理机数量直接影响船舶的建造成本和施工效率,处理机数量选型是 DCM 船选型的前提。每一台 DCM 处理机对应一簇 DCM 桩,处理机选型应根据施工现场 DCM 桩群分布及现场水深等情况综合确定,DCM 处理机主要的数量形式和分析结果见表 12-2。

表 12-2 DCM 处理机数量及分析

序号	DCM 处理机数量	施工能力	吃水	船舶造价	综合分析
1	1 组和 2 组	较低	较小	较低	施工适应性较好,施工能力低
2	3 组	适中	适中	适中	施工适应性及施工能力均较好
3	4 组~6 组	较高	较大	较高	施工适应性较差,施工能力高

2）处理机成桩截面

成桩截面可根据应用工程的桩型设计进行调整,目前常用的单组处理机成桩截面如图 12 - 11 所示。

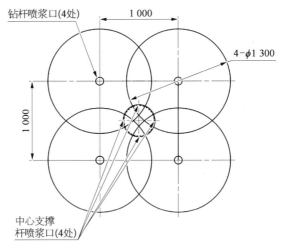

图 12 - 11　成桩截面图

3）处理机传动方式

处理机齿轮通过中间过渡齿轮两两啮合的形式(图 12 - 12),两台电机之间可通过功率补偿对处理机进行过载保护,并增强处理机的搅拌能力。同时,相邻钻杆两两方向相反,可以最大程度抵消钻杆的扭矩,使得处理机整体上扭矩平衡。

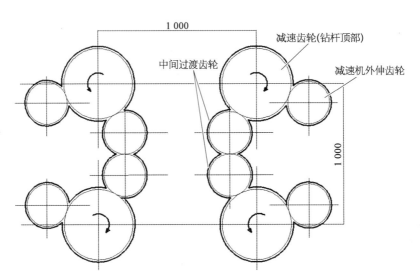

图 12 - 12　处理机传动方式

4）抱桩器及保持架

施工状态下,加装活动抱桩器,抱桩器及保持架如图 12-13 所示。

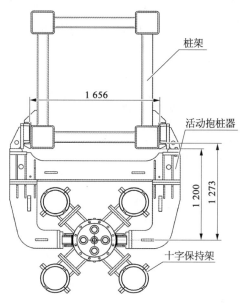

图 12-13　抱桩器及保持架示意图

结合应用工程实际情况,根据上述分析,通过计算确定了"四航固基"号 DCM 船所配备的 DCM 处理机主要技术参数,见表 12-3。

表 12-3　DCM 处理机主要技术参数

项　　目	参　　数
单根钻杆成孔直径	1 300 mm
单套处理机单次处理面积	4.64 m²/次
处理深度	水面下 42~45 m
钻杆轴数	4 轴
钻杆中心距	1 000 mm
钻杆长度配置	6 m、3 m、2 m(6 m 为标准配置,2 m、3 m 规格用于调节钻杆总长),总长 42 m
钻头长度配置	约 3.85 m
变频电动机额定功率	132×4 kW
钻杆输出转速	2~62 r/min
钻杆工作转速	20~60 r/min
钻杆扭矩	61~13 kN·m
贯入速度	0.3~1 m/min
上拔速度	0.3~1 m/min
叶片数	10 片(4+1 形式)

项　　目	参　　数
上拔切土次数	上部8 m,下部8 m,切土次数900次/延米,其余部分大于450次/m
喷浆口位置	4处位于每根钻杆底部(用于桩端处理喷浆)、4处位于中心杆下部(用于上拔喷浆)
配用浆管内径	65 mm
导轨中心至动滑轮中心距离	1 200 mm
操纵方式	操作室控制(施工管理系统)
总重量	约100 t

12.4　桩架系统

12.4.1　主要构造与技术参数

桩基系统主要由桩架、A字架、吊桩主起升机构、辅助起升机构、电气系统及安全装置组成,"四航固基"号DCM船桩架系统如图12-14所示。

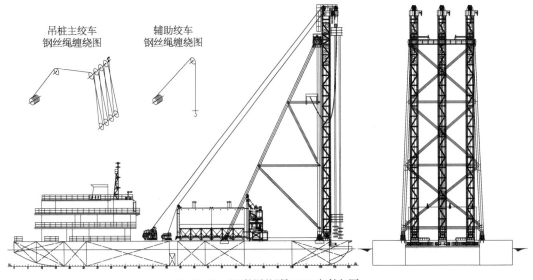

图12-14　"四航固基"号DCM船桩架图

1) 桩架

桩架共3组,布置在船体艉部。单个桩架由主结构、DCM处理机滑道、吊桩平台、桩架下部铰座等结构件组成。桩架适用于单桩直径为1.3 m的四轴DCM处理机。

桩架主结构均采用钢管和钢板焊接,钢管主要规格为方管(300 mm×14 mm)、方管(170 mm×8 mm),方管材料为Q345C。在主结构上部与A字架连接位置设置连接铰点,通过销轴与 A 字架顶部铰接。

DCM 处理机滑道采用槽钢 28c,焊接于桩架主结构两侧,DCM 处理机通过连接机构安装在滑道上,可上下滑动,由吊桩主起升机构提供动力。

吊桩平台设置在桩架主结构顶部,为箱形结构,与主结构四主肢焊接,吊桩平台上部后侧设置导向滑轮组,吊桩平台上部前侧设置主钩定滑轮组,右侧设置辅助滑车,主钩定滑轮组和辅助滑车均设有载荷限制器,能在控制室显示吊重载荷,并具有自动报警和限制功能。

2) A 字架

A 字架主要由主结构和前后铰座组成。A 字架主结构均采用卷制钢管或无缝钢管,材料均为 Q345C,其中 A 字架前主肢采用钢管变截面对接。主结构顶部设置桩架连接座和横向定位销轴孔,通过销轴与桩架上部铰点连接。

"四航固基"号 DCM 船桩架系统主要技术参数见表 12 - 4。

表 12 - 4 桩架系统主要参数表

序 号	项 目	参 数
1	主起升	3×100 t
2	辅助起升	3×8 t
3	主起升最大起升速度	2.2 m/min
4	辅助起升最大起升速度	6 m/min
5	起升高度	50 m
6	主起升钢丝绳倍率	10
7	辅助起升钢丝绳倍率	1
8	钢丝绳直径	36 mm、18 mm
9	桩架高	甲板面上 45.9 m
10	A 字架高	甲板面上 35 m
11	处理深度	水面下 35 m
12	两侧桩架相对于中间桩架的横向调节范围	3 200～6 000 mm

12.4.2 桩架横向移位

中间桩架为固定桩架,不可横向调节,两侧桩架均可横向调节,横向调节范围为 3 600～6 000 mm(桩架中心线距离船体中心线)、横向调节步距为 200 mm,在每个位置均设置横向定位销轴,且桩架上横向定位销轴孔也设计为长圆孔。与 A 字架之间采用长销轴连接,桩架可沿销轴横向滑移,横向定位采用步履式销孔定位,桩架下部铰座与桩架底座之间采用螺栓定位连接,桩架底座如图 12 - 15 所示。

桩架与底座之间连接螺栓拆除后,采用千斤顶横向顶推进行移位。为减小移位时桩架

可移桩架底座侧视图

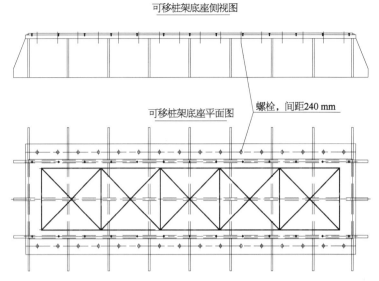

螺栓，间距240 mm

可移桩架底座平面图

图 12 - 15 "四航固基"号DCM船桩架底座俯视图及平面图

下铰座与底座之间的摩擦力，设计时在桩架底座面上敷设一层聚四氟乙烯滑板；为防止在顶推横移时，桩架翻倒，桩架下铰座设计成槽型倒扣结构。桩架顶部铰轴梁与A字架顶部横梁采取横移铰轴与竖轴的组合轴连接方式。桩架下铰及底座装配情况如图12 - 16所示。

桩架下铰座与底座装配图

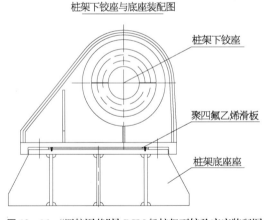

桩架下铰座

聚四氟乙烯滑板

桩架底座座

图 12 - 16 "四航固基"号DCM船桩架下铰及底座装配图

12.5 粉料泵送及存储计量系统

12.5.1 主要组成

海上DCM桩施工船舶的安全环保水泥快速入舱系统，精准可靠输送的粉料输送系统，稳定输送与存储。由卧式水泥舱、缓冲下料装置、变螺距螺旋输送杆、入舱水泥输送管、较均匀分料系统、除尘系统及水泥舱安全装置、料位测量系统组成如图12 - 17所示。

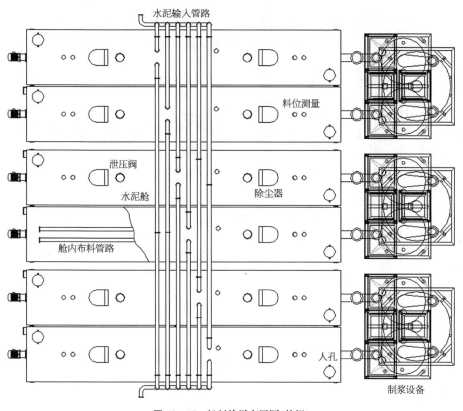

图 12 - 17　粉料输送布置图(俯视)

主要技术特点有：

(1) 粉料舱容量大、重心低、空间紧凑,利于船舶稳性。

(2) 入舱管路路径短、流线型阻力小、入料效率高、分料均匀,船左右舷两套完全独立管路,方便靠船,杜绝干涉,降低堵管风险。

(3) 疏解舱内压力,除尘效果好,噪声低粉尘小,设置压力表、安全阀,安全、环保、可控。

(4) 设置堵转式料位仪、雷达测深装备进行双控,便于舱内粉料观察。

(5) 采用变螺距螺旋输送杆,设置缓冲装置,减小输送杆压力,出料可控。

(6) 设备耐久性好,方便维修维护。

12.5.2　粉料存储系统

用于存储粉料的水泥舱为卧式结构,上半部为四方体,下半部为锥体。此结构重心低,有利于船舶稳性控制;容量大,有利于长期连续施工。

为降低重心,利于船舶稳性控制,采用 6 个容量大、重心低、并排布设的卧式水泥舱,为节约空间,水泥舱两个为 1 组,紧靠在一起,共 3 组,每组间距为 60 mm,布置在船主甲板中部,以船的纵向中线对称分布。水泥舱上半部为四方体,下半部为锥体,总长 14 m、宽 2.4 m、高 6.5 m,如图 12 - 18 所示。

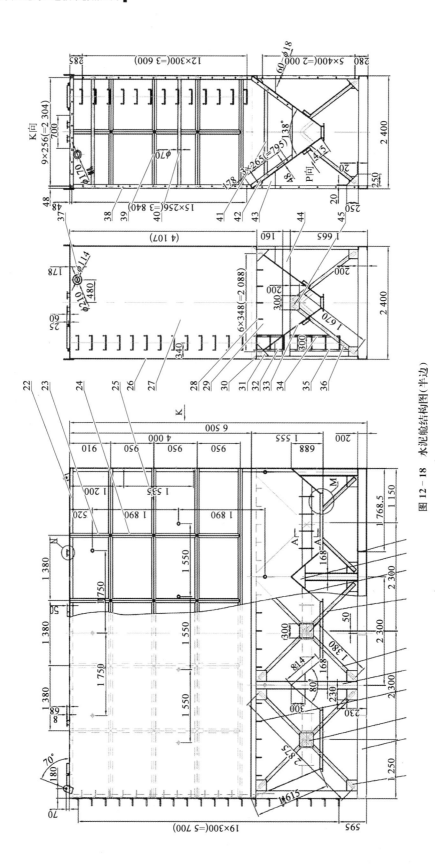

图 12 - 18　水泥舱结构图（半边）

为减小落料压力对螺旋输送杆的冲击,采用分隔,并使用伞形挡板挡住舱内水泥,只在料舱侧板和伞形挡板之间留一道缝,以减小螺旋输送杆的承压,如图 12 - 19 所示,使舱内水泥源源不断向螺旋输送杆分料。为保证供料的可靠性、准确性,加强挤压,避免堵管,采用变矩螺旋输送机并开发有效的 PLC 控制系统,对输送杆启动和停止时间进行控制,能够对出舱的水泥精准计量。

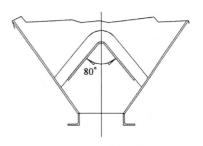

图 12 - 19　舱内伞形挡板

粉料快速入舱,均匀分布的管路设计,为方便封闭式水泥船卸料,在卧式水泥舱下设置可转换带手动蝶阀的入料口,考虑到水泥船卸料口径不一样,单侧唯一的入料口设置口径为 168 mm/150 mm,设内径为 100 mm/150 mm 转换接头,接入后通过设置 6 根带手动蝶阀的口径为 150 mm 的无缝钢管道入料。如图 12 - 20 所示,钢管沿水泥舱自下而上,并排布设,弯头曲率半径为 0.5 m,部分管道对接或回流采用斜接,管道路径较短,系统走向呈流线型,减小了粉料流动阻力,为粉料能够快速泵入料舱创造条件,一般粉料入舱速度为 100～120 t/h。粉料舱长约 14 m,为使粉料入舱后分料均匀,在粉料管从中间入舱后向分别两侧分料,根据粉料特性和速度,每一侧设置 3 个不同开口度料口,向长条形粉料舱内均匀粉料。为了便于水泥供料船靠泊 DCM 船两侧卸料,粉料舱在船左右两舷分别设置入料的入舱管道和阀门。左右舷入料管路完全独立,不相互干涉,避免堵管。

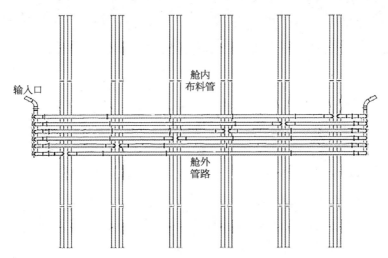

图 12 - 20　粉料输入管路俯视示意图

12.5.3　粉料计量系统

水泥舱锥体底部设置抗压伞形挡板,极大缓冲上部粉料重量形成的压力,变螺距螺旋输送机,开发有效 PLC 控制系统,对搅拌制浆设备供料,粉料输送精确、可靠。

测量仪器采用接触式和遥测两种方式进行双控,系统界面清晰,操作简易,具备高低位报警功能。

为减少入舱水泥压力,每个水泥舱顶布设 2 台 20 m³/h 的布袋脉冲除尘器除尘并泄压,为安全起见,设置 2 个自动泄气安全阀、1 个便于观测舱内压力变化的压力表。在水泥舱的前、中、后分别设置 1 个堵转式料位仪,另外在水泥舱前、后各设置了一个雷达测深仪,并通过线路传递到拌浆控制室,开发界面清晰友好的测量系统,如图 12 - 21 所示,显示水泥舱水泥高度,设置高低位报警功能,及时提醒粉料料位。

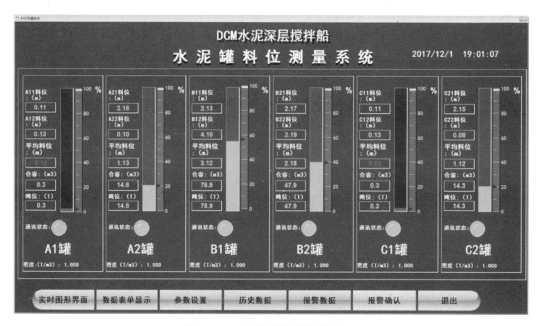

图 12 - 21　水泥舱料位测量系统界面

封闭式气力输送水泥船停靠在 DCM 船侧,将水泥输送管接到水泥输入口,紧固接口螺栓,打开拟输入舱的手动阀门,关闭余下 5 个手动阀门,开启拟输入舱的除尘系统。准备就绪后,开启水泥船气力输送系统泵送水泥,水泥通过外管道加入舱内分料管道,均匀向水泥舱内分料,除尘系统为水泥舱内粉尘进行除尘和减压,保证系统环保和安全,如除尘系统突发故障,水泥舱面的压力表会显示舱内压力,到一定压力值安全阀会自动打开,排解舱内过大的压力。水泥输送至一定高度,舱内 3 个不同部位的料位计就会报警,提醒舱内水泥已满。

变螺距水泥螺旋输送杆采用 PLC 控制,将舱内水泥送入搅拌水泥秤,通过对输送杆启停控制,调控水泥的出舱量。

12.5.4　制浆供浆系统

制浆系统由主机、水泥储罐、注浆泵、各物料秤、拌浆桶、储浆桶、水泵、空压机及除尘器和电子配料系统等部件组成,如图 12 - 22 所示,具有全自动 LED 显示管理模式,可对进水量、进水泥量、附加剂量和水泥配比等一系列工作进行自动化显示及控制等,也可手动

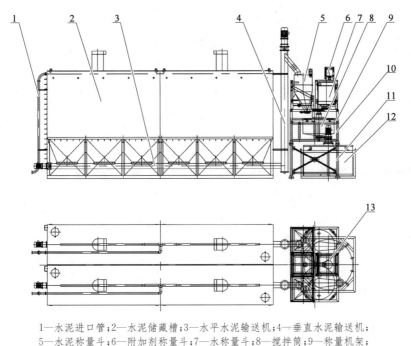

1—水泥进口管;2—水泥储藏槽;3—水平水泥输送机;4—垂直水泥输送机;
5—水泥称量斗;6—附加剂称量斗;7—水称量斗;8—搅拌筒;9—称量机架;
10—搅拌筒称量架;11—底架;12—储浆筒;13—供水系统

图 12－22   制浆系统部件说明

单独调试每个动作。

1) 水泥储罐

水泥储罐底部每个出料口都安装有振动器,在出料不顺畅时可点动振动器可加快水泥出料速度,但不能长时间开启振动器。顶部安装除尘器,防止扬尘。

2) 搅拌系统

二层的搅拌系统由 2 个搅拌桶组成,可将完成配比的各种物料按设定要求充分搅拌后卸料至储浆桶待用。

3) 配料系统

三层的配料系统由 2 个水泥秤、2 个水秤、2 个附加剂秤组成。为保证秤台计量的精确度,所有秤台均采用拉杆式平衡秤,避免由于振动、摇晃影响计量精度,水秤、添加剂秤都装有粗加料、精加料的功能。水泥秤底部加装振动器,使得水泥投放更快、更干净。

4) 主控室及储、供浆供气系统

主机底层的主控室是整套设备的指挥室,可选两种运行模式,即自动和手动方式,监控各部件的正常运转。实时显示施工中的各种数据,并实现保存、查询、拷贝及打印。

储浆系统是把搅拌完成的水泥浆储存等待输送的一个部件,可对料位进行控制及可空位显示,每个出浆口安装有气动阀门,根据要求输送浆液。

供浆系统由 4 台注浆泵组成,连接储浆系统,将浆量输送需要的外部施工设备。供气系统为完成配料、卸料及输送的气动阀门和排浆阀门提供气源动力。

制浆系统控制界面如图 12 - 23 所示,供浆系统水泥浆高效输送系统管路如图 12 - 24 所示。

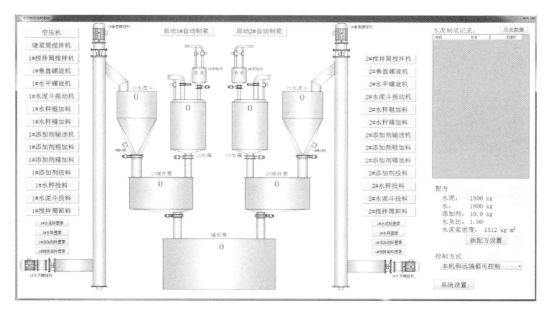

图 12 - 23　制浆系统控制界面

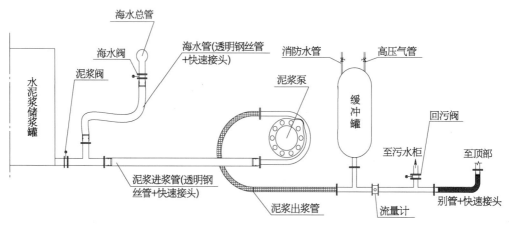

图 12 - 24　水泥浆高效输送系统管路图

12.5.5　自动冲洗防堵系统

为防止泥土堵塞出浆口清洗钻头及防止管路堵塞,"四航固基"号设计安装有一套自动冲洗防堵系统。

经过冲洗钻头试验判断,出口压力为 0.45 MPa 以上,喷射水流为直流柱状且流量达到 6 m³/h 时,可有效将钻头上黏结的泥土等清洗干净,为达到上述指标,选型流量可达 85 m³/h、扬程 75 m 的多级增压泵,选用方便现场调试调整喷水方向的万向直流柱状喷嘴,采用 3 台多级增压泵并列接入清洗钻头海水总管方案,灵活调整增压泵的开启数量,即可达到钻头自动冲洗的目的,如图 12-25 所示。

图 12-25　自动冲洗钻头效果图

除了冲洗钻头,自动冲罐、冲管防堵也十分重要,"四航固基"号 DCM 船每台处理机有 4 个海水阀、4 个气阀用于冲洗注浆管路和缓冲罐,通过将脉冲的次数和开关阀门的顺序输入计算机来控制,这样既可保证冲洗的次数,也能提高冲洗效率。操作设置界面如图 12-26 所示。

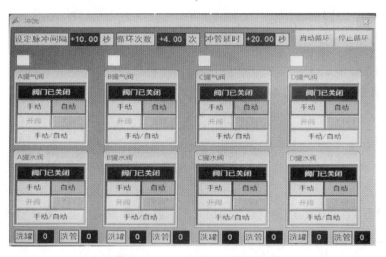

图 12-26　自动冲罐冲管操作界面

12.6 船舶浮态智能调节系统

DCM 船主要功能为水泥搅拌打桩作业。根据要求,水泥桩垂向倾斜度不得大于 1/100。DCM 船桩架与普通打桩船相比具有特殊性,普通打桩船桩架与船舶之间是铰链连接,桩架本身倾斜角度可调,而本船桩架与船体之间刚性连接,桩架不具备调整倾角的能力。因此,船舶设计时应考虑船舶本身具有调整船舶纵、横倾的能力,且为保证施工质量,施工作业前要使船舶处于平浮状态。

为满足船舶纵、横倾调节要求,最有效的方法就是船舶设立压载水系统,是船舶设计中被广泛采用而不可缺少的手段。船舶采用压载水系统的特点是简单、方便、快捷。本船艏、艉设有 1 对纵倾调节水舱,两舷设有 1 对横倾平衡调节水舱。

DCM 机开始作业时,DCM 机会逐渐下降与海水及水下泥沙接触,即此时 DCM 机逐步失重。当 DCM 机全部失重,此时不调整纵倾平衡水时,船舶会尾倾 1.39 m(倾角 1.12°),若不及时进行纵倾调平,则会造成后续的打桩作业不能有效完成,即后续打桩作业时必须始终保持船舶处于平浮状态。同样,随着船上的水泥、油水的消耗,也会造成船舶的浮态发生变化,此时也须及时调整船舶浮态使其始终处于平浮状态。因此,必须设置能快速反应并有效调整浮态的自动平衡水系统。

船舶调平系统主要功能是在船舶作业时保持船舶平衡,也可使船体在特殊情况下保持一定的倾角状态。本船调平系统主要由 PLC、计算机、压载泵控制箱、电动阀门控制箱、压载舱液位传感器等组成。PLC 采集所有的监控信号,在调平状态下,压载泵及阀门由 PLC 及泵遥控启停单元控制。自动状态下根据纵、横倾角度与设定的平衡角度进行比较,继而控制压载水的调拨,从而使船舶维持平衡,满足作业工况的要求。

12.6.1 浮态智能调节原理

1) 浮态调节系统的组成

浮态调节系统主要由纵向平衡水泵、横向平衡水泵(压载水泵兼)、液位/吃水测量系统、计算机工作站、泵控系统及阀门遥控系统等组成。

2) 浮态调节系统的工作原理

液位/吃水测量装置用于监测全船各液舱的液位及四角吃水。系统通过顶装式或侧装式压力传感器对全船包括压载舱、平衡水舱、四角吃水进行测量监测,同时通过倾角传感器监测纵横倾角度。信号通过控制台仪表显示测量数据,数据通过通信送至计算机工作站。

计算机工作站根据倾角传感器检测的角度与设定的平衡角度进行比较,判断横倾程度是否超过设置值,在自动状态下,如果横倾值超过设定范围,继而控制泵控系统及阀门遥控系统,启动平衡水泵对平衡水舱内的压载水进行调拨,从而使船舶达到平浮状态。

3) 浮态调节系统的调节能力

本系统总管通径为 DN450,支管通径为 DN250。当外舷 1 台 DCM 机完全处于失重状态,且此时相同侧水泥舱水泥耗尽(其余水泥舱为满舱状态),此时船舶处于最大横倾状态。这时两台压载水泵(兼横向平衡水泵,单台水泵流量为 192 m^3/h)同时工作能在 10 min 内调载 50 m^3 水,使船舶迅速恢复平浮状态。

DCM 机开始作业时,DCM 机逐渐下降与海水及水下泥沙接触,即此时 DCM 机逐步失重。当 DCM 机全部失重,此时不调整纵倾平衡水时,船舶呈最大尾倾状态,纵倾角度达 1.12°。这时三台纵向平衡水泵(单台水泵流量为 550 m^3/h)同时工作能在 10 min 内调载 260 m^3 水,使船舶迅速恢复平浮状态。

12.6.2　船舶浮态测量系统

DCM 系统上船最主要的是应考虑船舶的纵横倾的监控、船舶位置、船舶吃水、作业海域的潮位的监测,DCM 施工管理系统可以对上述参数进行参数确认和修正。本船设置一套船舶调平系统,该系统能够通过人机界面监测控制船舶压载状况,具备预调平、调整重量中心功能(控制 2 台压载泵,约 16 个带限位开关电动遥控阀)。系统运行模式为自动/半自动/停止/手动,可设置偏差范围。具备各压载舱(共 6 只压载舱)液位监测功能。

阀门遥控系统用于对全船压载舱电动遥控阀门进行远程遥控操作,可通过安装于驾驶室的计算机操作或 MIMIC 操控,可以通过 MIMIC 上的旋钮进行 MIMIC 板和计算机的控制切换。当失电状态下,电动遥控阀门可以通过手轮进行现场就地操作。

液位遥测系统用于监测全船压载舱的液位及四角吃水。系统通过压电式液位传感器对全船压载舱、四角吃水进行测量监测,同时监测纵横倾角度。信号通过控制台仪表显示测量数据,数据通过通信送至计算机。船舶纵横倾及四角吃水信号由船舶监测及船舶远程监测系统提供。

该 DCM 船设潮位仪一套,通过潮位仪测量的潮汐变化和船舶调平系统提供的船舶纵横倾的变化、吃水的数据,海水深度数据,施工管理系统可以进行自动进行校正,保持作业的要求的精度。

12.6.3　船舶浮态控制系统

本系统硬件部分主要由 2 台计算机工作站、1 块 MIMIC 控制板、1 套测控箱、1 套四角吃水显示报警板、10 块单元表等组成,系统如图 12-27 所示。本系统阀门遥控及数据信号采集采用西门子 S7-300 系列模块,该系列模块具有采集精度高、性能稳定、安全可靠、价格适中且便于更换等优点。2 台计算机工作站与 PLC 之间的通信采用以太网总线模式。

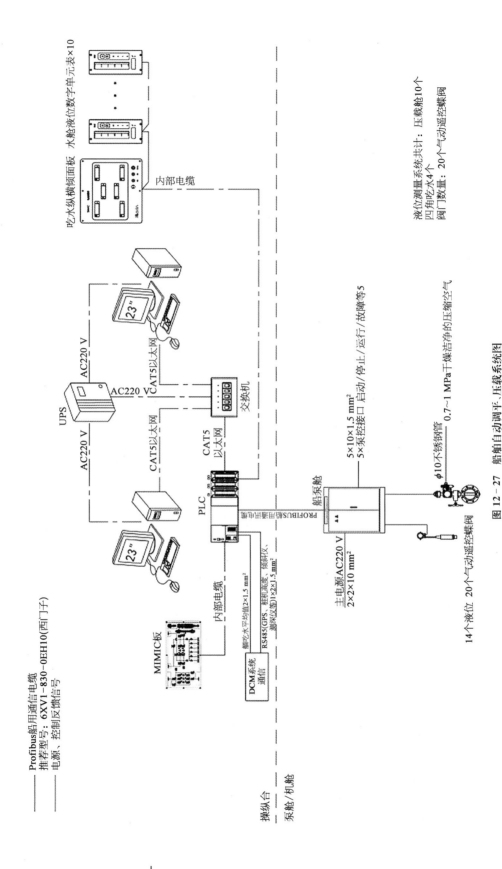

图 12 - 27　船舶自动调平、压载系统图

12.6.4　船舶浮态智能调节

只有当操作权限在触摸屏自动控制状态下,系统检测到数据没有违反前述参数设置程序;系统下属部件无故障,才能进行自动调平,下属部件包括系统的通信信号和电源、左右平衡舱传感器、左右吃水传感器、阀门 BW60\BW61 和遥控、管路系统、水泵等完好。

(1) 系统处在正常准备状态下,关闭所有阀门,关闭所有水泵。当系统检测到船舶右(左)倾超限(整定值),自动启阀工作,水可以顺利从右(左)平衡调入左(右)平衡舱。

(2) 系统处于正常准备状态下,关闭所有阀门,关闭水泵。当系统检测到船舶右(左)倾超限时,阀自动开启,启动水泵,水可以顺利地从右(左)平衡舱调拨入左(右)平衡舱。

当线路故障,系统无法实现自动模式,在这种情况下通过操作权限转换手动控制。

保持船舶自动调平系统正常运行,注重系统的养护和管理十分重要,经常对系统进行必要的检查和核对,确保其工作的精度,主要包括以下几个方面:

(1) 检查管系是否完好,防止管路法兰连接处漏水,管路控制阀件启闭要自如,关闭密封性好,校对控制位置指示是否正确对应,保持遥控控阀动力源正常。

(2) 检查水泵运行平稳情况,特别注意轴承声响和温度,及时消除轴封漏水,检测泵运行中吸排压力指示是否正常。

(3) 定期检查传感器信号与液位指示是否正常,了解测试值与整定值的对比计算。

(4) 严格按操作规程和设置权限操作,正确设置界面参数,既要满足船舶工作需要,又要确保船舶安全。

(5) 当系统出现故障时,及时查明原因尽快修复,在手动或自动转换时一定确认位置正确。

(6) 在进行压载水外排时严格遵守特定区域压载水排放规范,执行经压载水处理系统后的排放标准。

第 13 章

海上 DCM 法软基加固数字化
施工工艺技术

DCM 法作为一种就地加固软基的环保技术,在日本、韩国等发达国家中得到了广泛应用。一直以来,该技术的核心装备系统与施工技术均被发达国家所垄断。20 世纪八九十年代,我国从完全引进日本海上 DCM 装备、技术及人员加固天津港东突堤南北侧码头底部软基,到模仿研制第一代 DCM 船舶装备用以烟台港西港池二期工程建设,均未能突破核心技术瓶颈,以致在建设过程中备受掣肘。此后二十余年期间,国内涉水基础工程建设领域未能应用海上 DCM 技术,而是采用了替代方案,一定程度上对国民经济及环境保护造成了不可逆转的影响。

与陆域软弱土体相比,水域软弱土体通常具有含水率高、孔隙比大、渗透系数小等不良工程特性,且处理深度范围内地层更为复杂,浅表层多为浮泥、超软弱土等,处理加固难度高。随着水工建构筑物朝着深水化和大型化发展,地基处理的深度和厚度将不断增大。此外,海上 DCM 复合地基是作为上部结构基础,可视为永久性结构,施工质量要求高。

13.1 工艺流程

总体上看,海上 DCM 应用主要分为工程规划、勘察、初步设计与施工图设计、施工、竣工(质量检测)等阶段,应用总体流程如图 13-1 所示。

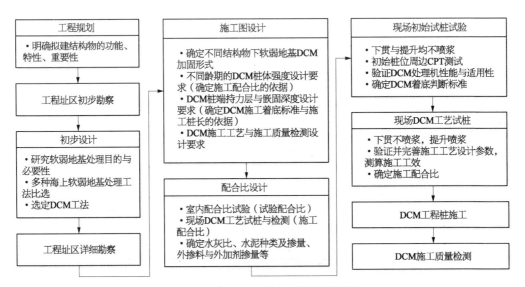

图 13-1 海上 DCM 技术应用总体流程图

勘察阶段主要任务是通过勘察钻孔、静力触探测试及室内测试等方式探明工程址区地质条件,尤其是地基处理深度范围内土层分布及其性质,以及可能存在的影响处理机贯入的障碍物,为地基处理方案选择、工程设计与施工工艺等提供依据。

设计阶段主要任务是基于上部结构、工程地质、环境等因素,通过计算分析并确定地基承载力、沉降与稳定性均满足要求的 DCM 软基处理加固形式,并提出 DCM 桩体强度、桩端持力层等设计要求。

确定配合比是海上 DCM 技术应用中的一项重要工作,包括固化剂、水灰比、外掺料、外加剂等材料的选择及其掺量。首先,在设计阶段,基于 DCM 桩体设计强度要求,结合以往工程经验,设计方给出初步的设计配合比;然后,通过水泥土室内配合比试验提出试验配合比;最后,通过现场工艺试桩及试桩检测优化并确定施工配合比。

根据要求,海上 DCM 正式施工前需进行现场试桩,包括现场初始试桩试验与现场工艺试桩。其中,前者旨在验证每组 DCM 处理机性能是否满足处理深度、切割搅拌土体等要求,并建立施工着底判断标准,现场初始试桩试验中处理机下贯与提升过程中均不喷浆(水泥浆);后者旨在验证和确定有效的施工配合比及合理的 DCM 施工工艺参数,掌握施工工效,以指导后续正式施工,现场工艺试桩流程与正式施工工艺流程基本一致。

此外,从施工质量控制角度分析,海上 DCM 应用总体流程中,工程规划、勘察、设计、室内配合比试验及现场试桩属于事前控制环节,DCM 工程桩施工过程属于事中控制环节,施工完成后进行的质量检测属于事后控制环节。

通常情况下,在进行现场海上 DCM 施工前,应先在海上 DCM 施工区域的泥面上铺设土工布,并在土工布上抛填 2 m 厚砂垫层,主要目的有:① 防止水泥浆液溢出进入水体,也可防止施工过程中松散的表层土在海水刷洗及潮位波动的影响下混入水体中而污染水质;② 处理机钻头完成搅拌加固后提升至表层进入水体前,砂垫层可作为隔滤层,清洗黏附在钻头表面的污泥,以免对水体造成污染;③ 在顶部砂垫层覆盖下,有利于保证 DCM 桩顶成桩效果。

在完成砂垫层铺设、施工船移船定位、防污帘安设、施工控制系统调试及施工参数设置等准备工作后,开始海上 DCM 施工,单桩施工工艺流程如图 13-2 所示。

以"四航固基"号 DCM 施工船为例,对海上 DCM 单桩施工主要工序介绍如下。

1) 移船定位

"四航固基"号 DCM 船上安装有 4 台 GPS,其中 2 台备用,并安装有 1 台倾斜仪。通过定位系统软件可接入任意 2 台 GPS 与倾斜仪,精度可控制在 1 cm 内。结合当地的坐标和高程控制网,通过定位系统可建立船体定位体系。根据 DCM 桩设计桩位坐标的位置定出锚位,移船至施工桩位置抛锚完成粗定位,在定位系统中输入桩位坐标即可显示移船距离,通过绞动锚缆将船精确移至桩位,误差可控制在 ±10 cm 以内。通过调节船舶压载舱的水重可以控制桩架的垂直度,并通过倾斜仪显示在定位系统界面。

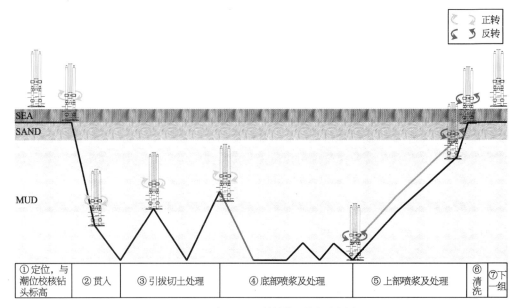

图 13-2　海上 DCM 单桩施工流程示意图

2) 施工参数设置

"四航固基"号 DCM 船采用成熟的工业自动化控制技术,依靠工程电脑、自动控制设备及传感器,通过软件编程,实现海上 DCM 施工过程中的各种动态逻辑控制,确保成桩过程中施工参数的精确性、可靠性、高效性,保证海上 DCM 施工质量。

施工开始前,需先通过施工控制系统中的"打桩参数"设置界面输入施工工艺参数,包括下贯速度、提升速度、转速、喷水流量、喷浆流量,形成有效控制施工过程的路径曲线。此外,通过施工控制系统中的"仪表"参数设置界面,修正钻头的标高与高程编码器显示的标高,使得实际的钻头高程与施工操作界面实时显示的钻头高程一致。

3) 下贯钻进

当 DCM 钻机旋转叶片进入基床之后,开启钻杆旋转,钻杆底部的旋转叶片旋转切割土层,降低土层的强度,利用钻杆自重下钻。当 DCM 处理机旋转叶片穿透进入土层,根据电流值的大小调整下贯速度和喷水量。考虑到桩体底部的土强度较高,一次下贯切土不易将土体切碎,在钻头到达桩底后,增加一个倒"V"流程,上拔至硬土层顶面后继续搅拌切土,确保土体充分切割,改善拌和体的搅拌质量,提高搅拌均匀性。

4) 喷浆加固

底部喷浆口位于搅拌翼的底部,中心杆喷浆口位于搅拌翼上部中心杆下部,为了保证喷浆的连续性及搅拌次数,底部硬土层使用下部喷浆口下贯喷浆,喷浆的起始位置与上、下部喷浆口距离相关,同时考虑上下段搭接长度以及管路中水体排净时间,上部采用中心杆喷浆口上拔喷浆,整个过程均为自动控制。

5) 管路清洗

打桩结束后,上拔钻杆,使用大流量海(河)水清洗管路及钻杆,在流量稳定且泥浆泵压力不大的情况下确保喷浆口的出水干净,通过施工控制系统可以实现"一键冲洗"。

6) 数据处理

成桩过程中,施工管理系统会自动记录各种施工数据,包括喷浆量、处理机运动速度、转速、电流值、喷浆压力等。作业结束,导出数据,生成数据报表。

13.2 数字化施工控制体系

DCM施工管理采用成熟的工业自动化控制技术,依靠工程电脑、自动控制设备及各种传感器,通过软件编程,实现施工中的各种动态逻辑控制,确保成桩过程中施工参数的精确性、可靠性、高效性,实现海上DCM软基加固自动化、数字化施工,切实提高DCM桩成桩质量。上位机在自动模式下,操作人员点击开始打桩后,程序自动控制处理机作业,并按设定参数自动完成各动作,直至按设定参数自动完成打桩,并通过人机交互操作界面,可以实时监控及调整施工过程参数。DCM施工操作控制如图13-3所示,其自动化、数字化施工控制体系及内容见表13-1~表13-6。

图13-3 施工控制系统(控制室)

表 13-1 全自动施工各动作控制方式

类 别	动 作	控制方式
处理机整体运动	上拔/下贯	自动控制
	速度给定	自动控制
管路流体	底部喷水/底部喷浆/中心喷水/中心喷浆/不喷	自动控制
	流量给定	自动控制
处理机搅拌翼转速	正转/反转	自动控制
	转速给定	自动控制
引拔次数	上/下	自动控制
	高度给定	自动控制
桩底确认	确认桩底	人工判断手动确认
制浆	提前制浆时机	人工判断
	预制浆量	自动计算,人工下发指令执行
桩顶确认	确认桩顶	自动/手动介入
补制浆	补浆量	自动计算,人工下发指令执行

表 13-2 施工控制系统实时显示的数据

类 别	显示内容
实时显示值	① 处理机电机频率(Hz)、电流(A)、转矩(%); ② 管路压强(MPa)、管路流量(L/min); ③ 泥浆泵电机频率(Hz)、电流(A); ④ 绞车电机频率(Hz)、电流(A); ⑤ 绞车出绳速度(m/min)、起重钢丝绳荷载(t); ⑥ 船体吃水(m)、船体四角水深(m)、船体纵倾角(度)、横倾角(度); ⑦ 钻杆转速、处理机贯入/上拔速度; ⑧ 搅拌系统各秤实时数值(kg); ⑨ 桩号、桩位实时坐标、潮位(m)
实时显示计算值	沙面标高(mPD)、入泥深度(m)、钻头高程(mPD)、桩底标高(mPD)、桩顶标高(mPD)、桩长(m)、处理机瞬时总电流(A)、累计总注浆量(m³)、钻头初始高程(mPD)、每米浆量(L/m)、预计浆量(t)、距停喷浆点距离(m)、预计还需浆量(t)
显示设计参数	长桩各阶段设计值、短桩各阶段设计值、输入每米浆量(t/m)、搅拌系统配方(水泥量、水量、水灰比、水泥浆理论密度)

表 13-3 施工控制系统设备状态的实时显示

类 别	项 目	工作状态显示方式	报警状态显示方式
制浆系统	螺旋输送器	图形静态示意,默认灰色,工作绿色	无
	气动蝶阀	图形静态示意,关闭灰色,打开绿色	无
	搅拌器	图形动态示意,默认禁止,启动二维旋转	无
	称量	图形动态示意,有值按比例显示绿色进度条	无

（续表）

类　别	项　目	工作状态显示方式	报警状态显示方式
供浆系统	气动蝶阀	图形静态示意,关闭灰色,打开绿色	显示红色警示文字
	泥浆泵	图形静态示意,正转绿色、反转红色、停止灰色	故障图形变红色
	管路	灰色线条静态示意	无
	缓冲罐	图形静态示意	无
	压力传感器	图形静态示意	实时监视参数变红色
	电磁流量计	图形静态示意	无
	中心喷浆口、底部喷浆口	图形静态示意,默认灰色、喷水蓝色、喷浆绿色	无
处理机	处理机电机	图形静态示意,默认灰色、工作绿色	故障红色
	搅拌翼	图形动态示意,正转粉色二维旋转、反转红色二维旋转	无
绞车系统	电机	图形静态示意,默认灰色、工作绿色	故障红色
	钢丝绳	线条静态示意,默认灰色	无
	荷载传感器	图形静态示意	无
污水舱		图形静态示意	无
海水总管		图形静态示意	无

表 13-4　施工控制系统实时水下工况的显示

类　别	显示方式
砂垫层	图形静态显示
钻头组	图形静态显示,默认亮黄色
处理机整体运动方向	图形箭头静态显示
待处理软基	图形静态显示,默认灰色
已处理软基	图形动态显示,已处理为深黄色,随着桩长加长,已处理软基条形图加长
所处工艺阶段	折线图静态示意工艺曲线(默认灰色,下贯喷浆折线为粉色,上拔喷浆折线为红色),动态示意所处阶段(已进行或正在进行折线变为绿色)

表 13-5　施工控制系统报警列表的显示

类　别	报警内容
监视数值超限报警	管路压力超上限、钻杆电流超上限、绞车电流超上限、泥浆泵电流超上限、荷载超下限、倾角超上限、储浆罐浆量超下限
设备故障报警	阀门开故障/关故障、绞车极限位、泥浆泵软管破损

表 13-6　施工控制系统实时趋势的显示

横轴趋势	时　间
纵轴趋势	处理机电流、泥浆泵喷水流量、喷浆流量、钻头高程、钻杆转速

13.3 施工关键技术

13.3.1 持力层数字化实时判别

目前,海上 DCM 复合地基工程设计中通常以桩端土层 CPT 锥尖阻力值作为确定 DCM 桩端目标持力层的依据。实际工程中,DCM 桩数量大,不可能在每簇 DCM 桩桩位处均进行 CPT 测试;另外,处理范围大,不同区域的工程地质条件存在差异。因此,判断钻头达到目标持力层的有效、便捷的方法,对于海上 DCM 施工至关重要。

由海上 DCM 应用整体流程可知,正式施工前需在工程址区进行初始试桩试验与工艺试桩,其中,现场初始试桩试验的主要目的之一是建立设备响应参数与土层性质之间的关系,作为海上 DCM 正式施工过程钻头底部达到目标持力层的依据。处理机下贯达到目标持力层后,结合设计嵌固深度要求,进而确定施工桩长。

初始试桩试验开始前,在每一组处理机将要施工的第 1 根试验桩桩位处布置 3 个等间距的 CPT 测点,每一个测点可确定一个满足设计要求的持力层位置,三者平均即可得到此 DCM 桩的持力层位置,如图 13 - 4 所示。在初始试桩试验过程中,当处理机按照拟定的下贯速度、恒定的喷水量和恒定的转速下贯,施工控制系统会自动记录处理机到达持力层的设备指标参数(通常为扭矩,以处理机的电流表征),将此电流值作为该处理机在持力层的电流特征值,即建立了土层力学参数与处理机下贯电流之间的关系,据此确定了目标持力层判别标准。由于不同组处理机的设备性能存在差异,其电流特征值也不相同,因此,每一组处理机都应进行此项测试。

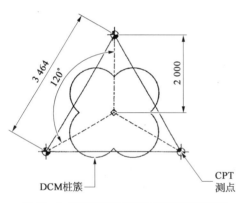

图 13 - 4 现场初始试桩试验 CPT 测点布置图

“四航固基”号 DCM 船安装有 3 组处理机和 3 套水泥浆搅拌系统。每组处理机安装有 4 根钻杆(即“四轴处理机”),钻杆中心距为 1 000 mm,输出转速为 2～60 r/min,总重约 100 t。处理机的最大扭矩 61 kN·m、额定功率 4×132 kW、额定电流为 4×347 A。处理机在空转时的扭矩(电流)与转速呈反向关系,如图 13 - 5(a)所示。当转速低于 20 r/min 时,处理机的扭矩最大为 60 kN·m,此时的电流值也最大为 640 A 左右;转速高于 20 r/min 时,处理机的扭矩及电流随转速的增大而减小,当转速达到 60 r/min 时,扭矩达到最小为 14 kN·m,此时的电流值也最小为 320 A。处理机的扭矩与电流成对应关系,如图 13 - 5(b)所示。

对于“四航固基”号施工船,其施工控制系统界面上可直接实时显示海上 DCM 施工过程中处理机的电流值,并在施工结束后导出数据曲线,如图 13 - 6 所示。通过电流值的大

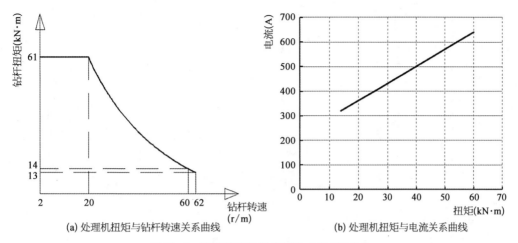

(a) 处理机扭矩与钻杆转速关系曲线　　(b) 处理机扭矩与电流关系曲线

图13-5　处理机扭矩与钻杆转速、电流关系曲线

小判断当前钻进土层情况及钻杆的受力情况,并调整喷水量,保证下贯切土搅拌,同时避免处理机因负荷过大而损坏。

由图13-6可知,处理机电流值不仅与下贯钻进的土层有关系,还与下贯喷水量密切相关,表13-7为"四航固基"号DCM船在深圳至中山跨江通道项目试验区试桩时统计的不同土层中喷水量、电流值数据。因此,在海上DCM施工中,应按照通过现场初始试桩试验后确定的施工下贯参数进行施工,尤其是在达到预计持力层位置上下处理范围内,确保通过处理机电流能准确判断钻头所在土层是否满足持力层要求。

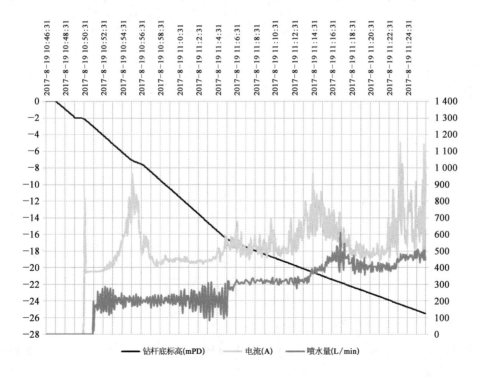

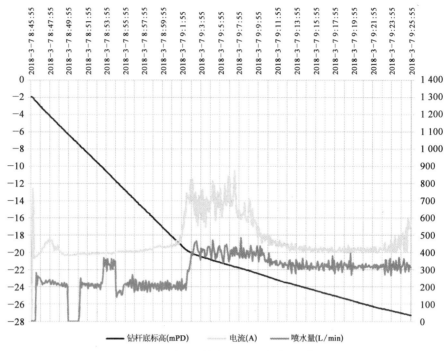

图 13-6　施工下贯过程电流值与喷水量数据

表 13-7　某试验区不同土层中喷水量、电流值数据统计一览表

序号	桩　号	淤　泥			淤泥质土			粉质黏土		
		喷水量 (L/min)	电流最大 值(A)	位置 (m)	喷水量 (L/min)	电流最大 值(A)	位置 (m)	喷水量 (L/min)	电流最大 值(A)	位置 (m)
1	DCM-11	0	594.3	-21.7	200	674	-22.2	320	685	-35.2
2	DCM-12	0	521.3	-21.3	200	665.9	-23.3	400	562.6	-35.1
3	DCM-13	0	465.1	-21.2	200	633.6	-25.8	320	468.7	-34.1
4	DCM-21	0	578.7	-21.5	200	628.7	-29.4	320	723.8	-35.1
5	DCM-22	0	503.9	-22	200	559.6	-26.0	400	632.5	-35.1
6	DCM-23	0	566.8	-22.8	200	573.3	-26.4	400	698.9	-35.2
7	DCM-31	0	560	-20.2	320	759.5	-29.3	400	645.6	-35.2
8	DCM-32	0	515.3	-21.8	200	620.5	-27.5	400	798.4	-35.2
9	DCM-33	0	581.4	-21.8	200	605.6	-29.7	400	843.2	-35.2
10	DCM-91	0	501.2	-22.3	400	648.1	-30.6	320	907.5	-35.2
11	DCM-92	0	510.9	-21.6	200	594.5	-25.5	400	530.3	-35.1
12	DCM-93	0	471.8	-21.6	320	605.5	-26.2	320	536.8	-35.2

13.3.2　自动化施工路径曲线分析

海上 DCM 施工路径曲线是指施工过程中处理机钻头(底端)运行路径及喷浆口喷浆

路径所形成的时程曲线,因其总体形状呈"W"形,亦被称为"W"施工工艺曲线,如图 13-7 所示。图中,绿色线条表示处理机钻头(底端)运行路径,其斜率的绝对值表示钻头下贯或提升速度;红色线条为喷浆口喷浆路径。根据当前通常采用的海上 DCM 单桩施工工艺,喷浆口喷浆路径包括两部分:一是桩底硬土层处理时采用位于钻头底部的下部喷浆口下贯喷浆;二是钻头提升过程中采用上部喷浆口喷浆搅拌处理,"四航固基"号施工船 DCM 处理机上、下部喷浆口的距离为 3.68 m。

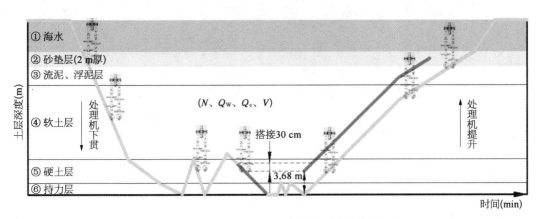

图 13-7　海上 DCM 自动化施工路径曲线

在海上 DCM 施工前,须提前设计好"W"施工工艺曲线,并通过"打桩参数"设置界面输入施工控制系统,明确各土层中下贯与提升过程施工参数,如转速 N、喷水流量 Q_w、喷浆流量 Q_c、下贯或提升速度 V。现场施工中,海上 DCM 桩是可通过自动化程序完成,"W"施工工艺曲线则是系统执行的依据和标准,曲线中明确了操作程序需要执行的不同阶段、钻进至不同土层的施工参数。需要指出的是,"W"施工工艺曲线形式与设备性能及参数、土层条件、施工工艺等密切相关。

"W"施工工艺曲线形象地反映了海上 DCM 施工全过程及桩底硬土层搅拌处理、喷水、喷浆等关键施工工艺。通过"W"施工工艺曲线,可方便评估单桩施工工效,测算每米搅拌切土次数(BRN)理论值。

在海上 DCM 正式施工前,需通过现场初始试桩试验及现场工艺试桩试验,确定有效、合理的"W"施工工艺曲线,保证海上 DCM 施工质量。

13.3.3　喷水与喷浆实时控制

由前述的室内外试验研究可知,喷水量、喷浆量与海上 DCM 施工工艺及桩体成桩质量密切相关。基于"四航固基"号自动化、数字化施工控制系统相关人机交互界面,如图 13-8 所示,可以对海上 DCM 施工过程中喷水与喷浆操作进行实时控制,确保成桩质量。

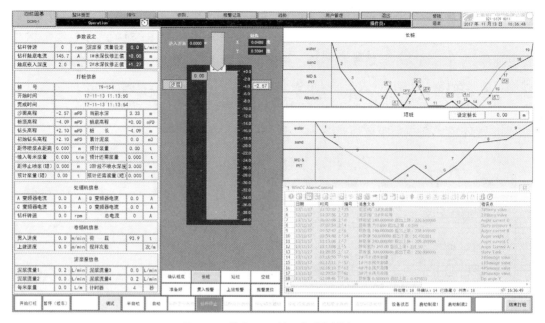

图 13-8   海上 DCM 施工实时控制界面

为了保证土体切割与搅拌均匀,减小贯入阻力,处理机下贯过程中底部喷浆口通常需要适量喷水。喷水量与土层土质条件有关,并根据下贯时电流值进行适当调整。通过现场初始试桩试验发现,对于"四航固基"号 DCM 施工船,处理机下贯钻进钻至软土层时下贯速度不宜超过 1.2 m/min,喷水量宜为 0~200 L/min;当处理机电流达到 520 A 且持续升高时,应降低钻杆下贯速度至 0~0.4 m/min,增大喷水量至 320 L/min;在硬土层中的下贯速度不宜超过 0.5 m/min,喷水量宜为 320~480 L/min;当处理机电流达到 580 A 且持续升高时,需降低钻杆转速至 0~0.3 m/min,增大喷水量至 480 L/min。

由室内最优搅拌含水率试验结果可知,水泥土强度与土体总含水率密切相关,对于软黏土,总含水率在液限附近时强度最高,加固效果最好。当桩顶区域为流泥或浮泥层时,由于土体自身含水量大,处理机下贯至该土层时可不喷水,避免因土体含水量过多而对成桩效果产生不利影响。对于硬土层区域,应根据海上 DCM 施工前的室内配合比试验与现场试桩结果合理确定喷水量,保证成桩质量的同时确保处理机电流不超过额定电流值。

下贯过程中,根据现场初始试桩试验中建立的持力层判别标准,判别钻头底部是否达到持力层,进而根据设计嵌固深度要求确定施工桩长。为保证桩底硬土层搅拌均匀、充分,应对桩底硬土层进行上下反复切割搅拌后,通过底部喷浆口喷浆加固桩底土层。需要指出的是,在到达指定的起始喷浆位置前须提前喷浆以将管路中的水排净,确保下贯过程中水泥浆流量稳定,起始喷浆位置应综合考虑上下部喷浆口的距离("四航固基"号 DCM 船为 3.68 m)、管路中水排净所需的时间(根据下贯速度求出水排净过程中的钻进距离)及上下段搭接长度。

考虑到持力层土体强度较高,为了确保桩底土层加固效果,此阶段可反复提升 1～2 m 增加底部的搅拌次数。完成底部搅拌加固后处理机开始提升搅拌,并启动上部中心喷浆口喷浆加固。此时泥浆泵出口至中心杆喷浆口管路中充满水,需提前启动泥浆泵浆挤水,确保中心杆到起始提升喷浆位置时喷浆流量稳定,且与此前的下部喷浆加固段搭接良好。此阶段需密切注视搅拌轴转速、上拔速度、喷浆流量等参数是否与控制参数一致,并观测电流值、荷载是否正常。直至顶部砂垫层后停止喷浆,最后提升出砂垫层,清洗管路与钻头。

13.3.4　每米搅拌切土次数(BRN)分析

BRN 是一个综合的工艺参数,与搅拌轴贯入、提升速度,转速和搅拌叶片数量相关,表征 DCM 桩搅拌程度,是施工过程中 DCM 施工质量的重要评价指标。BRN 计算式为

$$BRN = \sum M \cdot (N_u/V_u + N_d/V_d) \qquad (13-1)$$

式中　BRN——每米被加固土体搅拌切割转动数(r/m);

$\sum M$——单根钻杆搅拌叶片总数;

N_u——搅拌机提升转动速度(r/min);

V_u——搅拌机的提升速度(m/min);

N_d——搅拌机贯入转动速度(r/min);

V_d——搅拌机的贯入速度(m/min)。

需要指出的是,BRN 只计入喷浆阶段的切土次数,当前海上 DCM 施工通常采用提升喷浆的施工工艺,此时,BRN 计算式为

$$BRN = \sum M \cdot N_u/V_u \qquad (13-2)$$

根据水泥掺量 A_0,可以计算得出每米喷浆量 q (L/m),q 为每米桩体的总受浆量,其计算式为

$$q = 1\,000S \cdot A_0 \cdot \left(\frac{\alpha}{\rho_w} + \frac{1}{\rho_c}\right) \qquad (13-3)$$

式中　S——单桩截面积(m²);

A_0——加固单位体积土体所需掺入的水泥重量(kg/m³);

α——水灰比;

ρ_w——搅拌用水的密度(kg/m³);

ρ_c——水泥的密度(kg/m³)。

根据提升与贯入速度及每米喷浆量,可以计算得出喷浆流量,分为以下两种情况:

(1)当前海上 DCM 施工工艺中,通常采用提升喷浆的方式,此时喷浆流量 Q_{c1} (L/min)计算式为

$$Q_{c1} = V_u \cdot q \tag{13-4}$$

（2）若采用贯入与提升均喷浆的施工工艺，且每米总喷浆量保持不变，则喷浆流量 Q_{c2}（L/min）计算式为

$$Q_{c2} = V_d \cdot q_d + V_u \cdot q_u \tag{13-5}$$

$$q_d + q_u = q \tag{13-6}$$

式中　　q_d、q_u——分别为贯入与提升过程中每米喷浆量（L/m）。

由式（13-3）～式（13-6）可知，在一定水泥掺量下，喷浆流量与处理机提升（贯入）速度呈正相关关系，而通常喷浆流量与喷浆压力密切相关。另外，处理机转速与表征处理机土体贯入切割能力的扭矩呈负相关关系，而实际施工中处理机电流值反映了土体贯入切割难易程度。因此，作为一个衍生参数，BRN 与处理机贯入与提升速度、转速及搅拌叶片数量相关，同时 BRN 值的调整也将影响喷浆流量（喷浆压力）、处理机扭矩（电流）等关键施工工艺参数。

对于海上 DCM 施工，工程设计文件中通常会给定 BRN 最小值，以保证被加固土体切割搅拌均匀、充分。例如，香港国际机场第三跑道项目技术规格书对 BRN 的要求如下：DCM 桩上部 8 m 和下部 8 m 加固区域 BRN 应大于 900 r/m，中间区域应大于 450 r/m。结合上述分析，提高 BRN 值主要有以下三种方法：

方法一：保持贯入与提升速度不变，可提高处理机转速。如此，将降低处理机扭矩，处理机切割土体能力减弱，可能造成搅拌困难，尤其是在硬土层中。因此，需结合工程地质条件，确定满足处理机切割土体能力下的最高转速。

方法二：保持转速不变，降低提升与贯入速度。如此，一方面，降低速度将影响施工效率；另一方面，提升与贯入速度降低时将减小喷浆流量，在既有制浆与泥浆泵送系统下，为减小喷浆流量通常需降低喷浆压力（柱塞泵），容易造成喷浆管路堵塞。另外，喷浆压力的调整还需考虑注浆泵的性能，保证注浆泵良好运行。

方法三：由于 BRN 值仅计入喷浆阶段的切割搅拌次数，而当前海上 DCM 应用通常采用提升喷浆的施工工艺，实际上，陆上 DCM"两搅两喷"施工工艺应用广泛，在三轴搅拌桩施工中较为常见。因此，可以考虑将海上 DCM 施工工艺调整为贯入与提升过程中均喷浆，但保持水泥掺量不变。采用喷浆贯入与喷浆提升的施工工艺，被加固土体存在两次受浆搅拌机会，水泥土拌和应更为均匀。方法三能较大幅度甚至成倍提高 BRN 值，或者在满足设计要求的 BRN 值下，可以进一步提高贯入或提升速度，从而提高施工效率，但当前对该工艺缺乏相关研究与工程应用，其成桩效果有待检验。

对于方法一与方法二，关键在于确定满足施工质量与施工效率的经济技术平衡点。在海上 DCM 正式施工前，需进行现场初始试桩试验与工艺试桩，建立设备特征参数与地层条件及深度之间的关系，分析不同地层条件下扭矩、转速、下贯（提升）速度、喷浆压力等

参数的合理范围,进而确定适用的 BRN 取值区间。

13.4 数字化施工决策

13.4.1 勘察-施工-检测数据库创建

目前绝大部分水泥土相关研究以室内试验为主,对于实际施工项目,多以设计参数作为分析研究的依据(即默认实际施工参数与设计保持一致),极少有对 DCM 施工过程记录的数据进行分析研究。为更有效地指导施工,基于实际发生的施工原始记录,结合勘察资料、检测结果,创建勘察-施工-检测全过程数据库。

勘察-施工-检测全过程数据库主要包括详库、简库、子库三部分,详库主要包括勘察报告、施工原始数据、检测报告、图纸等原始资料。海上 DCM 施工过程中,系统对电流、注水量、注浆量、高程等大量施工工艺参数进行实时记录,记录频率为 5 秒/次,见表 13-8。

表 13-8 "四航固基"号 DCM 船施工控制系统实时储存数据一览表

数据类别	数据类型	储存位置	记录周期	储存方式
钻头高程	上位机归档数据	上位机数据库	5 s	Excel 报表
处理机各钻杆电流	上位机归档数据	上位机数据库	5 s	Excel 报表
各泥浆泵喷浆流量	上位机归档数据	上位机数据库	5 s	Excel 报表
各泥浆泵喷水流量	上位机归档数据	上位机数据库	5 s	Excel 报表
处理机上拔/下贯速度	上位机归档数据	上位机数据库	5 s	Excel 报表
钻杆转速	上位机归档数据	上位机数据库	5 s	Excel 报表
各管路压力	上位机归档数据	上位机数据库	5 s	Excel 报表
入泥深度	上位机归档数据	上位机数据库	5 s	Excel 报表
处理机编号	PLC 过程数据	PLC 数据块	开始时	Excel 表中
桩号、设计 GPS 坐标	PLC 过程数据	PLC 数据块	开始时	Excel 报表
GPS 坐标	PLC 过程数据	PLC 数据块	开始时、桩底时、结束时	Excel 报表
操作人员	PLC 过程数据	PLC 数据块	开始时	Excel 报表
初始海床高程	PLC 过程数据	PLC 数据块	开始时	Excel 报表
时间	PLC 过程数据	PLC 数据块	开始时、结束时	Excel 报表
时长	PLC 过程数据	PLC 数据块	结束时	Excel 报表
潮位	PLC 过程数据	PLC 数据块	开始时、桩底时、结束时	Excel 报表
水深	PLC 过程数据	PLC 数据块	开始时、结束时	Excel 报表
高程	PLC 过程数据	PLC 数据块	桩底时、桩顶时	Excel 报表
触底电流	PLC 过程数据	PLC 数据块	触底时	Excel 报表
喷浆总量	PLC 过程数据	PLC 数据块	结束时	Excel 报表
喷水总量	PLC 过程数据	PLC 数据块	结束时	Excel 报表

通过对施工原始数据进行预处理,以 1 m 为单位,统计每米实际施工的水泥掺量、喷水量、BRN;汇总勘察资料中各钻孔不同深度土层的土工参数(包括含水率、密度、液塑限等),不同施工区域参考最近的钻孔进行土层划分;结合检测桩的检测结果,建立勘察-施工-检测——对应的参数库,即形成简库。对不同地区、不同土层、不同深度的样本进行单独汇总,即形成子库,如图 13-9 所示。

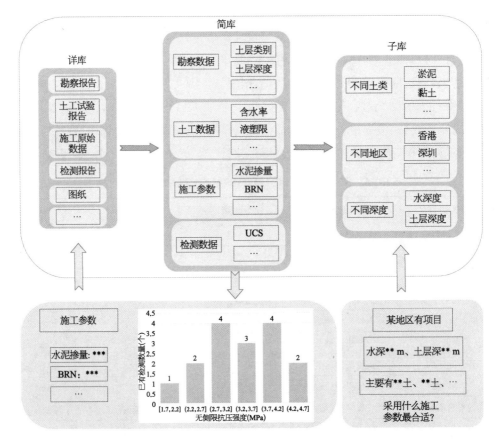

图 13-9　全过程数据库示意图

新项目施工前可根据项目的地区、土层类别、土层深度在子库中进行检索,得到该条件下,已采取过的施工参数,并调取该施工参数条件下的检测结果。通过对不同施工参数下检测结果进行统计,选择最优的施工参数,可为项目施工提供参考。通过检索给定条件的数据样本,可针对性地分析不同土层在不同深度,不同施工参数对其成桩质量的影响,进而优化施工工艺参数。

13.4.2　数据处理方法

1) 施工原始数据处理

海上 DCM 施工过程中,系统对电流、注水量、注浆量、高程等大量施工工艺参数进行实时记录,记录频率为 5 s/次。基于施工原始数据,以 1 m 为单位,主要计算每米范围内的喷浆量、喷水量、BRN 等参数。

BRN 计算公式应用的前提是运行速率平稳,转速恒定,同时搅拌头叶片须全部穿过土层。但在底层施工时,搅拌叶片并不能全部通过底层土如图 13 - 10 所示。

为统计实际有效 BRN 值,首先提取喷浆后的原始记录(BRN 只计入喷浆后的搅拌次数),再按下式计算:

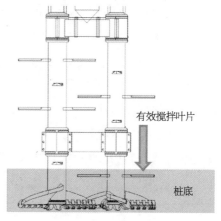

图 13 - 10 搅拌头触底时有效搅拌叶片示意图

$$BRN_{h=i} = \sum \left(v_{dh=i} \cdot \frac{t}{60} \cdot \frac{n'}{L} + v_{dh=i+1} \cdot \frac{t}{60} \cdot \frac{n'}{L} \cdots + v_{dh=i+L-1} \cdot \frac{t}{60} \cdot \frac{n'}{L} \right) \quad (13-7)$$

式中　$BRN_{h=i}$ ——高程 i 处的 BRN 值(r/m);

$\quad\quad v_{dh=i}$ ——高程 i 处的钻杆钻速(r/min);

$\quad\quad t$ ——数据记录间隔时间(s);

$\quad\quad n'$ ——搅拌头叶片总数;

$\quad\quad L$ ——搅拌头长度取整数(m)。

由于底部喷浆阶段采用下喷浆口喷浆,而上拔阶段采用下喷浆口喷浆,因此喷浆量分两部分统计,再将两个阶段的高程调整后相加。水泥掺量计算公式如下:

$$D_{h=i} = \frac{\left(\sum (V_{Xh=i}) \cdot \frac{t}{60} + \sum (V_{Sh=i-l}) \cdot \frac{t}{60} \right) \cdot \rho}{\left(1 + \frac{w}{c} \right) A_p} \quad (13-8)$$

式中　$D_{h=i}$ ——高程 i 处的每米喷浆量(kg/m³);

$\quad\quad V_{Xh=i}$ ——底部喷浆阶段高程 i 处的喷浆流速(L/min);

$\quad\quad V_{Sh=i}$ ——上拔喷浆阶段高程 i 处喷浆流速(L/min);

$\quad\quad \rho$ ——水泥浆的密度(kg/L);

$\quad\quad \frac{w}{c}$ ——水灰比;

$\quad\quad A_p$ ——桩身截面面积(m²);

$\quad\quad t$ ——数据记录间隔时间(s)。

施工阶段的喷水以下喷浆口为主,喷水量无需特殊处理,累计求和即可。

$$w_{h=i} = \left[\sum (V_{uh=i}) \cdot \frac{t}{60} \right] \cdot \rho_w \quad (13-9)$$

式中　　$w_{h=i}$——高程 i 处的每米喷水量（kg/m³）；

　　　　ρ_w——水密度（kg/L）；

　　　　$V_{wh=i}$——高程 i 处的喷水流速（L/min）。

2）勘察数据处理

根据香港国际机场第三跑道项目勘察资料，不同施工区域的 DCM 桩参考该区域最邻近的钻孔，以该钻孔的主要土工参数作为不同深度的土层参数，见表 13-9 所示。

表 13-9　土层深度及主要土工参数

施工区域	参考钻孔	土工参数					
		钻孔深度 (m)	含水率 (%)	天然密度 (kg/m³)	干密度 (kg/m³)	液限 (%)	塑限 (%)
LB	P283-DH7	3.5	71	1.58	0.93	49	26
		11.5	66	1.58	0.95	53	37
		17.5	39	1.74	1.25	—	—
		23.5	7.7	1.28	1.19	—	—
T1~T5	P283-DH016	3.5	68	1.55	0.92	52	27
		7.5	72	1.59	0.93	51	44
		11.5	31	1.91	1.47	47	28
		21.5	26	1.94	1.54	44	31
		30	22	1.59	1.3	—	—
		40	15	2.12	1.84	—	—
T20~T21	P283-DH012	1.5	84	1.51	0.82	58	27
		7.5	83	1.5	0.82	55	33
		13.5	23	1.84	1.5	61	31
		23.5	28	1.98	1.55	36	26
		33.5	15	1.88	1.64	—	—
		41.5	20	2.09	1.74	—	—
		45.5	20	2.09	1.74	—	—
S14~S17	BH_E70N18	4	87	1.49	0.79	53	26
		6	70	1.53	0.9	51	25
		8	83	1.52	0.83	53	27
		13	37	1.81	1.32	62	28
		15	32	1.9	1.44	57	26
		19	51	1.76	1.17	48	24
		21	48	1.77	1.19	48	25

（续表）

施工区域	参考钻孔	土工参数					
		钻孔深度（m）	含水率（%）	天然密度（kg/m³）	干密度（kg/m³）	液限（%）	塑限（%）
S5	P283 - DH027	3.5	87	1.5	0.8	53	28
		9.5	78	1.55	0.87	54	31
		13.5	42	1.8	1.26	55	29
		17.5	55	1.77	1.14	49	27
		30.6	30	1.92	1.47	—	—
		36.6	19	1.62	1.36	—	—
L14～L36	P283 - DH024	7	51	1.71	1.13	48	33
		20.3	33	1.92	1.44	54	28
		28.3	39	1.81	1.3	30	18
		39.3	17	2.11	1.81	—	—

13.4.3　数据分析结果

13.4.3.1　下贯阶段土层判别分析

海上DCM下贯施工阶段，搅拌头受力类似于十字板剪切试验，土体抗剪切强度受土压力、黏聚力、内摩擦角值影响，不同土层在不同深度的抗剪强度不同。而处理机电流值与扭矩正相关，搅拌头扭矩又与土体抗剪强度正相关。因此，下贯阶段的电流与土层类别存在一定的相关性。为分析下贯过程中电流、喷水量等参数与勘察孔土层划分的关系，取离勘察孔位最近的DCM施工桩下贯阶段电流、喷水量与勘察孔土层划分进行对比分析，施工桩与勘察孔坐标如表13-10所列，施工桩下贯阶段电流、喷水量与土层对比如图13-11所示。

表13-10　勘察孔与邻近DCM施工桩位置对比表

序号	类　别	编　号	横坐标（E）	纵坐标（N）	间距（m）
1	勘察孔	P283 - DH023	809 687.1	820 888.2	2.0
	施工桩	L16 - 051	809 687.0	820 890.2	
2	勘察孔	P283 - DH012	808 871.9	820 341.9	1.8
	施工桩	LB28 - 081	808 871.2	820 340.3	

由对比图可知，DCM下贯施工阶段，搅拌头进入较硬土层后，电流值、喷水量均出现明显变化。例如：顶部2～3 m出现电流突然增大主要是在勘察后、施工前表层铺砂层造成；LB28-081进入黏土层后，电流值由420 A提高到480 A，LB16-051进入黏土层后，电流值由430 A提高到510 A。在实际操作中，当电流值明显增大后，会提高喷水量以软化土层，以便搅拌头继续贯入，LB28-081进入黏土层后，喷水量由200 L提高到360 L，

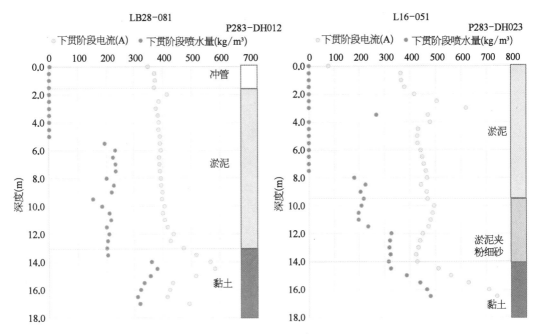

图 13-11 勘察孔邻近施工桩下贯阶段电流、喷水量与土层对比图

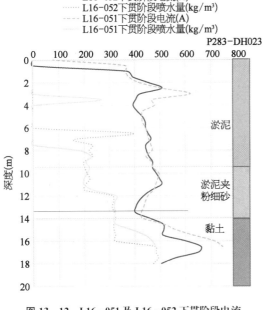

图 13-12 L16-051 及 L16-052 下贯阶段电流、喷水量与土层对比图

LB16-051 进入黏土层后,喷水量由 380 L 提高到 440 L。因此,结合下贯阶段电流值、喷水量等参数可以进行土层划分,识别不同土层类别,并可以作为着底判断的重要依据。

参考施工桩 L16-051,勘察孔 P283-023,取邻近施工桩 L16-052 做对比,如图 13-12 所示。两个施工桩 L16-051 及 L16-052 的电流值及喷水量随身边变化趋势基本一致,与勘察孔 P283-023 的土层分层基本对应。但 L16-052 下贯阶段电流值陡增处为入土 13.5 m 处,L16-051 下贯阶段电流值陡增处为入土 14.0 m 处,可推断 L16-052 入土 13.5 m 处即进入黏土层。

13.4.3.2 地层条件-施工工艺参数-桩体强度相关性分析

根据室内土工试验报告,分析区域内土层分布主要有淤泥、淤泥质黏土、黏土三种。其中淤泥主要分布在 1~11 m,但由于表层成桩质量与其他深度的成桩质量有明显区别,故本次分析中将其分为浅表层淤泥（主要深度范围1～7 m）及中层淤泥（主要深度范围6～11 m）。淤泥质黏土在3～27 m均有分布，黏土主要深度范围为10～19 m。故按土层参数简化为3类，并针对其进行分析，各类土的主要参数见表13-11。

表13-11 土层深度及主要土工参数

土 类	深度范围(m)	含水率(%)	密度(g/cm³)	液限(%)	塑限(%)
淤泥夹砂	1～11	66～87	1.5～1.6	49～58	25～44
淤泥质黏土	1～27	48～55	1.7～1.8	48～49	24～33
黏 土	10～19	23～42	· 1.7～1.9	44～62	26～31

针对3类土按不同深度分别统计主要参数与无侧限抗压强度（unconfined compressive strength，简称UCS）之间的Pearson相关系数，见表13-2。Pearson相关系数适用于测度两数值变量的相关性[1-5]。

$$r = \frac{\sum_{i=1}^{n}(x_i - \bar{x})(y_i - \bar{y})}{\sqrt{\sum_{i=1}^{n}(x_i - \bar{x})^2 \sum_{i=1}^{n}(y_i - \bar{y})^2}} \tag{13-10}$$

X、Y为两随机变量，$X = (x_1, x_2, \cdots, x_n)$，$Y = (x_1, x_2, \cdots, x_n)$，$r$取值在$-1$与$1$之间，它描述了两变量线性相关的方向和程度：$r > 0$，两变量之间为正相关；$r < 0$，两变量之间为负相关；$r = \pm 1$，两变量完全相关；$r = 0$，两变量之间不存在线性相关关系。计算结果见表13-12。

表13-12 不同土层主要参数与UCS的Pearson相关系数统计表

土体类别	深度(m)	个案数	主要参数与UCS的Pearson相关系数					不合格比例
			土压力	凝期	水泥掺量	BRN	喷水量	
淤泥夹砂	1～6	165	0.602**	0.311**	0.217	0.160	0.013	13.3%
	7～11	140	0.244	0.049	0.323**	0.429**	−0.159	0.7%
淤泥质黏土	1～7	40	0.608**	−0.037	0.164	0.283	−0.431**	2.5%
	8～19	113	−0.603**	−0.206	−0.152	−0.165	−0.241**	8%
	>20	121	−0.271**	0.250**	0.233*	−0.176	−0.352**	21.5%
黏 土	10～14	143	−0.085	0.073	0.135	0.224**	0.048	7%
	15～19	110	0.114	−0.130	−0.186	0.585**	0.307**	7.3%

注：* 在0.05级别（双尾），相关性显著；** 在0.01级别（双尾），相关性显著。

由表13-12可知，在香港国际机场第三跑道项目中，对于淤泥，浅表层淤泥由于含水率高、液性指数高、流动性强，施工时易搅拌均匀、水泥浆易散失，故加大水泥掺量及提高BRN，对提高水泥土无侧限抗压强度的效果均不明显；土压力与无侧限抗压强度呈显著正相关,因此提高浅层淤泥成桩质量,主要通过铺砂提高土压力的方式。对于中层淤泥,水泥掺量、BRN均与无侧限抗压强度呈显著正相关关系,因此提高中层淤泥成桩质量,可以通过提高水泥掺量、BRN的方式。

对于淤泥质黏土,浅层淤泥质黏土液性指数相对较低,流动性一般,施工时易搅匀,水泥浆不易散失,土压力与无侧限抗压强度呈显著正相关性,而喷水量与之呈显著负相关性;中层淤泥质黏土与喷水量呈显著负相关性,与土压力呈显著负相关;深层淤泥质黏土与水泥掺量呈显著正相关,与喷水量、土压力呈显著负相关。因此,提高淤泥质黏土成桩质量,无论深浅均可采取降低喷水量的方式。

对于黏土,其自身强度较高,易黏住搅拌头,搅拌均匀性是影响黏土层成桩无侧限抗压强度最主要的影响因素,BRN与成桩无侧限抗压强度呈显著正相关性,且深度越深,相关性越显著。因此,提高黏土层成桩质量,主要通过提高BRN的方式。

13.4.3.3 特殊土层成桩质量分析

1) 深层淤泥质黏土

统计结果显示,深层淤泥质黏土层(深度≥20 m)不合格率最高,达到21.5%,根据Pearson相关系数计算结果,该土层UCS与喷水量呈显著负相关性,统计喷水量与UCS关系如图13-13所示。

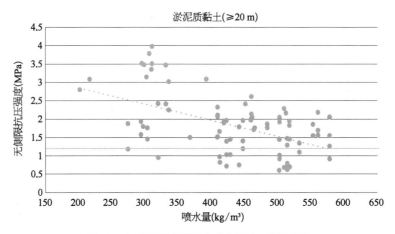

图13-13 深层淤泥质黏土喷水量与UCS关系图

由统计图可知,在香港国际机场第三跑道项目中,当喷水量超过300 kg/m³时,该土层UCS强度明显降低,建议该土层施工时喷水量不宜超过300 kg/m³。深层淤泥质黏土施工过程中须喷水,以避免土体在土压作用下挤压入喷浆口,堵塞管道。而深度较大,搅拌器受浮力、土体侧摩阻力均较大,下贯速度较慢。因此,深层淤泥质黏土喷水量明显提高,主要集中在300~600 kg/m³,而通常中层、浅层喷水量集中在40~60 kg/m³(浅层甚至不喷水),达到中、浅层喷水量的10倍。

受客观条件影响,对于深层淤泥质黏土,喷水量很难控制喷水量至较低水平,当喷水量明显提高,需适当提高水泥掺量。结合水泥掺量/喷水量与 UCS 强度统计,如图 13-14 所示。当水泥掺量与水掺量比值在 0.4~0.9 时,UCS 平均值呈递增趋势,当超过 0.9 时,UCS 平均值呈递减趋势。

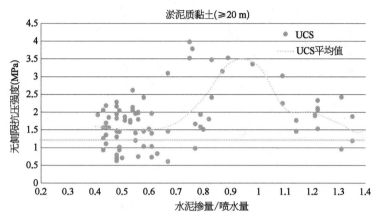

图 13-14　水泥掺量/喷水量比值与 UCS 关系图

2) 深层黏土

深层黏土层(深度 10~19 m),由于其自身强度较高,难以搅碎,同时黏性较强,易黏住钻头出现"糊钻"现象。因此,对于该土层,搅拌均匀性是影响其成桩质量的重要影响因素,而统计结果也显示,该土层 UCS 强度与 BRN 呈显著正相关性,且深度越深,相关性系数越大。统计 BRN 与 UCS 关系如图 13-15 所示。由图可知,不合格样本均出现在 BRN<1 200 r/m 范围内,因此,建议对于深层黏土层,BRN 提高至 1 200 r/m。

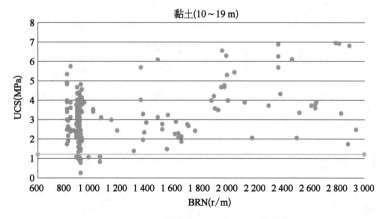

图 13-15　深层黏土 BRN 与 UCS 关系图

室内配合比试验显示,当总含水率与液限比值为 1 时,UCS 强度最高,对深层黏土层(10~19 m),统计总含水率与液限比值跟 UCS 关系如图 13-16 所示。此时总含水率计算

时需考虑喷水量,计算公式如下:

$$w_{总} = \frac{A_0 \cdot \dfrac{w}{c} + A_w + \rho_s \cdot 1 \cdot \dfrac{w_s}{100 + w_s}}{\rho_s \cdot 1 \cdot \dfrac{100}{100 + w_s}} \quad (13-11)$$

式中 $w_{总}$ ——总含水率;

A_0 ——水泥掺量(kg/m^3);

A_w ——喷水量(kg/m^3);

$\dfrac{w}{c}$ ——水灰比;

ρ_s ——土天然密度(kg/m^3);

w_s ——土天然含水率(%)。

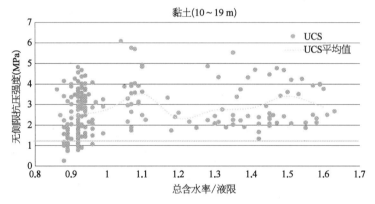

图 13-16   深层黏土层中总含水率/液限与 UCS 关系图

由图 13-16 可知,在香港国际机场第三跑道项目中,不合格样本均出现在总含水率与液限比值<1 的范围内。主要是由于当总含水率小于液限时,黏土主要表现为塑性,不具备流动特性,破碎后仍然难以搅拌均匀。当总含水率达到液限值 1.1 倍附近时,UCS 平均值达到最高,略高于室内配合比试验的最优比值 1.0。分析原因主要是室内配合比试验时,搅拌器的搅拌转速远高于海上 DCM 处理机的搅拌速度,相同的总含水率条件下,室内配合比试验的搅拌均匀性要明显好于海上 DCM 施工。

13.4.4   施工决策

通常情况下,根据勘察资料及试桩效果,海上 DCM 施工参数确定后,同一区域甚至同一项目均采用该施工参数。而土层实际分布情况非常复杂,即便是相邻很近的位置,土层厚度、深度均有一定的变化。由于地层的复杂性及不确定性,"千桩一律"的施工参数,会导致一个矛盾:要么牺牲成本保质量,要么承担风险保成本。

为了在施工质量与施工成本之间找到一定的平衡,需要在施工过程中根据每根施工桩自身的地层分布情况,并结合下贯过程中的喷水量,对施工桩不同深度采用不同的施工参数,达到"千桩千律",将成本用在"刀刃"上。

为达到"千桩千律",根据土层分布及下贯阶段喷水量,辅助施工参数的选取决策,可将 DCM 施工过程分为三部分,如图 13 - 17 所示。

1) 下贯阶段

该阶段主要起到感知、识别土层的作用。基于施工桩下贯阶段的电流值、喷水量等参数,参考邻近勘察孔对施工桩的土层及土层深度、厚度进行识别、划分。

2) 底部搅拌阶段

该阶段搅拌头主要对底部土层起到搅拌破碎的作用,此时可充分利用该阶段的时间,对上拔过程的施工参数进行分析,辅助决策施工参数的选取。

例如:进入黏土层,提高 BRN 至 1 200 r/m,在钻速确定的情况下,可确定上拔速度。结合已喷水量 A_w(kg/m³)及设计水泥掺量,计算喷浆后总含水率与液限比值,当喷浆后总含水率与液限比值<1.1 时,可适当增加水泥掺量至总含水率与液限比值达到 1.1,结合上拔速度,确定喷浆流速;若喷浆后总含水率与液限比值≥1.1,按设计水泥掺量,结合上拔速度,确定喷浆流速。

进入淤泥质黏土层后,根据设计 BRN 及钻速可确定上拔速度。结合已喷水量 A_w(kg/m³),若 $A_w \geq 300$ kg/m³,且设计水泥掺量<$0.9A_w$,需提高水泥掺量至 $0.9A_w$,并相应调整喷浆流速。

3) 上拔阶段

根据下贯阶段的土层感知识别结果及底部搅拌阶段的分析决策,将选定的施工参数通过控制系统,传递给处理机、喷浆泵等进行施工。

13.5　施工环保控制技术

13.5.1　两级防污帘系统

鉴于环保施工的要求,"四航固基"号 DCM 船设计安装了防污帘系统,即在处理机钻头外部和船体四周增加隔离泥幕,施工过程中主防污帘(图 13 - 18)可以隔离钻头叶片搅拌起的泥浆与周围环境中水体的接触。次防污帘(图 13 - 19)作为主防污帘失效后的补充,在主防污帘内污水泄漏后紧急情况下施放。一组桩施工完成后,潜水泵将主防污帘内的污水抽至海水沉淀舱,再移动钻机进行下一组桩的施工。其中,潜水泵的流量为 40 m³/h、扬程为 18 m、功率为 4 kW。

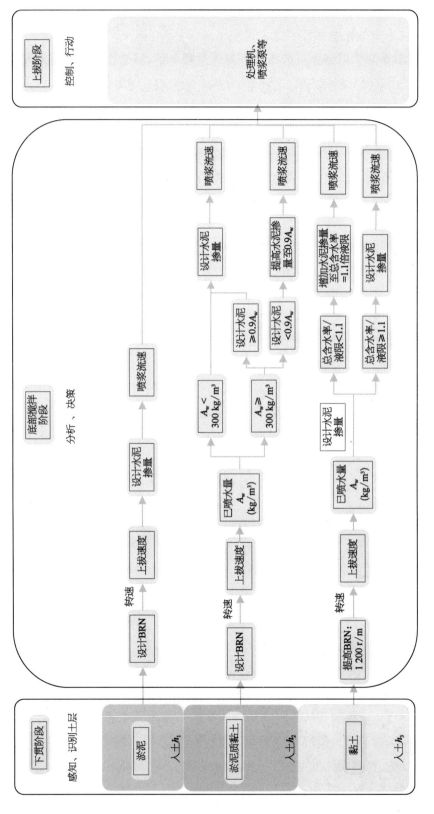

图 13 - 17　不同土层施工决策示意图

设计有三套主防污帘,每套主防污帘由2个门架、2个电动葫芦、4条起升钢丝扣、1节主防污帘外框、1节主防污帘中框、1节主防污帘内框,如图13-18所示。工作时,根据水深情况,通过电动葫芦将中框、内框下放,使内框下沿四角橡胶围挡与海床面(沙面)形成密闭空间,阻止处理机搅动所可能产生的淤泥水污染海水。考虑到打桩时潮水的涨落,通过门架上的电动葫芦可调整主防污帘内框的深度。打桩结束后主防污帘中、内框通过两侧的电葫芦收到与外框平齐。

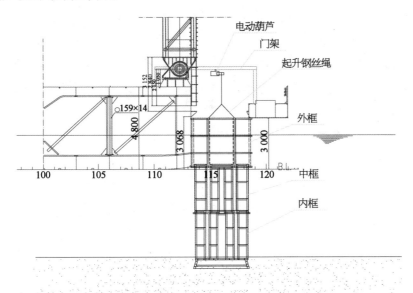

图13-18 主防污帘系统图

海水沉淀舱、工业污水处理装置及回收管路相连,将清洗钻头及管路的污水收集起来送往污水处理装置进行处理,避免污水直接排入海中。

该船设置有一套次防污帘,其包括安装于船沿四周方向的支撑导向滑轮、收放卷扬机构、收放钢丝绳、折叠整齐及连接配重链条的土工布。工作时,所述次防污帘土工布垂于船周边,相邻两个防污帘土工布侧边具有重叠部分,悬挂时其中一个位于另一个的上方或

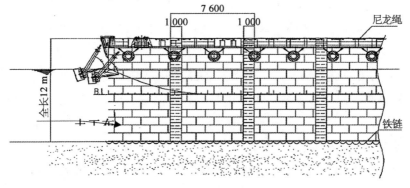

图13-19 次防污帘系统图

下方,施放后其中一块位于另一块的内侧或外侧,将船体内和外围的海水隔离,避免船体下面可能产生的污水扩散到船体以外,回收时通过前述收放卷扬机构牵引收放钢丝,最终对配重链条的牵引可将前防污帘土工布收起,以备下次使用。

13.5.2　污水处理系统

DCM 船设置有污水处理系统,如图 13-20 所示。污水处理系统由一个 15 m³ 的环保缸,10 m³ 沉淀缸,DN80 入水管、DN150 出水管、DN80 的排泥管和 3 个 200 L 的药水桶构成。

此污水处理系统采用化学沉淀方式处理含泥污水,含泥污水浓度以最高 30 000 mg/L 为上限,经处理后,排水悬浮粒子可达到 30～50 mg/L。施工期间可将主防污帘内的含泥污水用泥浆泵抽至环保缸,启动水流开关,搅拌器和药泵会自动同时运行,在环保缸内将污水和三种药水(聚丙烯酰胺、聚氯化铝、40%的硫酸液体)混合,泥水内悬浮粒子会凝聚在一起变大(俗称"泥花"),在溢流至沉淀缸,"泥花"会沉在缸底,清洁的水会穿过斜管从不锈钢溢流槽流到出口,再流入储水池。储水池的水经酸碱仪测定处理后水质的酸碱度,当 pH 为 8.5 时即可排出该水亦可用其拌制水泥浆。每天早上均会将沉淀污泥排出并转至垃圾回收处理地。

13.5.3　减振降噪及排烟过滤

船上发电机、水泵风机等轴传动设备运行时必然会产生振动、噪声及排放大量的烟气,再加工期要短,香港国际机场第三跑道项目实行每天 24 h 不间断施工。如何有效减小振动、降低噪声和废气废烟的排放,最大程度降低施工对环境带来的危害显得尤为重要。

1)减振降噪措施

"四航固基"号 DCM 船将搅拌站和泵组设备设在船艏处,将发电机组、空压机、风机等设在甲板下的机舱内,生活区则设在船艉部,如此可以动静分割,最大程度降低振动和噪声给船上工作人员带来的损害。另外,船上所有轮机设备的选择均有中国环保产品认证,噪声、振动及有害物的排放均符合相应环保标准。在机械设备的安装上,发电机、空压机等机舱设备按常规方式安装:混凝土基础+减震垫+型钢底座,泵组及绞车等甲板设备则采用混凝土基础+阻尼减震器+型钢底座+橡胶减震垫的方式安装,并在水泵、泥浆泵等泵出口安装消声缓闭止回阀和加装橡胶或金属软接头,如此可很大程度减小振动。

DCM 机工作时用大功率发电机发电,泵组、绞车和空压机均会运作起来,为避免噪声影响周边环境,在机舱内进行了隔音吸声处理,主要有墙面吸音和隔音棉,并使用隔音屏障以使噪声降至最低。

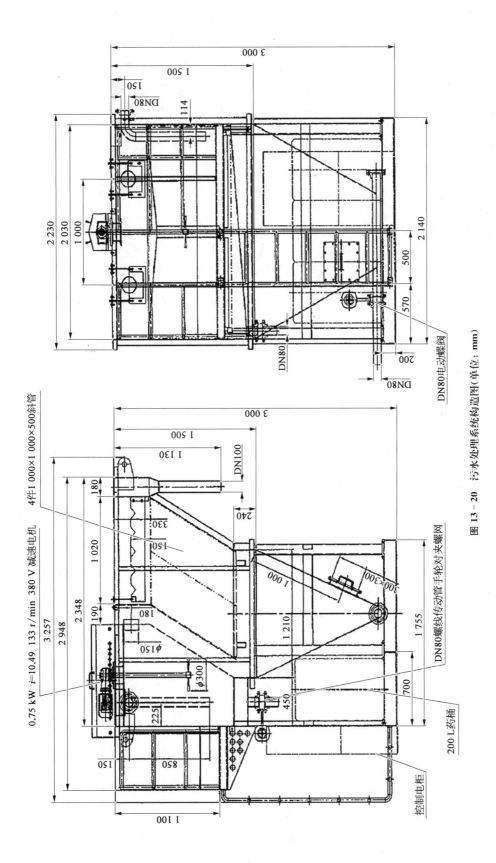

图 13 - 20　污水处理系统构造图(单位：mm)

2）减少黑烟措施

在烟进入烟囱之前，排烟道内均匀、垂直安装有若干水雾喷头的环形导水管，环形导水管经水管连接外部高压水泵，喷雾装置可以有效地将烟尘中黑色颗粒级粉尘经水撞击、雾化吸附，从底部排放出去从而净化烟气。另外，烟囱内部设置专门的滤芯过滤经处理后的烟气，以使排出的烟符合环保要求。

参 考 文 献

［1］李振龙.水泥土搅拌桩桩身强度影响因素及其变化规律研究与应用[D].长春：长春工程学院,2015.

［2］丁雷,江永建,陈多才,等.广州软土的力学特征及相关性分析[J].铁道建筑,2011,10：75 - 77.

［3］蒋建平,李晓昭,高广运,等.南京地铁地基黏土物理力学参数相关性试验研究[J].中国铁道科学,2007,28(2)：17 - 24.

［4］屈若枫,徐光黎,王金峰,等.武汉地区典型软土物理力学指标间的相关性研究[J].岩土工程学报,2014,36(22)：113 - 119.

［5］张贵金,徐卫亚.岩土工程参数多重相关性的度量[J].岩石力学与工程学报,2004,23(7)：1109 - 1113.

［6］刘志军,胡利文,卢普伟,等.海上深层水泥搅拌法关键施工技术与试验研究[J].施工技术,2019,48(20)：108 - 113.

［7］滕超,刘志军,王雪刚.基于施工数据的水下深层水泥搅拌桩成桩质量影响因素分析[J].水运工程,2020,7：217 - 222.

［8］卢普伟,吴晓锋,冼嘉和,等.深层水泥搅拌船自动化控制系统开发[J].中国港湾建设,2019,39(12)：25 - 30.

第 14 章

海上 DCM 法加固软基施工质量评价

目前,海上软弱地基 DCM 法加固施工质量检测方法多样,但实际应用主要以抽芯检测为主,对检测方法的合理选用缺乏分析。此外,海上 DCM 复合地基通常是作为上部结构设计使用年限内的"永久性"基础,不同于一般作为临时结构的陆上 DCM 桩,海上 DCM 施工质量检测中受检桩的选择至关重要,常用的随机抽检方式与海上 DCM 基础的重要性不相匹配,当前国内外缺乏相关研究。

由于岩土自身的复杂性,海上 DCM 法软基加固的成桩质量存在一定的离散性。国内水泥搅拌土相关规范中,通常以检测桩的平均值是否满足设计要求来判定该桩是否合格,再由桩的合格判定结果作为该区域的合格判定依据。DCM 复合地基承载稳定问题是以整体失稳作为失效准则,可靠性分析中得到的破坏概率是整体失稳的概率,而不是某一特定点(如最薄弱点)出现破坏的概率。以个别桩的合格结果作为区域的合格判定依据,存在一定的缺陷,不符合复合地基整体承载的设计原理。

14.1 DCM 复合地基失稳模式

DCM 复合地基属于竖向增强体复合地基,根据桩体与土体的破坏顺序,其失稳破坏形式可分为以下两种情况: ① 由桩间土首先发生破坏而导致复合地基的全面破坏;② 由桩体首先发生破坏而导致复合地的全面破坏。在实际工程中,桩体和桩周土同时达到破坏是不常见的。一般情况下,对于刚性基础下的 DCM 复合地基,通常是由桩体先发生破坏,继而引起复合地基全面破坏;对于柔性基础下的 DCM 复合地基,通常是桩周土体先发生破坏,继而引起复合地基全面破坏。

根据桩体的破坏模式,DCM 复合地基失稳破坏模式有刺入破坏、鼓胀破坏、桩体剪切破坏和滑动剪切破坏等四种,如图 14-1 所示。

刺入破坏模式如图 14-1(a)所示。当桩体刚度较大而地基土承载力较低时比较容易发生桩体刺入破坏。桩体在荷载作用下发生刺入破坏后,桩体迅速失去承担荷载的能力,荷载向土体发生转移,从而引起桩周土破坏,最终导致复合地基的全面破坏。刺入破坏模式在刚性桩复合地基中较易发生,尤其是柔性基础下的刚性桩复合地基;若在刚性基础下,则在上部荷载作用下可能产生较大沉降,造成复合地基失效。

鼓胀破坏模式如图 14-1(b)所示。在上部荷载作用下,由于桩周土不能提供桩体足够的围压,造成桩体产生较大的侧向变形,桩体产生鼓胀破坏,进而导致复合地基全面破坏。鼓胀破坏模式在散体材料桩复合地基中较为常见。

整体剪切破坏模式如图 14-1(c)。在上部荷载作用下,复合地基中桩体发生剪切

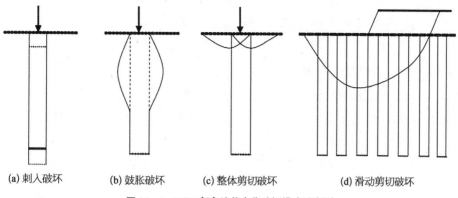

(a) 刺入破坏　　　(b) 鼓胀破坏　　　(c) 整体剪切破坏　　　(d) 滑动剪切破坏

图 14 - 1　DCM 复合地基失稳破坏模式示意图

破坏,进而引起桩周土产生塑性区并不断发展,造成复合地基全面破坏。整体剪切破坏模式在低强度的柔性桩复合地基较易发生,尤其是在刚性基础下的低强度柔性桩复合地基。

滑动剪切破坏模式如图 14 - 1(d)所示。在上部荷载作用下,复合地基沿某一软弱滑动面发生滑动剪切破坏,此时,在滑动面上桩体和桩周土均发生剪切破坏。滑动剪切破坏模式在各种复合地基中均有发生的可能。

通常认为,DCM 复合地基属于中等黏结强度半刚性半柔性桩体复合地基,理论上更容易发生上述第三种形式的破坏——整体剪切破坏。实际上,DCM 复合地基可能会发生哪种破坏模式,其影响因素众多,除了受上部荷载及褥垫层刚度影响外,还与 DCM 加固布置形式、DCM 成桩质量密切相关。其中,实际施工过程中影响 DCM 成桩质量的不确定因素较多,包括地层条件(土质特性、物理性质指标等)、水文条件、施工工艺参数等。因此,工程实际中,上述四种破坏模式在 DCM 复合地基中均有可能发生。当 DCM 桩施工桩长不够,未达到设计要求的持力层,导致 DCM 桩桩端位于相对较软的土层中,则在上部荷载作用下可能产生刺入破坏;当 DCM 桩体黏结效果不好,导致桩体呈散粒体状,则在上部荷载作用下可能产生鼓胀破坏;当 DCM 桩成桩质量不均匀,不能满足设计强度要求的桩体芯样所在的深度位置,连接形成了潜在的软弱滑动面,则在上部荷载作用下可能产生滑动剪切破坏。

海上 DCM 复合地基通常是作为上部结构设计使用年限内的"永久性"基础,而不是类似于基坑开挖支护中用作止水帷幕的临时性结构。因此,在进行海上 DCM 施工质量评价时,所采用的评价方法及评价结果,不仅要能定量反映单桩成桩质量,还应定性反映海上 DCM 复合地基的整体服役性能。此外,海上 DCM 施工质量评价中还应具有"针对性",即选择成桩质量潜在风险高的 DCM 桩及潜在影响复合地基整体服役性能的 DCM 桩群进行检测评价。如此,方能与海上 DCM 基础的重要性相匹配,保障水运工程建设质量。

14.2 现行海上 DCM 施工质量检测评定方法

14.2.1 水泥搅拌桩国内相关规范检测要求

当前国内现行规范中缺乏水下水泥搅拌桩检测规范,与水泥搅拌桩检测相关的规范主要有《复合地基技术规范》(GB 50783T—2012)、《水运工程地基设计规范》(JTS 147—2017)、《水运工程质量检验标准》(JTS 257—2008)、《建筑地基处理技术规范》(JGJ 79—2012)、《建筑地基检测技术规范》(JGJ 340—2015)、《建筑地基基础设计规范》(GB 5007—2011),各规范的检测要求见表 14-1。

表 14-1 主要规范关于水泥搅拌桩的检测要求

规　范	检测要求
复合地基技术规范 (GB 50783T—2012)	① 钻芯法检测,一般可取施工总桩数的 1%～2%,且不少于 3 根。 ② 单桩竖向抗压载荷试验一般可取施工总桩数的 1%,且不少于 3 根。 ③ 复合地基竖向抗压载荷试验检验数可取总桩数的 0.5%～1.0%,且每项单体工程不应少于 3 点
水运工程地基设计规范(JTS 147—2017)	① 钻芯法、荷载试验应检项目,动力触探选检项目。 ② 水泥搅拌桩复合地基载荷试验和单桩载荷试验的检测数量为总桩数的 0.5%～1%,且每项单体工程不少于 3 点;钻孔取芯检测为总桩数的 0.5%～1%,且不少于 3 根
水运工程质量检验标准(JTS 257—2008)	① 水下深层水泥拌和体钻孔取芯率不应低于 80%,芯样试件的侧无侧限抗压强度平均值应满足设计要求,变异系数宜小于 0.35,最大值不得大于 0.5。水泥搅拌桩钻孔取芯率不应低于 85%,芯样 UCS 平均值满足设计要求。 ② 对水泥拌和体,垂直钻孔每 10 000 m³ 加固体取 1 个,不少于 3 个;斜钻孔每 30 000 m³ 取 1 个,不少于 1 个;对于水泥搅拌桩,为总数的 0.2%,不少于 3 根
建筑地基检测技术规范(JGJ 340—2015)	① 钻芯法检测,不应少于总桩数 0.5%,且不应少于 3 根。 ② 当桩身强度和均匀性较差时,应采用平板载荷试验确定承载力。 ③ 为设计提供依据的静载试验应加载至破坏,即试验应进行到能判定单桩极限承载力为止。 ④ 以概率论为基础、用可靠指标度量可靠度是比较科学的评价方法
建筑地基处理技术规范(JGJ 79—2012)	① 复合地基承载力验收应采用复合地基静荷载试验,有黏结强度的应进行单桩静荷载试验。复合地基静荷载试验和单桩静荷载试验,不于总桩数的 1%,不少于 3 组,取芯法总桩数的 0.5%,不少于 6 个点。 ② 应测项目:复合地基静荷载试验、单桩静荷载试验、桩身强度、动力触探;选测项目:标贯、静力触探;需要时进行:钻芯法、探井取样法

由各规范的主要检测要求可知,目前国内水泥土搅拌桩最常用的检测方法主要有钻芯法、单桩静载荷试验、复合地基静载荷试验。钻芯法检测频率通常为总桩数的 0.5%～2%,不少于 3～6 根桩;单桩静载荷试验检测频率通常为总桩数的 0.5%～1%,不少于 3 组;复合地基静载荷试验检测频率通常为总桩数的 0.5%～1%,不少于 3 组。

14.2.2 DCM 施工质量检测方法比较

关于海上 DCM 复合地基检测要求,国内既有大规模应用海上 DCM 技术的建设项目的技术规格书或设计文件中,通常要求采用多种检测方法以检测不同的项目,包括钻孔取芯、振动取样、湿抓取样、静力触探、钻孔径向加压、平板载荷试验等[1-9]。

1) 钻孔取芯法

钻孔取芯检测是评价 DCM 桩体质量最常用的方法,通过钻孔取芯获取全桩长范围内的芯样,可以评价 DCM 桩的连续性和搅拌均匀性;通过对截取的芯样进行室内无侧限抗压强度(UCS)试验,用以判断指定龄期(一般为 28 d)DCM 桩体强度是否满足设计要求;根据需要,还可对芯样进行其他室内试验,如化学成分分析。

与陆上不同的是,水上钻孔取芯作业容易受风、浪、流等影响,为保障取芯顺利与芯样质量,取芯时可采用三重套管,即一重:焊接一护筒与取芯平台固定,护筒进入水面以下 2 m 左右,减轻潮水对钻杆的影响;二重:垂直导向管,置于护筒内,进入水面以下 5 m 左右,确保钻杆的垂直度;三重:套管,置于垂直导向管内,底部置于桩顶,将钻杆与水隔离开。另外,当桩体强度较低时,为保证取芯质量,宜采用三重取芯管进行取芯作业。

2) 振动取样

水下振动式取样钻机,其工作原理是在振动器带动下岩芯管产生中频或高频振动,使得岩芯管管壁周边的土体中产生超静孔隙水压力,从而减小岩芯管贯入阻力和增大取样长度。振动取芯管端部设有一个提篮形的芯样保持器,用于芯样采集,取芯管内壁配有一个可拆开式的硬质塑料内管。

根据要求,DCM 施工完成后采用振动取样法获取桩间土土样,取样深度应至周边最近的 4 组 DCM 桩簇持力层平均高程以下 1 m,对土样进行表面观察、拍照和相关室内试验,检测频率为每 10 万 m² 取样 1 处。

与钻孔取芯法相比,振动取样法是一次连续获得取样深度范围内的土体芯样,完整性好,但其取样深度取决于设备性能。

3) 湿抓取样

湿抓取样法是钻机将与之连接的取土器钻进至土体深处抓取土样,并对土样进行相关室内试验,在美国应用较为广泛。湿抓取土器主要有两种类型:A 型,其为矩形截面(200 mm×150 mm),取土器底部装有翻盖小门,提升时关闭;B 型,其为圆形截面(直径 200 mm),到达取土深度,通过操作中空杆,取土器从中间一分为二进行取土。

Kitazume 等对比分析了由以下三种不同方法制作或钻取的水泥土试样的无侧限抗压强度:

(1) 室内配合比试验:利用从现场获取的天然地基土样,进行室内配合比试验(与施工配合比一致),制作水泥土试样并养护。

(2) 湿抓取样法:DCM 施工后立即采用湿抓取样获取桩体不同深度处(同上)的水泥

土样，直接室内制作试样并养护。

（3）钻孔取芯法：DCM 施工后并达到一定龄期（如 28 d）时通过钻孔取芯获取桩体水泥土芯样。

对于水泥土强度，室内配合比试验主要目的在于研究土体物理性质、水泥等级及掺量、水灰比、外掺料等因素的影响规律，一般在复合地基岩土设计阶段开展；但是，室内配合比试验中水泥土拌和情况与现场施工实际存在差异，而湿抓取样法则在一定程度上避免了上述问题；钻孔取芯法则最为真实地反映了在既定配合比和现场施工工艺下的原位水泥土强度。

对于海上 DCM 复合地基，采用湿抓取样法的主要目的是获取水泥土土样，进行相关室内试验。湿抓取样法宜在 DCM 施工完成后立即进行，并按要求制作试样。

4）静力触探

由于水域条件与工程地质的特殊性，尤其是在复杂水域条件下，若全部采用钻孔取芯，工程量大、效率低，可采用静力触探技术进行工程地质勘察与相关检测。与钻孔取芯法相比，静力触探试验（CPT）是在深层原状土体保持原始应力状态下快速获取连续、高密度的岩土参数。

结合工程实际，对于海上 DCM 复合地基，开展静力触探试验主要目的有二：

（1）工程设计中 DCM 桩端持力层通常由 CPT 锥尖阻力值来划分，施工前通过 CPT 查明满足设计要求的桩端持力层的埋深，以便确定各区域 DCM 施工桩长，并进行处理机标定试验（如电流、扭矩等），为施工中判断 DCM 桩进入持力层提供依据，并以此作为海上 DCM 施工终桩标准之一。

（2）为防止施工过程中水泥浆液与隆起土体外溢污染水域，DCM 施工前需在海床顶铺设土工布与 2 m 厚砂垫层，DCM 施工后通过 CPT 检测桩顶进入砂垫层的深度是否满足设计要求（桩顶距离砂垫层顶面不大于 1 m），此项检测一般要求 DCM 桩施工完成至少 7 d 后进行。

5）钻孔径向加压试验

钻孔径向加压试验，也被称为"旁压试验"，其实质是一种利用钻孔进行的原位横向载荷试验，原理是通过液压系统（旁压器）对竖直孔内的旁压膜施加压力，使旁压膜膨胀，将压力传给孔内周围土体，使土体产生变形直至破坏。通过测量装置测出压力与变形之间的关系，绘制应力-应变曲线。

钻孔径向加压试验可在钻孔取芯后的钻孔内进行，通过测试径向压力与变形的关系，得到 DCM 桩体弹性模量沿桩长的分布情况，并可评估桩体强度。通过桩体弹性模量可以进一步计算分析海上 DCM 复合地基承载力与沉降。此外，钻孔径向加压试验也是一种检

254

验 DCM 全桩长范围内桩体均匀性的方法。需要注意的是,钻孔孔径应略大于加压前的探头直径,且小于加压后的探头直径。

6) 平板载荷试验

通过平板载荷试验,可以检测水泥搅拌桩单桩和复合地基承载力。试验方法有锚桩法与堆载法两种。

对于锚桩法,采用锚桩作为试验的反力系统,利用载荷板周围的 4 根基桩作为锚桩,和试验主、次梁连接组成反力架。将加载所用的千斤顶放置于传力杆顶部,传力杆与载荷板连接。利用旁边的 2 根独立基桩作为基准桩,观测梁放置在基准桩上,一端固结,一端简支。由于受风、浪、流等影响,试验平台处于低频振动状态,载荷试验中常用的在观测梁上安装百分表测量桩顶位移的方式难以满足试验的测量精度要求。为此,可在水下载荷板上设置一组高精度静力水准系统进行沉降观测。另外,为确保试验安全进行,试验过程中需要通过安装在锚桩上的百分表测量锚桩上拔量;在复杂水域条件下,为缩短试验时间,可采用快速维持荷载法进行试验。

与传统的水上桩基锚桩法载荷试验及陆上复合地基锚桩法平板载荷试验相比,水下复合地基锚桩法平板载荷试验实施前需解决以下关键问题:

(1) 为保证传力杆能将上部加载荷载准确地传递至载荷板,传力杆与锚桩及基准桩之间不能相互连接,试验平台的整体稳定性需经过科学论证,尤其是在试验加载值大的情况下。

(2) 需采取措施避免试验过程中传力杆受风、浪、流等影响,尤其是在复杂水域条件下。

(3) 合理设计载荷板的尺寸与刚度,保证在传力杆集中荷载作用下扩散至载荷板底部的应力分布均匀。

(4) 载荷板平面尺寸与 DCM 桩簇单元面积(单桩承载力载荷试验)及 DCM 加固布置形式(复合地基承载载荷试验)密切相关,在既定设计荷载值或承载力特征值下载荷板平面尺寸将决定试验加载值。

对于堆载法,按照深圳至中山跨江通道项目采用的 DCM 复合地基水下平板载荷试验方案,试验系统由荷载块、承压板、基准板、基准板吊架、测量系统等组成。承压板尺寸与 DCM 加固布置形式及试验类型相关,可采用型钢及钢板焊接而成,承压板上设置安放仪器的测试台座及与荷载块之间的限位装置。可利用沉箱作为荷载块,采用叠加多个沉箱或往沉箱仓格中吊装重度大的块体的方式实现分级加卸载。沉降采用基于连通管原理的静力水准仪组成的测量系统进行,为确保测试成功,沉降测量系统由 2 套独立的测试系统组成,分别独立测量承压板沉降。

传统的堆载法载荷试验相比,采用堆载法进行水下复合地基平板载荷试验,现场实施前需解决以下关键问题:

（1）在静力水准仪的系统中，所有各测点的垂直位移均是相对于其中的一点（基准点）变化，该点的垂直位移是相对恒定的或是可用其他方式准确确定，以便能精确计算出静力水准仪系统各测点的沉降变化量，上述测量系统中的基准点的垂直位移并非恒定，也难以用其他方式测定，如何通过静力水准仪或其他方式观测载荷板沉降是一个关键问题。

（2）若采用叠加沉箱的方式进行加卸载，受水域环境影响，尤其是在水深与风浪流较大的区域，水下平板载荷试验分级加载次数有限，单次加载荷载较大，容易导致试验得到的极限承载力值偏小，甚至与实际情况相差较大。

（3）试验过程中，荷载块的加卸载需要具有大型起重船舶等船机设备配合，实施组织难度较大，工期长。

在水下载荷板试验中，根据研究需要，加载前可以预先在 DCM 桩顶部和桩间土分别埋置土压力计，以便测试分析加载和恒载过程中桩土应力分担比变化情况，从而进一步评价复合地基承载特性。

从目前国内在建的工程项目来看，由于受限于现场条件、检测设备等原因，实际上主要采用钻孔取芯法。尽管如此，从技术原理上看，运用这些检测方法有助于较为全面地评价海上 DCM 施工质量。为此，根据上述对各种潜在的海上 DCM 施工质量检测方法的分析，结合海上 DCM 施工特点及其复合地基承载稳定要求，对上述各种检测方法的特点以及选用原则进行了研究，见表 14 - 2。

表 14 - 2　潜在的海上 DCM 施工质量检测方法特点及选用原则一览表

检测方法	检测目的	检测指标	检测阶段	评价及选用原则
钻孔取芯	桩体强度与成桩均匀性评价	桩体强度等，芯样采集率与加固率	DCM 施工后（相应龄期）	可得到基于现场实际施工工艺与配合比下的 DCM 桩体在原位天然条件下的水泥土芯样，直观可靠，试验桩与永久桩均应采用
静力触探	确定持力层位置及桩顶嵌入砂垫层深度	锥尖阻力值	DCM 施工前及施工后（至少 7 d）	测试目的明确，试验桩与永久桩均应采用
振动取样	一次连续获得取样深度范围内桩间土土样	表面观察、拍照和相关室内试验	DCM 施工后	可作为一种补充检测方法，对于钻孔取芯检测结果异常的区域，可采用振动取样法钻取 DCM 桩间土土样，以便分析异常原因
湿抓取样	获取原位施工下 DCM 桩体水泥土，进行相关室内试验	水泥土试样强度（与室内配合比试验不同）	DCM 施工完成后立即进行	对于永久桩，建议不采用湿抓取样法进行检测；对于试验桩，可利用湿抓取样法试验结果进一步论证岩土设计与确定水泥土配合比
钻孔径向加压试验	DCM 桩体弹性模量沿桩长的分布情况	桩体弹性模量	DCM 完成后（可利用取芯钻孔）	有助于评估 DCM 桩体均匀性与基础承载特性，宜采用；当载荷试验无法实施时，应提高钻孔径向加压试验检测频率
载荷试验	DCM 基础承载特性（承载力与沉降等）	极限承载力	DCM 施工后	实施难度高但意义大，除非受工程区域风浪流等影响而无法实施外，应采用；否则，应选择合适的海上 DCM 试桩区域进行载荷试验

14.2.3　取芯检测存在的不足

国内水泥土搅拌桩检验合格的标准主要取决于采取样本测值的平均值是否满足设计要求,对检测结果进行合格或不合格的判定。香港国际机场第三跑道项目中要求对于每根受检桩,90%及以上试样的 UCS 测试值不小于设计要求强度 1.2 MPa。深中通道项目中要求每根检测桩的 60 d 桩身 UCS 平均值≥1.2 MPa、桩身强度最小值≥0.78 MPa、强度变异系数≤0.35。

由国内规范要求及香港国际机场第三跑道项目、深圳至中山跨江通道项目的检测标准可知,海上 DCM 的合格标准均以检测桩的合格与否作为其施工区域合格判定标准。但是,复合地基承载稳定性问题是以整体失稳作为失效准则,而不是某一特定点(如实际桩体强度小于设计强度)的出现就必然会导致失稳。可靠性分析中得到的破坏概率是整体失稳的概率,而不是某一特定点(如最薄弱点)出现破坏的概率。基于上述分析,当前海上 DCM 施工质量评价方法存在的不足之处主要体现在:

(1) 受检桩随机选择,缺乏针对性。

(2) 个别桩的检测结果,不能反映复合地基的整体成桩质量的分布情况。

(3) 以单桩的合格情况作为施工区域的合格判定指标,不能体现复合地基整体受力的设计理念。

(4) 取芯法检测只能检验了桩体自身的承载能力,无法体现桩土相互作用、桩间土承载、群桩效应的承载作用,在一定程度上偏保守。

海上 DCM 复合地基通常是作为上部结构设计使用年限内的“永久性”基础,不同于一般作为临时结构的陆上 DCM 桩,科学合理的海上 DCM 施工质量评价至关重要。因此,非常有必要通过研究建立系统、有效的海上 DCM 施工质量评价方法,为水运工程建设质量与基础整体服役性能评价提供保障及依据。

14.3　考虑整体服役性能的海上 DCM 施工质量综合评价方法

14.3.1　DCM 施工质量检测受检桩选择

无论采用哪种检测方法,海上 DCM 施工质量检测中受检桩的选择应有针对性,既要考虑单桩成桩质量,选择经评估认为成桩质量存在风险的桩簇作为检测桩,同时又要考虑 DCM 基础整体服役性能,选择可能会影响基础整体稳定性的桩簇作为受检桩。

海上 DCM 施工质量检测中,受检桩的选择应基于以下三个原则进行抽选。

1) 局部地质条件出现异常的区域

由前面的研究可知,海上 DCM 成桩质量与被加固土体性质密切相关,直接影响单桩成桩质量;加固深度范围内土层的均匀性与总体成桩质量均匀性密切相关,直接影响到

DCM基础整体服役性能。在实际工程应用中,通常工程址区范围内地质勘察钻孔数量非常有限,难以具体"诊断"地质条件出现异常的区域。

由11.4.节中对勘察-施工-检测数据库的分析可知,结合下贯阶段电流及喷水量等可辅助划分土层,通过对已施工桩的原始数据处理,提取下贯阶段电流及喷水量、下贯电流值,并绘制电流云图寻找异常区域,需进行针对性抽检。

以香港第三跑道项目G区(L15、L16、L17)为例,提取各桩不同高程的电流值,通过对同一高程处的电流值进行等值线划分,绘制云图,可直观显示土层坚硬程度的分布情况如图14-2所示。高程$-4\sim-15$ m范围内,整个G区的电流值无较大变化,整体呈绿色,主要集中在$400\sim550$ A范围内。高程$-17\sim-18$ m范围内,大部分区域电流值出现超过700 A的区域,即在高程$-17\sim-18$ m范围是淤泥与硬黏土层交界的层面。同时,在E$(809\,667\sim809\,685)$N$(820\,880\sim820\,860)$平面范围内,从高程$-17\sim-20$ m均超过700 A,说明该区域土层范围相对其他范围的土层更硬,属于地质条件异常区域,在进行取芯检测前宜优先取样检测其成桩质量。

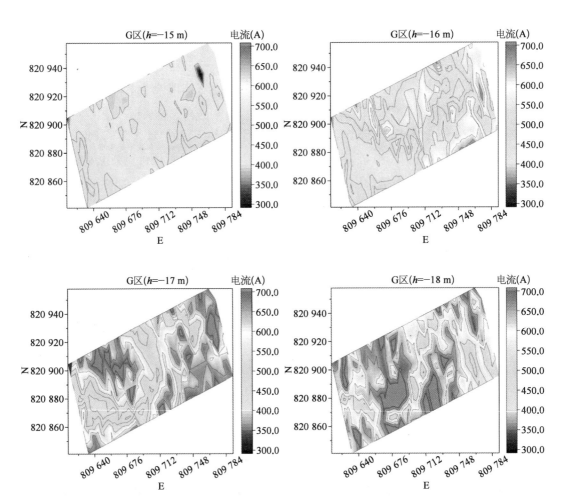

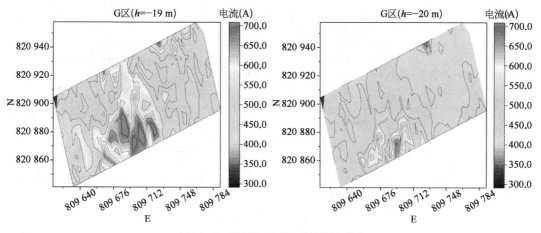

图 14-2　G 区不同高程电流值平面云图

2) 施工工艺参数变化较大的区域

由前述分析可知,对于黏土层,BRN<1 200 r/m 的施工桩段不合格率较高,对于深层淤泥质黏土,喷水量>300 kg/m³ 的施工桩段不合格率较高。因此,通过对施工原始数据处理,提取其不同深度的实际水泥掺量、喷水量、BRN 等关键参数,结合勘察资料,选择施工参数变化较大或关键施工参数不符合要求的施工区域进行针对性抽检。

仍然以 G 区(L15、L16、L17)为例,提取各桩不同高程的喷水量,通过对同一高程处的喷水量进行等值线划分,绘制云图,可直观显示施工过程中喷水量的分布情况,如图 14-3 所示。高程 -4～-7 m 范围内,大部分区域未喷水,在高程 -8～-12 m 范围内喷水量极少主要集中在 20～50 L/m³,高程 -13～-15 m 范围内喷水量逐渐加大 60～160 L/m³,整体分布较均匀。高程 -15～-16 m 范围内,喷水量呈现出东区大、西区小的趋势,东区喷水量集中在 220～300 L/m³,局部超过 400 L/m³。高程 -17～-20 m 范围内,大部分区域的喷水量均超过 400 L/m³,但不难看出,仍具有东区大、西区小的趋势。因此,从施工过程

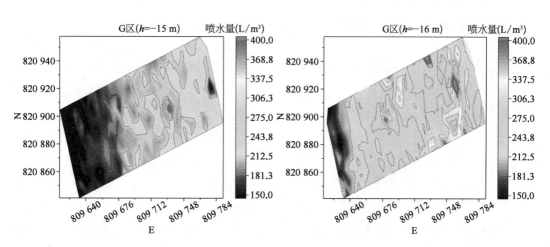

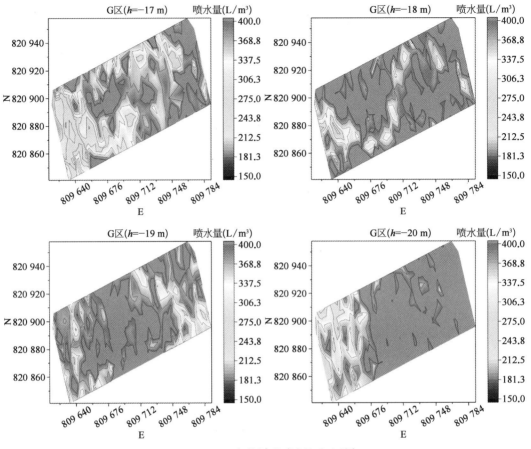

图14-3　G区不同高程喷水量平面云图

工艺参数的控制情况的角度出发,在E(809 712～809 784)平面范围内,宜优先取样检测其成桩质量。

3) 潜在整体失稳区域

由于岩土自身的离散性、复杂性,海上DCM地基处理始终存在部分桩段检测质量小于

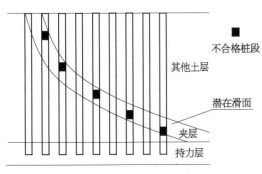

图14-4　不合格桩段排列呈潜在滑面示意图

设计要求强度的情况,不合格的桩段可能出现排列形成潜在滑面的风险(图14-4)。该风险客观存在,却无法以抽芯检测的方式规避该风险(因为对一个断面的桩抽检成本太高,且断面过多)。因此,在海上DCM施工完成后,基于勘察-施工-检测数据库,可以利用神经网络算法对DCM成桩质量进行预估。在断面图中将预估成桩质量较差的部分显著标出,可以初步判断是否有潜

在滑面的可能性,辅助检测桩的选择决策。

14.3.2 海上 DCM 施工强度智能预估分析

为了解海上 DCM 整体成桩质量的分布情况,判断是否存在潜在的整体失稳滑面,可以基于勘察-施工-检测数据库,结合既有检测结果,对未检测桩的质量进行预估。预估海上 DCM 基础未检测桩体成桩质量后,成桩质量较差的桩段在断面的分布情况,可以作为判断是否存在潜在整体失稳滑面可能性的参考依据。

人工神经网络模型具有强大的非线性拟合、逼近和预测能力[10-12],基于径向基(radical basis function,RBF)建立起来的 RBF 神经网络,具有学习及收敛速度快、逼近效果好的优点,在岩土工程中得到了较广泛的应用。

RBF 神经网络是一种具有三层拓扑结构的前向神经网络,由输入层、隐含层、输出层构成,其构成如图 14-5 所示。输入层仅仅起到传输信号的作用,并不对输入数据进行处理;隐含层是对激活函数的参数进行调整,采用的是非线性优化策略,为输出层提供数据;输出层是对线性权进行调整,与隐含层之间是一种线性映射关系。

隐含层中的激活函数主要有高斯函数、多二次函数、逆多二次函数及样条函数等形式,本研究采用最常用的高斯函数作为预估计算中的激活函数,其函数表达式如下

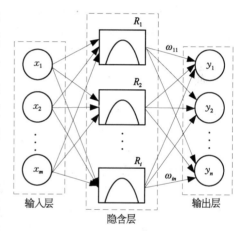

图 14-5 径向基神经网络结构

$$R_i(x_m) = \exp\left(-\frac{\| x_m - c_i \|^2}{2\sigma^2}\right) \qquad (14-1)$$

式中　　x_m ——第 m 个输入层样本;

$\| x_m - c_i \|$ ——欧式范数;

c_i ——高斯函数的中心;

σ ——高斯函数的宽度。

RBF 神经网络的输出为

$$y_n = \sum_{i=1}^{k} \omega_{in} R_i(x_m), \ i = 1, 2, \cdots, k \qquad (14-2)$$

式中　　ω_{in} ——第 i 个隐含层节点到第 n 个输出层节点的连接权值;

k ——隐含层节点数;

y_n ——第 n 个输出层结点的预测输出。

类似其他智能算法，RBF 神经网络的训练也是一个监督学习的过程：将已知的系统输入样本和输出样本代入 RBF 神经网络，根据学习的目标精度选择合适的高斯函数宽度 σ 和计算出高斯函数的中心 c_i、隐含层节点数 k、隐含层到输出层的连接权值 ω_{in}。

鉴于 RBF 神经网络能够逼近任意非线性函数的能力，可以使用 RBF 神经网络进行海上 DCM 施工桩 UCS 进行预估。输入为入土深度 $h(k)$、密度 $\rho(k)$、土压力 $\sigma(k)$、凝期 $d(k)$、含水率 $w(k)$、液限 $w_l(k)$、塑限 $w_p(k)$、水泥掺量 $A_0(k)$、喷水量 $A_w(k)$、BRN-$B(k)$ 等勘察、施工数据，输出为 UCS-$U(k)$，即

$$U = f(h, \sigma, d, w, \rho, w_l, w_p, B, A_0, A_w) \qquad (14-3)$$

数据库中总计 832 组有效样本，随机抽取 600 组作为训练集，剩余 232 组作为预测集。利用训练集训练网格结构参数（σ、c_i、k、ω_i），预估流程如图 14-6(a)所示，代入式(14-1)和式(14-2)进行预估。预估训练值及预估测试值与实测值对比如图 14-6(b)所示。

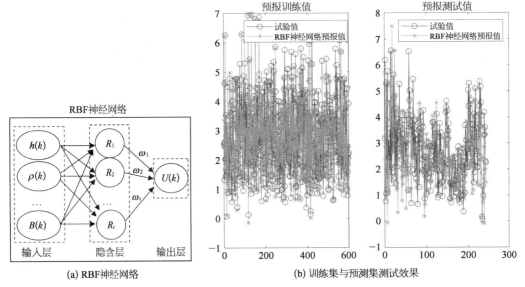

(a) RBF 神经网络　　　　(b) 训练集与预测集测试效果

图 14-6　BRF 神经网络及预测效果

由于影响水泥土强度的因素非常多，即便在室内试验严格控制各条件一致的前提下得到的 UCS 强度也有一定的差异。在施工过程中，影响因素更为复杂，相同施工参数下得到的 UCS 强度也有一定的差值。在数据库中，有 134 组芯样属于同一根 DCM 桩，同 1 m 范围内，同一凝期的检测结果（即主要影响因素一致），统计其不同差值范围所占比例如图 14-7 深色部分。对预测值与实测值的差值进行统计，如图 14-7 中浅色部分。

由上图对比可知，预测值与实测值之差分布情况与实测值之间的差值分布情况基本一致。RBF 测试集中预测值与实测值之差在 0.2 MPa 内占比 17.28%（主要影响因素

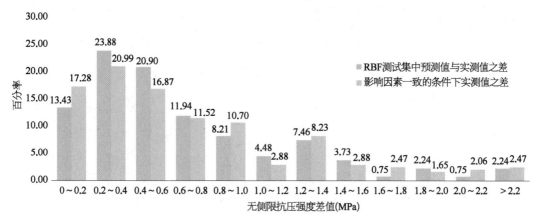

图 14-7　预测差值分布及实测差值分布对比图

一致的条件下实测值之差在 0.2 MPa 内占比 13.43％）；RBF 测试集中预测值与实测值之差在 0.6 MPa 内占比 55.14％（主要影响因素一致的条件下实测值之差在 0.6 MPa 内占比 58.21％）；RBF 测试集中预测值与实测值之差在 1.0 MPa 内占比 77.37％（主要影响因素一致的条件下实测值之差在 1.0 MPa 内占比 78.36％），见表 14-3。

表 14-3　预估效果对比表

所占比例	差值范围以内						
	0.2 MPa	0.4 MPa	0.6 MPa	0.8 MPa	1.0 MPa	1.2 MPa	1.4 MPa
RBF 测试集中预测值与实测值之差	17.28％	38.27％	55.14％	66.67％	77.37％	80.25％	88.48％
主要影响因素一致的条件下实测值之差	13.43％	37.31％	58.21％	70.15％	78.36％	82.84％	90.30％

　　根据训练结果对典型桩进行 UCS 值预估，预估值与实测值对比如图 14-8 所示，对典型断面的 DCM 桩进行预估，预估值不合格分布如图 14-9 所示。结合断面的预估结果，可以初步判断该断面发生整体滑动的风险，结合单桩的预估结果，可作为受检桩选择的参考。

14.3.3　基于概率统计的海上 DCM 施工质量置信度评价分析

　　目前，海上 DCM 的合格标准均以检测桩的合格与否作为其合格标准，不能体现出海上 DCM 复合地基整体承载的受力特性，有一定的局限性。海上 DCM 作为复合地基，其承载力是以整体失稳作为失效准则，可靠性分析中得到的破坏概率是整体失稳的概率[13-16]，而不是某一特定点（如最薄弱点）出现破坏的概率。

　　《工程结构可靠性设计统一标准》（GB 50153—2008）中，对岩土性能的确定中也提出"岩土性能的标准值可按概率分布的某个分位值确定"，但规范中并未明确应取的分位值。因此，在对海上 DCM 地基进行整体评价时，可基于概率的理论来评价海上 DCM 地基的整体性能。

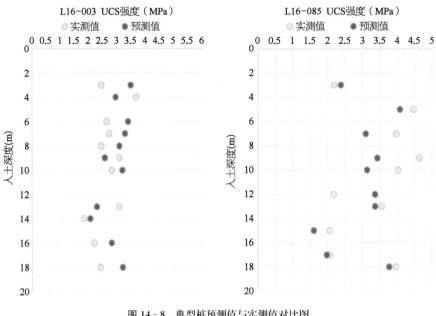

图 14-8 典型桩预测值与实测值对比图

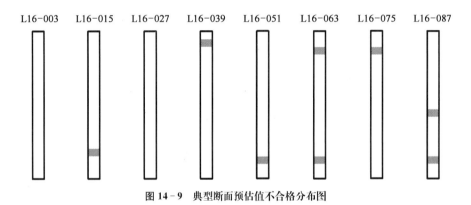

图 14-9 典型断面预估值不合格分布图

14.3.3.1 评价区域

本节基于概率统计理论对香港国际机场第三跑道项目的检测结果进行施工质量评价。由于资料有限，对香港国际机场第三跑道项目检测区域按区域的平面位置，对小区域进行合并作为评价对象，各区域的主要检测信息见表 14-4。

表 14-4 各区域的主要检测信息

邻近区域合并	施工区域	施工桩数	检测桩数	抽检率（%）	UCS样本数	平均值（MPa）	标准差（MPa）
A区	T1、T2	448	3	0.7	42	3.59	1.63
B区	T4、T5	450	3	0.7	26	4.40	1.54
C区	T20、T21	360	2	0.6	17	3.06	1.58

(续表)

邻近区域合并	施工区域	施工桩数	检测桩数	抽检率(%)	UCS 样本数	平均值(MPa)	标准差(MPa)
D 区	S5	182	4	2.2	120	2.82	1.12
E 区	S14,S15	822	5	0.6	166	2.91	1.11
F 区	S16,S17	898	7	0.8	320	2.26	0.98
G 区	L15,L16,L17	288	7	2.4	72	3.45	1.17
H 区	L34,L35,L36	254	4	1.6	43	3.07	1.08
I 区	LB11,LB14,LB16	378	4	1.1	37	3.65	1.54

14.3.3.2　UCS 统计分布规律

大量实际工程的水泥土强度统计数据表明,现场水泥土芯样强度近似服从正态分布。统计学中应用最广泛的非参数检验法主要有卡方检验和 K - S(Kolmogorov-Smirnov)检验。K - S 检验法不需要区间划分,相比于卡方检验其更适合于小样本数据。为验证研究对象是否服从正态分布,本节采用 K - S 检验数据样本。

K - S 检验是基于累计分布函数,用以检验一个经验分布是否符合某种理论分布或比较两个经验分布是否有显著性差异的方法。其基本思路为:通过将样本观测值的累积频率 $F_n(x)$ 与不同的假设理论概率分布 $F_X(x)$ 进行比对分析,从而确定累积频率的概率分布类型。

设样本容量为 n,建立经验分布函数,分段累积频率通过下式确定:

$$F_n(x)=\begin{cases} 0, & x \leqslant x_i \\ \dfrac{i}{n}, & x_i \leqslant x \leqslant x_{i+1} \\ 1, & x \geqslant x_{i+1} \end{cases} \tag{14-4}$$

式中　$x_1, x_1, \cdots, x_1$ ——排列后的样本数据;

$\quad\quad F_n(x)$ ——阶梯形曲线。

在随机变量 X 的范围内,$F_n(x)$ 与 $F_X(x)$ 的最大差异值可由下式得出:

$$D_n = \max_{-\infty < x < +\infty} | F_X(x) - F_n(x) | < D_n^{\alpha} \tag{14-5}$$

式中　α ——显著水平;

$\quad\quad D_n$ ——一个分布依赖于 n 的随机变量;

$\quad\quad D_n^{\alpha}$ ——显著水平 α 上的临界值。

认为复合显著水平 α 的 $F_n(x)$ 即可用假设的理论分布 $F_X(x)$ 表示,反之则不能,检验结果见表 14 - 5。

表 14 - 5   各区域的 K - S 检验结果

区　　域		A 区	B 区	C 区	D 区	E 区	F 区	G 区	H 区	I 区
个案数		42	26	17	120	166	320	72	43	37
正态参数	平均值	3.595	4.399	3.063	2.825	2.909	2.158	3.452	3.070	3.648
	标准差	1.634	1.543	1.578	1.124	1.110	0.978	1.169	1.067	1.543
渐近显著性(双尾)		0.200	0.200	0.145	0.200	0.098	0.200	0.053	0.200	0.200

由检验结果可知,各区域渐进显著性(双尾)均大于 0.05,因此接受原假设,各区域的 UCS 值服从正态分布,典型区域的分布如图 14 - 10 所示。

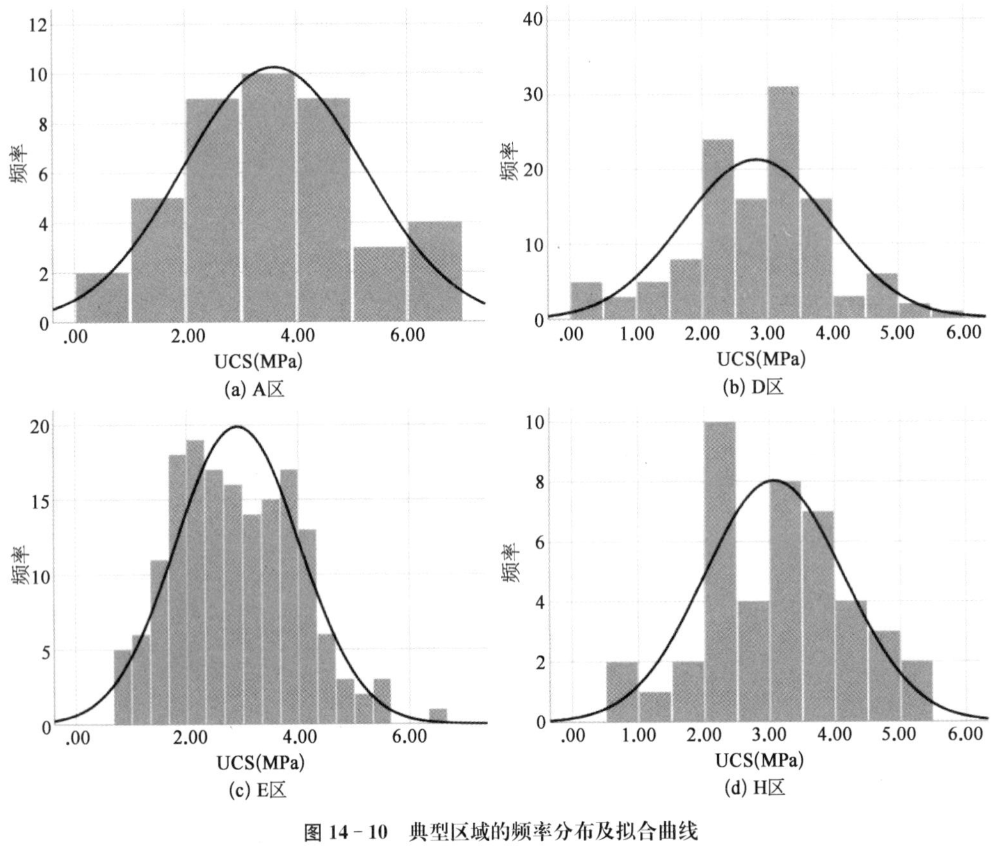

(a) A区

(b) D区

(c) E区

(d) H区

图 14 - 10   典型区域的频率分布及拟合曲线

14.3.3.3   施工质量置信度评价

正态分布的 3σ 准则,是指 $P(\mu-\sigma<X\leqslant\mu+\sigma)=68.3\%$, $P(\mu-2\sigma<X\leqslant\mu+2\sigma)=95.4\%$, $P(\mu-3\sigma<X\leqslant\mu+3\sigma)=99.7\%$,即正态分布在 $(\mu+3\sigma,\mu-3\sigma]$ 以外的取值概率不到 0.3%,几乎不可能发生,如图 14 - 11 所示。而岩土工程施工由于自身的离散性要达到 99.7% 的置信度难度过大,本书采用 84.1%[$P(\mu-\sigma<X<\infty)=84.1\%$]、90%、95%、97.7%[$P(\mu-2\sigma<X<\infty)=97.7\%$]四个置信度评价各区域的桩体强度,

香港国际机场第三跑道项目 DCM 桩设计强度为 1.2 MPa。各区域的不同置信度对应强度见表 14 - 6。

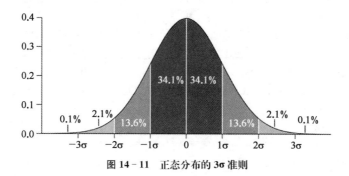

图 14 - 11　正态分布的 3σ 准则

表 14 - 6　各区域不同置信度对应强度

邻近区域合并	施工区域	UCS 样本数	平均值（MPa）	标准差（MPa）	不同置信度对应强度（MPa）			
					84.1%	90.0%	95.0%	97.7%
A 区	T1、T2	42	3.59	1.63	1.96	1.50	0.91	0.33
B 区	T4、T5	26	4.40	1.54	2.86	2.43	1.87	1.32
C 区	T20、T21	17	3.06	1.58	1.48	1.04	0.46	−0.10
D 区	S5	120	2.82	1.12	1.70	1.39	0.98	0.58
E 区	S14、S15	166	2.91	1.11	1.80	1.49	1.08	0.69
F 区	S16、S17	320	2.26	0.98	1.28	1.01	0.65	0.30
G 区	L15、L16、L17	72	3.45	1.17	2.28	1.95	1.53	1.11
H 区	L34、L35、L36	43	3.07	1.08	1.99	1.69	1.29	0.91
I 区	LB11、LB14、LB16	37	3.65	1.54	2.11	1.68	1.12	0.57

对于海上 DCM 桩检测，日本《海上施工中的深层搅拌法技术手册》通常在检测强度值大于设计强度的置信度达到 84.1% 时，即判定检测结果符合要求。香港国际机场第三跑道项目各施工区域，检测强度值大于设计强度的置信度均超过 84.1%。同时，B 区置信度超过 97.7%，G 区、H 区置信度超过 95%，A 区、D 区、E 区、I 区置信度超过 90%。

基于概率统计理论对海上 DCM 桩进行施工质量评价，更符合海上 DCM 复合地基整体稳定性的设计原理，可有效避免因个别桩施工质量不合格，影响对海上 DCM 复合地基整体稳定性的合格判定，能更有效地定量反映复合地基的整体施工质量。

参 考 文 献

［1］Kitazumem. Field tests on wet grab sampling for quality assurance of deep mixing method［J］. Japanese geotechnical society special publication，2016，2(63)：2149 - 2152.

［2］Terashim，Kitazumem. QA QC for deep-mixed ground：current practice and future research needs［J］.

Ground improvement，2011，164(GI3)：161－177.

［3］邢万君.浅析 CDM 法加固海上软土地基的钻孔取样工艺[J].中国港湾建设,2000,20(3)：42－44.

［4］王延宁,蒋斌松,胥新伟,等.挤密砂桩加固水下软土大型原位载荷试验研究[J].岩土力学,2015,36(S1)：320－326.

［5］秦振华.软土地基平板载荷试验稳定标准的研究[J].岩土工程学报,2017,39(S2)：87－90.

［6］郭绍曾,刘润.静力触探测试技术在海洋工程中的应用[J].岩土工程学报,2015,37(S1)：207－211.

［7］梁文成,林吉兆,杜宇.海床式静力触探设备在海上工程勘察中的应用[J].水运工程,2013(7)：19－21.

［8］段新胜,顾湘,鄢泰宁,等.用于海底振动取样钻进的振动器设计理论与实践[J].探矿工程(岩土钻掘工),2009,36(5)：36－40.

［9］汪稔,胡建华.旁压试验在苏通大桥地质勘察工程中的应用[J].岩土力学,2003,24(6)：887－891.

［10］高杰.基于 RBF 神经网络的红黏土-锚固体界面蠕变模型[J].岩土力学,2018(40)：122－126.

［11］陈国兴,李方明.基于径向基函数神经网络模型的砂土液化概率判别方法[J].岩土工程学报,2006,28(3)：301－305.

［12］李长冬,唐辉明,胡斌,等.小波分析和 RBF 神经网络在地基沉降预测中的应用研究[J].岩土力学,2008,29(7)：1917－1922.

［13］徐晓斌.水泥土搅拌桩检测与评价方法研究[D].长春：吉林大学,2005.

［14］赵龙.水泥土搅拌桩复合地基承载力及可靠度研究[D].河北：河北工业大学,2014.

［15］曹龙海.软土中水泥搅拌桩格栅墙的成桩质量研究及受力特性分析[D].重庆：重庆交通大学,2018.

［16］李浩,王欢,王选仓.基于可靠度的复合地基承载力研究[J].公路工程,2014(6)：107－110.

第 15 章

海上 DCM 法软基加固 工程应用

15.1 香港国际机场第三跑道项目

15.1.1 工程概况

香港机场管理局计划在现有机场北部实施围海造地以扩建机场跑道由两条增至三条。在现有机场以北填海拓地约 650 公顷,并在周边建造约 13.4 km 长的海堤,其中大约 300 公顷的海床采用海上 DCM 法进行基础加固。本工程位于其中局部造陆海域,包括 C4 区及 C1、C2、C5 护岸区,DCM 桩总计 27 339 根,总工程量约 200 万 m³,桩长在 5.0～29.0 m 范围内,为四轴梅花形,尺寸 2.3 m×2.3 m,截面面积 4.63 m²(图 15-1)。

图 15-1 工程效果图

香港国际机场第三跑道项目 DCM 施工区域地质情况复杂,主要包括污染淤泥土、海相淤泥和冲积土。

污染淤泥土:项目 DCM 施工区域自 1992 年底,被作为香港疏浚填土工程中产生的大量污染淤泥的卸置场地,开挖了数个淤泥坑,利用海洋的自我净化能力来净化处理这些污染土。污染土淤泥的厚度在海床面以下 10～30 m,天然含水率为 40%～60%,与土的液限非常接近;塑限为 20%～40%,塑性指数为 14～30;细粒含量高达 80%～90%,其余的为粉细砂、砂砾等,土体的有机质含量<3%。

海相淤泥:海相淤泥为自然形成的原状海洋沉积物,主要由粉质黏土构成,含有少量细沙及贝壳类物质,厚度为 10~35 m,其天然含水率在 40%~60%、塑限为 20%~40%、塑性指数为 15~30。海相淤泥土细粒含量高达 80%~95%,其余的为粉质黏土、砂砾等,土体的有机质含量<3%。

15.1.2　工程设计要求

(1) 搅拌程度:对于长桩,桩体上 8 m 和下 8 m 土体的有效搅拌切土次数 BRN≥900 r/m,桩体其余部分土体的有效搅拌切土次数 BRN≥450 r/m;对于 5 m 的短桩,桩体土体的有效搅拌切土次数 BRN≥900 r/m。

(2) 持力层:DCM 桩应进入持力层 2~6 m,持力层指的是该土层的 CPT 端阻大于 1 MPa,并满足相应的其他技术要求,嵌固深度根据覆盖软土层的厚度确定。

(3) DCM 桩强度要求:施工配合比及桩体设计强度见 15-1,DCM 桩 28 d 的取芯芯样每米范围内不得少于 1 个,且各芯样的 UCS 强度不得低于 1.25 倍的设计强度,每根桩的芯样合格率不得低于 90%。

表 15-1　香港国际机场第三跑道项目海上 DCM 软基处理施工配合比

水泥掺量参数(kg/m³)		无侧限抗压强度设计值		
		0.8 MPa	1 MPa	1.2 MPa
水灰比 0.9	海相沉积层	230	240	250
	冲积层	240	240	240

15.1.3　工程重难点技术分析

结合工程址区地质条件与技术要求,香港国际机场第三跑道项目海上 DCM 软基处理施工重、难点及其相应的技术措施见表 15-2。

表 15-2　香港国际机场第三跑道项目海上 DCM 软基处理施工重难点及技术措施

序号	重点与难点	技术措施
1	桩顶成桩:含水率较高的软弱海相淤泥,多呈流塑状,土体围压较小,且在搅拌轴提升阶段,其与海水贯通,喷浆后易导致水泥浆流失严重	在桩顶区域降低搅拌轴转速、上拔速度和喷浆流速,尽量减少对土体的扰动;桩顶区域不喷水下贯
2	桩底成桩:含水率较低,搅拌难度较大,有效搅拌叶片少,有效 BRN 较难满足要求	采用在桩底区域搅拌头反复上拔、提升、停驻,提升的距离主要根据持力层的厚度、土质情况及搅拌头的长度综合考虑确定,停驻的时间根据施工经验,一般 3~5 min
3	糊钻现象:叶片被黏土裹住,难以搅拌土体	下贯过程中,搅拌轴正转;在上拔阶段,改为反向旋转。反向旋转有助于将搅刀上附着的泥土剥离,减少"糊钻"现象的发生,同时反向旋转上拔,对水泥土有一定的压实作用
4	喷水量控制:对于黏土,水过少难以搅拌切割,水过多不利于成桩质量	对黏性土,喷水至总含水率在土体液限附近

序号	重点与难点	技术措施
5	喷水量控制:对于黏土,水过少难以搅拌切割,水过多不利于成桩质量	对黏性土,喷水量、土体含水量及水泥浆中的水量总含水率控制在土体液限附近。第一次下贯,根据下贯电流调整喷浆量及下贯速率,确保第一次下贯切碎土体
6	桩尖标高须按照实时潮水位置校正,确保桩底高程的准确性	根据业主提供的物联网实时测量数据,开发了桩尖标高控制程序,程序每 5 min 自动获取一次潮水位置,同时校正桩尖标高,确保桩底高程的准确性
7	施工区域地质情况复杂,污泥坑内土质情况复杂,存在一些建筑垃圾和其他沉积物,成桩困难	认真勘察研究钻孔地质资料,进行现场试验,确定合适的施工参数。科学设定电流预警值,在遇到障碍物时,电流达到预警值后自动停机,以保护处理机电机

15.1.4　关键技术应用

根据工程施工重难点分析,通过现场试桩,确定了香港国际机场第三跑道项目海上 DCM 软基处理典型"W"施工工艺曲线,如图 15-2 所示,施工工艺说明见表 15-3。

15.1.5　加固效果分析

"四航固基"号共完成 DCM 桩 6 085 根,约 46.31 万 m^3,其中长桩 5 439 根,44.74 万 m^3; 5 m 短桩 646 根,1.57 万 m^3。其日均工效 1 143 m^3/d,高峰期为 2 700 m^3/d。采用钻孔取芯进行 DCM 施工质量检测,桩体实测强度统计如图 15-3 所示,典型钻孔芯样如图 15-4 所示。

15.2　深圳至中山跨江通道项目

15.2.1　工程概况

深圳至中山跨江通道项目是世界级的集跨海桥梁、海底隧道、海中人工岛和地下互通于一体的超大型跨海集群工程,是国家"十三五"及《珠三角地区改革发展规划纲要》确定建设的一项重大交通基础设施项目。项目地处珠江口核心区域,北距虎门大桥约 30 km,南距港珠澳大桥约 38 km,项目起于广深沿江高速机场互通立交,西至中山马鞍岛,终于横门互通立交,主体工程全长约 24.0 km。深圳至中山跨江通道项目平面位置如图 15-5 所示。

沉管隧道部分基础采用 DCM 桩复合地基,主要施工范围包括 E1~E5 管节沉管底部区域及两侧回填区域范围、E14~E15 管节、E17~E20 管节沉管底区域。工程场区范围地层划分为 4 大岩土层,沿隧道轴线工程地质特征差别较大,具体工程地质特征分述如下:

第 1 大单元层全新统海相沉积物(Q4 m):岩性主要为淤泥、淤泥质粉质黏土,连续分

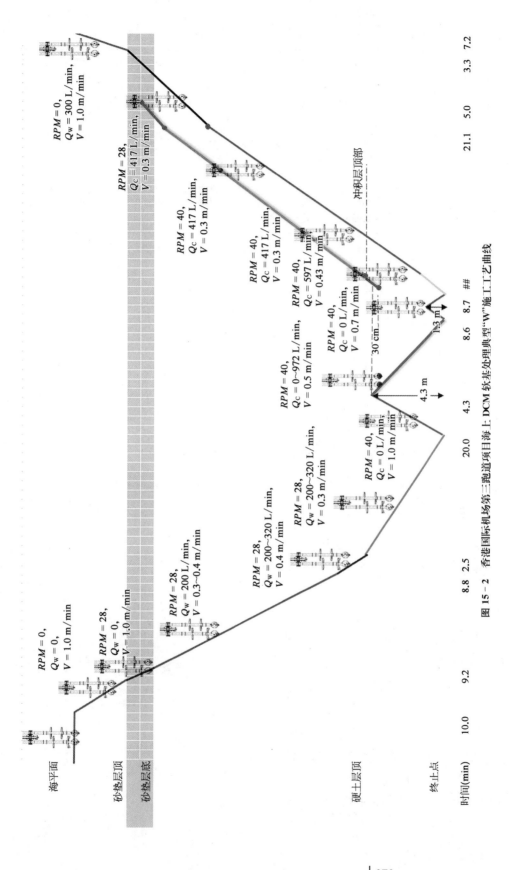

图 15-2 香港国际机场第三跑道项目海上 DCM 软基处理典型"W"施工工艺曲线

表 15-3 香港国际机场第三跑道项目海上 DCM 软基处理关键工艺说明

施工步骤	阶 段	说 明	转速	流量 （L/min）	速度 （m/min）
1~3	移船定位,进入软土层	钻头在海水中不旋转,下贯速度 1.0 m/s;当钻头进入砂层后,下贯速度不变,开始旋转,旋转速度不宜频繁变化,降低处理机电机的损耗,延长使用寿命。在软土表层 1~5 m,不喷水。但继续下贯过程中,土体强度增加,根据电流显著增大后开始喷水	0	0	1.0
			0	28	1.0
			28	200	1.0
4~5	进入硬土层	钻头穿过软土层,进入次硬土层（一般为硬土层以上 3~5 m）和硬土层。钻头下贯过程中,转速不变,处理机下贯速度根据电流大小进行调整,最小可降至 0.1 m/min	28	200~320	0.3~0.4
6~8	硬土层处理	处理机钻头到达桩底以后,开始提升,提升高度一般要比硬土层高,再次下贯、上拔。旋转速度不变,上拔下贯一般选择最大允许速度 1.0 m/min	28	200~320	1.0
			40	0	1.0
9~10	管道排水	开始下贯喷浆处理,管路中留存的水应排在后续桩体喷浆搭接区域以外,此阶段设计实际喷浆高度需大于上下喷浆口之间的距离,且保证至少 30 cm 的搭接长度	40	0~972	0.7
11~12	反复搅拌	开始底部喷水,反复搅拌桩底,直至最底部有效 BRN 满足要求	40	0	0.7
13	上部喷浆	开始顶部喷浆,排除管内水	40	972	0.3
14~16	上拔处理	开始反转,压实水泥土,剥离粘在叶片上的土,上拔顶部喷浆,钻头距离桩顶 7 m 时,降低上拔速度,钻头距离桩顶 3 m 时,继续降低转速,减少水泥流失	40	597	0.43
			40	417	0.3
			28	417	0.3
17	冲洗管路	喷浆完成,钻头停止转动,提出水面,冲洗管路	0	0	1

布,局部尚夹有粉砂、细砂、中砂和粗砂等。

第 2 大单元层晚更新世晚期陆相沉积物（Q3al）：岩性主要为软~可塑状黏土,其下部多分布有薄层稍密~密实状的粉砂~砾砂,局部夹有透镜体状的圆砾。呈断续分布,层厚较薄。

第 3 大单元层残积土（Qel）：为岩石风化残积物,呈硬~半坚硬状砂质黏性土状。

第 4 大单元层：燕山期侵入岩（晚期）,为燕山期细~粗粒花岗岩[γ52(3)、γδ52(2)],基岩层可按风化程度进一步划分为全风化、强风化、中风化。地质分布和地层划分如图 15-6 所示。

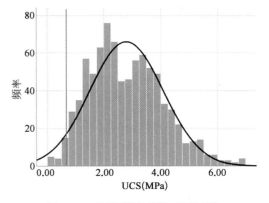

图 15-3 香港国际机场第三跑道项目
桩体实测强度统计结果

图 15-4 香港国际机场第三跑道项目典型芯样照片

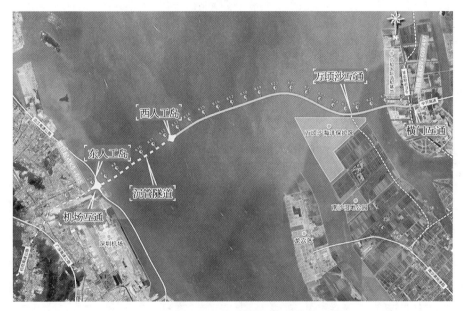

图 15-5 深圳至中山跨江通道项目平面位置示意图

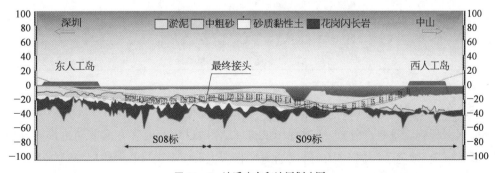

图 15-6 地质分布和地层划分图

15.2.2 工程设计要求

施工配合比及桩体设计强度见表 15 - 4。

表 15 - 4 深圳至中山跨江通道项目海上 DCM 施工配合比

水泥掺量参数（kg/m³）	无侧限抗压强度设计值	
	1.2 MPa	1.6 MPa
水灰比 0.9	280	320

（1）回填区及 E1 管节 60 d 无侧限抗压强度平均值要求不小于 1.6 MPa，E2 及其他管节无侧限抗压强度平均值要求不小于 1.2 MPa。

（2）桩身强度以钻孔取芯 60 d 无侧限抗压强度试验结果为准，单桩所有芯样强度平均值≥1.6 MPa（回填区及 E1 管节）和≥1.2 MPa（E2 及其他管节），变异系数≤0.35。对于沉管底 DCM，单桩取芯 60 d 无侧限抗压强度≥1.04 MPa（E1 管节）和≥0.8 MPa（E2 及其他管节）的点不少于 90%；对于回填防护区 DCM，单桩取芯 60 d 无侧限抗压强度≥1.04 MPa 的点不少于 90%。

15.2.3 工程重难点技术分析

结合工程址区地质条件与技术要求，深圳至中山跨江通道项目海上 DCM 软基处理施工重、难点及其相应的技术措施见表 15 - 5。

表 15 - 5 深圳至中山跨江通道项目海上 DCM 软基处理施工重难点及解决措施

序号	重点与难点	技术措施
1	地处珠江口，靠近三大口门，径流大，水流条件复杂，DCM 施工要求船舶作业稳性高	① 选择抗流能力强的专用船舶和锚系，落实现场船舶管理制度； ② 选择的专用船舶作业系统可靠、稳定，确保作业安全性质量
2	施工人员按三班倒配置进行 24 h 施工，需对施工船舶或施工管理进行优化，减少劳动力投入	① 通过改造，甲板移船绞车控制由常规的两边操纵合并为单边集中操纵； ② 通过改造，实现自动高压冲洗钻头； ③ 通过改造，实现自动调整管路启闭阀的顺序及时间，精准地执行了高压海水＋高压气体混合冲洗管路和罐
3	局部区域桩顶部存在 3～5 m 的浮泥层，不利于成桩效果	为了确保桩顶的成桩质量，在下贯过程中，桩顶 5 m 范围内不喷水；在上拔喷浆阶段，桩顶 5 m 的范围降低转速和上拔速度，减少对上层浮泥层的扰动
4	局部中粗砂层较厚处理机钻杆无法钻进桩端判定标准	加大喷水量和钻杆慢速（扭矩最大）钻进，避免在该层下面存在应该穿透的软弱下卧层，并记录好该标高段，在喷浆时对应加大喷浆量，确保成桩质量

15.2.4 关键技术应用

根据工程施工重难点分析，通过现场试桩（结合项目地基处理方案前期论证阶段所开展的试桩试验）确定了深圳至中山跨江通道项目海上 DCM 软基处理典型"W"施工工艺曲线，如图 15 - 7 所示，施工工艺说明见表 15 - 6。

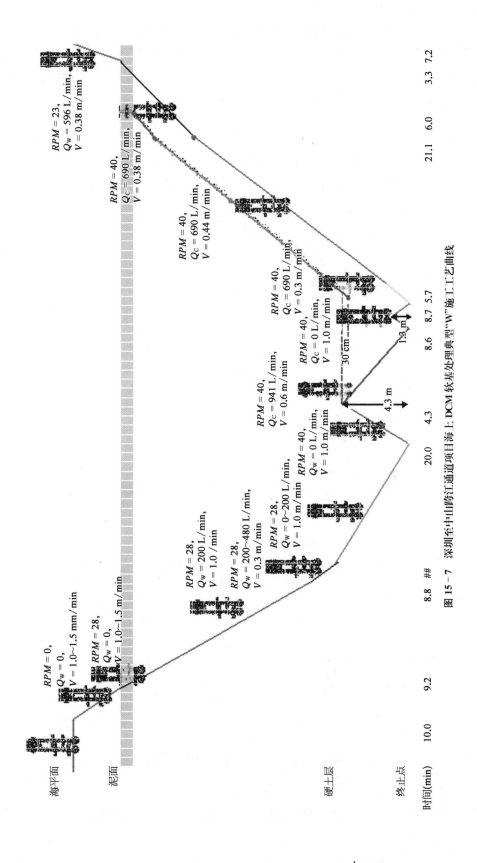

图 15 - 7　深圳至中山跨江通道项目海上 DCM 软基处理典型"W"施工工艺曲线

表 15-6　深圳至中山跨江通道项目海上 DCM 软基处理典型关键工艺说明

施工步骤	阶段	说明	转速	流量(L/min)	速度(m/min)
1	移船定位	根据测量定位软件指示,移船至指定施工位置,检查完毕,下放钻头	0	0	1.0~1.5
	处理机入水	处理机按照指定的速度下放入水			
	处理机入泥5 m	处理机入泥前 5 m 低速搅拌,不喷水,实时监测、记录处理机的钻头搅拌轴的转速和扭矩,贯入深度、绞车负载等,记录处理机进入泥层的贯入速度、处理机电流			1.0
2	泥层处理	按照设定曲线要求,对处理深度范围内的淤泥层和黏土层进行搅拌破碎,钻入过程根据电流值变化适当调整贯入速度和喷水流量	28	200	1.0
3	硬层处理	钻头即将钻入至砂层或全风化岩层中时,降低贯入速度,增大喷水流量,确保加固土层搅拌均匀。控制系统全过程记录钻入过程中钻头搅拌轴的转速、喷水量及电流值变化情况	28	200~480	0.3
4	底部搅拌	考虑到桩底部黏土及沙层强度较高,一次切土搅拌不均匀,复搅一次。当实际桩长>15 m 时,复搅高度为 6 m;当实际桩长<15 m 时,复搅高度为3 m。根据土质情况,复搅可以考虑不喷水	28	0~200	1.0
5	处理机上提	处理机再次上提,贯入过程中将管路内的水置换成水泥浆。当实际桩长>15 m 时,上提高度为 8 m;当实际桩长<15 m 时,上提高度为 6 m	40	0	1.0
6	贯入喷浆	下喷浆口喷浆贯入至桩底	40	941	0.6
7	底部处理	处理机钻头在桩底部旋转对加固土体进行搅拌	40	0	0
	底部复搅	按照施工曲线,为满足切土次数 900 次的要求,底部 1 m 部分搅拌次数不满足设计要求,在底部增加两个 1 m 复搅过程,提高底部加固土搅拌效果			1.0
8	水泥浆置换	本阶段将上喷浆管路内水置换成水泥浆	40	690	0.3
9	喷浆提升	根据设定的水泥掺入量、切土次数要求,控制处理机的上拔速度、处理机钻头搅拌轴的转速和水泥浆喷入量之间的关系并进行记录	40	690	0.44
10		为了保证桩顶 5 m 的成桩质量,放慢上拔速度,放慢转速,调整相应的喷浆流量			0.38
	搅拌刀具离开桩顶	桩顶采用上喷口喷浆完成,搅拌刀具上部分逐渐离开桩顶直至下喷口也离开桩顶	23	596	

15.2.5　加固效果分析

每天按 24 h 施工,每组桩(3 根为 1 组)大约需要 3 h,考虑干扰系数 0.9,正常施工情况下每天完成 21 根 DCM 桩,平均桩长为 15 m,则每天可完成 1 457 m³;实际施工过程中,生产效率最高一天为完成 24 根,平均桩长 20.7 m,共完成 2 300 m³。采用钻孔取芯进行 DCM 施工质量检测,桩体实测强度统计如图 15-8 所示,典型钻孔芯样如图 15-9 所示。

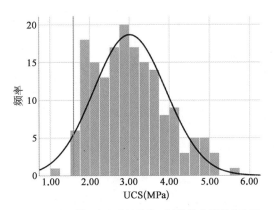

图 15-8 深圳至中山跨江通道项目桩体实测强度统计

图 15-9 深圳至中山跨江通道项目典型芯样照片

第 16 章

海上 DCM 法软基加固
技术发展展望

16.1 技术发展展望

从 1987 年完全采用日本的装备、技术与人员在天津港东突堤南北侧码头软土地基加固工程进行了我国 DCM 法加固水下软基的首次尝试,到 1992 年成功研制了我国第一代 DCM 施工船组,再到 2016 年中交四航局研究团队自主研发了集多项领先技术于一体的国内首艘三处理机 DCM 船,我国海上 DCM 技术实现了巨大跨越,研发形成了 DCM 法加固水下软基成套自主核心技术。

通过对国内外既有的海上 DCM 技术相关研究及应用进行分析,结合当今人工智能等新兴技术的发展,未来海上 DCM 软基技术研究或发展方向主要有以下三个方面:

(1) 与陆域 DCM 桩相比,海上 DCM 桩所处的环境显著不同,海水中富含无机盐离子,如 Mg^{2+}、Ca^{2+}、SO_4^{2-} 等,这些无机盐离子对水泥土加固体的形成和发展都起到了不同程度的负面作用。结合水域环境,建议进一步开展水泥土耐久性及其强度长期发展规律研究,进而对海上 DCM 桩的长期服役性能进行分析。

(2) 理论与实践相结合,进一步完善 DCM 法加固水下软基工程设计理论,建立基于可靠度理论的复合地基设计方法,解决现有设计理论中没能合理考虑桩体实测强度离散所带来的不确定性问题。此外,进一步研究论证当前工程设计中部分技术要求的合理性。例如,DCM 法加固水下软基工程设计中通常以桩端土层 CPT 锥尖阻力值作为确定 DCM 桩桩端持力层的依据,并结合桩端嵌固深度要求确定设计桩长,该设计桩长与临界桩长两者之间的关系,有待开展研究及论证。

(3) 2020 年 3 月,中共中央政治局常务委员会召开会议提出,加快大数据中心、人工智能等新型基础设施建设进度。中国工程院发布的《全球工程前沿 2020》中指出,随着地下工程新型感知、数据传输与信息集成等技术的发展,工程建造方法正朝"采集-设计-施工"一体化、智能化方向发展。可以预见,工业互联网、大数据分析、人工智能等新技术将在传统基础设施建设领域全面融合渗透,智能乃至智慧建造将成为基础设施建设的焦点方向。新时代背景下,数据是宝贵的资源,对传统工程建设行业而言亦是如此。随着国内工程应用的不断增加,进一步丰富"土层性质参数-施工工艺参数-桩体检测数据"海上 DCM 施工数据库,深入开展被加固土层感知与决策机理及技术研究,包括水下深层地基处理成桩质量多层级大数据相关性智能分析、下贯过程中土层性质感知机理、仪器及系统研究,并对既有施工控制系统进行智能化提升改造,实现 DCM 法加固水下软基施工技术由当前的自动化、数字化水平向智能化乃至智慧化水平迈进,进一步提高施工效率,使得海上 DCM 施工工艺参数由"千桩一律"智能实时优化调整为"千桩千律",进一步保障加固质量。

16.2　推广应用前景

21 世纪是海洋的世纪。习近平总书记在党的十九大报告中明确要求"坚持陆海统筹,加快建设海洋强国",为建设海洋强国再一次吹响了号角。随着我国国民经济建设的迅猛发展及科学技术水平的不断提高,为满足城市发展空间拓展、交通运输网络完善、资源开采利用等需求,海底管涵与沉管隧道、海上钻井平台、防波堤、码头、护岸等水上工程将越来越多,尤其是在粤港澳大湾区、环渤海湾大湾区等区域。在沿海及河流的出海口,软土地基以淤泥及淤泥质土为主,属于近代沉积物。由于滨海相沉积土具有含水率高、孔隙比大、渗透系数小、压缩系数大和抗剪强度低等不良的工程性质,普遍不能满足构筑物的承载力要求,必须进行地基处理。另外,水工建构筑物深水化和大型化是水运建设行业的发展趋势,将导致地基处理的深度和厚度不断增大,质量要求不断提高,水下超深、超厚软弱地基的处理问题会越来越多。

应用 DCM 法加固水下软土地基,能有效克服传统重力式结构中基床大开挖、大回填、易回淤、易污染等问题;同时,与振冲密实、振冲置换等其他水下地基处理方法相比,海上 DCM 法适用范围广,土体扰动小,环境影响小,加固形式灵活。近些年来,海上 DCM 技术引起了国内业界高度关注,并进行了深入研究。其中,五年磨一剑,通过持续投入与研发,中交四航局研究团队自主研发并建造了国内首艘、综合性能优于国内外同类型施工船舶的三处理机海上 DCM 船,研发形成了新一代 DCM 法加固水下软基绿色高效施工核心技术,并首次提出了一套综合考虑单桩质量与基础整体服役性能的施工质量评价方法。相关研究成果已在香港国际机场第三跑道、深圳至中山跨江通道等国内重大水运建设项目得到成功应用,取得了显著的经济和社会效益。

可以预见,基于不断增大的市场需求及国内日趋成熟的成套技术,DCM 法加固水下软基技术应用前景广阔。

附录

$$P^{12} = \begin{bmatrix}
\left(1+\frac{\lambda_{m1}^2}{\eta_1}\right)\sin\left(\lambda_{m1}\frac{H_1}{H}\right) & \left(1+\frac{\lambda_{m1}^2}{\eta_1}\right)\cos\left(\lambda_{m1}\frac{H_1}{H}\right) & \left(1-\frac{\xi_{m1}^2}{\eta_1}\right)\sinh\left(\xi_{m1}\frac{H_1}{H}\right) & \left(1-\frac{\xi_{m1}^2}{\eta_1}\right)\cosh\left(-\xi_{m1}\frac{H_1}{H}\right) \\
\sin\left(\lambda_{m1}\frac{H_1}{H}\right) & \cos\left(\lambda_{m1}\frac{H_1}{H}\right) & \sinh\left(\xi_{m1}\frac{H_1}{H}\right) & \cosh\left(-\xi_{m1}\frac{H_1}{H}\right) \\
k_{v1}\left(1+\frac{\lambda_{m1}^2}{\eta_1}\right)\frac{\lambda_{m1}}{H}\cos\left(\lambda_{m1}\frac{H_1}{H}\right) & -k_{v1}\left(1+\frac{\lambda_{m1}^2}{\eta_1}\right)\frac{\lambda_{m1}}{H}\sin\left(\lambda_{m1}\frac{H_1}{H}\right) & k_{v1}\left(1-\frac{\xi_{m1}^2}{\eta_1}\right)\frac{\xi_{m1}}{H}\cosh\left(\lambda_{m1}\frac{H_1}{H}\right) & -k_{v1}\left(1-\frac{\xi_{m1}^2}{\eta_1}\right)\frac{\xi_{m1}}{H}\sinh\left(-\lambda_{m1}\frac{H_1}{H}\right) \\
-\frac{\lambda_{m1}}{H}\cos\left(\lambda_{m1}\frac{H_1}{H}\right) & -\frac{\lambda_{m1}}{H}\sin\left(\lambda_{m1}\frac{H_1}{H}\right) & \frac{\xi_{m1}}{H}\cosh\left(\lambda_{m1}\frac{H_1}{H}\right) & -\frac{\xi_{m1}}{H}\sinh\left(-\lambda_{m1}\frac{H_1}{H}\right)
\end{bmatrix}$$

$$Q^{12} = \begin{bmatrix}
-\left(1+\frac{\lambda_{m2}^2}{\eta_2}\right)\sin\left(\lambda_{m2}\frac{H_1}{H}\right) & -\left(1+\frac{\lambda_{m2}^2}{\eta_2}\right)\cos\left(\lambda_{m2}\frac{H_1}{H}\right) & -\left(1-\frac{\xi_{m2}^2}{\eta_2}\right)\sinh\left(\xi_{m2}\frac{H_1}{H}\right) & -\left(1-\frac{\xi_{m2}^2}{\eta_2}\right)\cosh\left(-\xi_{m2}\frac{H_1}{H}\right) \\
-\sin\left(\lambda_{m2}\frac{H_1}{H}\right) & -\cos\left(\lambda_{m2}\frac{H_1}{H}\right) & -\sinh\left(\xi_{m2}\frac{H_1}{H}\right) & -\cosh\left(-\xi_{m2}\frac{H_1}{H}\right) \\
-k_{v2}\left(1+\frac{\lambda_{m2}^2}{\eta_2}\right)\frac{\lambda_{m2}}{H}\cos\left(\lambda_{m2}\frac{H_1}{H}\right) & k_{v2}\left(1+\frac{\lambda_{m2}^2}{\eta_2}\right)\frac{\lambda_{m2}}{H}\sin\left(\lambda_{m2}\frac{H_1}{H}\right) & k_{v2}\left(1-\frac{\xi_{m2}^2}{\eta_2}\right)\frac{\xi_{m2}}{H}\cosh\left(\lambda_{m2}\frac{H_1}{H}\right) & k_{v2}\left(1-\frac{\xi_{m2}^2}{\eta_2}\right)\frac{\xi_{m2}}{H}\sinh\left(-\lambda_{m2}\frac{H_1}{H}\right) \\
-\frac{\lambda_{m2}}{H}\cos\left(\lambda_{m2}\frac{H_1}{H}\right) & -\frac{\lambda_{m2}}{H}\sin\left(\lambda_{m2}\frac{H_1}{H}\right) & -\frac{\xi_{m2}}{H}\cosh\left(\lambda_{m2}\frac{H_1}{H}\right) & \frac{\xi_{m2}}{H}\sinh\left(-\lambda_{m2}\frac{H_1}{H}\right)
\end{bmatrix}$$

$$P^{23} = \begin{bmatrix}
\left(1+\frac{\lambda_{m2}^2}{\eta_2}\right)\sin\left(\lambda_{m2}\frac{H_1+H_2}{H}\right) & \left(1+\frac{\lambda_{m2}^2}{\eta_2}\right)\cos\left(\lambda_{m2}\frac{H_1+H_2}{H}\right) & \left(1-\frac{\xi_{m2}^2}{\eta_2}\right)\sinh\left(\xi_{m2}\frac{H_1+H_2}{H}\right) & \left(1-\frac{\xi_{m2}^2}{\eta_2}\right)\cosh\left(-\xi_{m2}\frac{H_1+H_2}{H}\right) \\
\sin\left(\lambda_{m1}\frac{H_1+H_2}{H}\right) & \cos\left(\lambda_{m1}\frac{H_1+H_2}{H}\right) & \sinh\left(\xi_{m2}\frac{H_1+H_2}{H}\right) & \cosh\left(-\xi_{m2}\frac{H_1+H_2}{H}\right) \\
k_{v2}\left(1+\frac{\lambda_{m2}^2}{\eta_2}\right)\frac{\lambda_{m2}}{H}\cos\left(\lambda_{m1}2\frac{H_1+H_2}{H}\right) & -k_{v2}\left(1+\frac{\lambda_{m2}^2}{\eta_2}\right)\frac{\lambda_{m2}}{H}\sin\left(\lambda_{m2}\frac{H_1+H_2}{H}\right) & k_{v2}\left(1-\frac{\xi_{m2}^2}{\eta_2}\right)\frac{\xi_{m2}}{H}\cosh\left(\lambda_{m2}\frac{H_1+H_2}{H}\right) & -k_{v2}\left(1-\frac{\xi_{m2}^2}{\eta_2}\right)\frac{\xi_{m2}}{H}\sinh\left(-\lambda_{m2}\frac{H_1+H_2}{H}\right) \\
k_{w}\frac{\lambda_{m2}}{H}\cos\left(\lambda_{m2}\frac{H_1+H_2}{H}\right) & -\frac{\lambda_{m2}}{H}\sin\left(\lambda_{m2}\frac{H_1+H_2}{H}\right) & k_{w}\frac{\xi_{m2}}{H}\cosh\left(\lambda_{m2}\frac{H_1+H_2}{H}\right) & -k_{w}\frac{\xi_{m2}}{H}\sinh\left(-\lambda_{m2}\frac{H_1+H_2}{H}\right)
\end{bmatrix}$$

$$Q^{23} = \begin{bmatrix}
-\left(1+\frac{\lambda_{m3}^2}{\eta_3}\right)\sin\left(\lambda_{m3}\frac{H_1+H_2}{H}\right) & -\left(1+\frac{\lambda_{m3}^2}{\eta_3}\right)\cos\left(\lambda_{m3}\frac{H_1+H_2}{H}\right) & -\left(1-\frac{\xi_{m3}^2}{\eta_3}\right)\sinh\left(\xi_{m3}\frac{H_1+H_2}{H}\right) & -\left(1-\frac{\xi_{m3}^2}{\eta_3}\right)\cosh\left(-\xi_{m3}\frac{H_1+H_2}{H}\right) \\
-\sin\left(\lambda_{m3}\frac{H_1+H_2}{H}\right) & -\cos\left(\lambda_{m3}\frac{H_1+H_2}{H}\right) & -\sinh\left(\xi_{m3}\frac{H_1+H_2}{H}\right) & -\cosh\left(-\xi_{m3}\frac{H_1+H_2}{H}\right) \\
-k_{v3}\left(1+\frac{\lambda_{m3}^2}{\eta_3}\right)\frac{\lambda_{m3}}{H}\cos\left(\lambda_{m3}\frac{H_1+H_2}{H}\right) & k_{v3}\left(1+\frac{\lambda_{m3}^2}{\eta_3}\right)\frac{\lambda_{m3}}{H}\sin\left(\lambda_{m3}\frac{H_1+H_2}{H}\right) & k_{v3}\left(1-\frac{\xi_{m3}^2}{\eta_3}\right)\frac{\xi_{m3}}{H}\cosh\left(\lambda_{m3}\frac{H_1+H_2}{H}\right) & k_{v3}\left(1-\frac{\xi_{m3}^2}{\eta_3}\right)\frac{\xi_{m3}}{H}\sinh\left(-\lambda_{m3}\frac{H_1+H_2}{H}\right) \\
-k_{v3}\frac{\lambda_{m3}}{H}\cos\left(\lambda_{m3}\frac{H_1+H_2}{H}\right) & -\frac{\lambda_{m3}}{H}\sin\left(\lambda_{m3}\frac{H_1+H_2}{H}\right) & -k_{v3}\frac{\xi_{m3}}{H}\cosh\left(\lambda_{m3}\frac{H_1+H_2}{H}\right) & k_{v3}\frac{\xi_{m3}}{H}\sinh\left(-\lambda_{m3}\frac{H_1+H_2}{H}\right)
\end{bmatrix}$$